绥化学院学术著作出

冰雪旅游景观
设计与开发

黄磊 著

化学工业出版社

·北京·

内 容 简 介

本书从冰雪旅游景观的特色与价值、设计与开发两个方面展开深入研究。在阐述冰雪旅游景观设计与开发的背景、相关概念、理论基础及政策导向的基础上，通过对我国哈尔滨冰雪大世界、牡丹江雪乡等具有代表性的冰雪旅游胜地的实地调查，总结出当前冰雪旅游景观设计与开发中普遍存在的问题。选取国内外冰雪旅游景区作为研究对象，对各景区在冰雪旅游景观设计与开发中的得与失进行深度剖析，进而构建冰雪旅游景观设计与开发评价体系，并完成对所选景区冰雪旅游景观设计与开发效果的评价。最终提出黑龙江冰雪旅游景观设计与开发的实施策略，探索如何利用黑龙江省丰富多彩的冬季旅游资源进行景观设计，为冰雪旅游景观的建设与发展提供理论支撑。

本书适用于冰雪旅游景观、城乡规划、建筑、园林工程等相关领域的管理者、设计者、研究者，同时也可作为高等院校的环境设计、景观设计、室内设计、雕塑等专业师生的参考用书。

图书在版编目（CIP）数据

冰雪旅游景观设计与开发 / 黄磊著 . -- 北京：化学工业出版社，2025. 7. -- ISBN 978-7-122-48482-6

Ⅰ. TU983

中国国家版本馆 CIP 数据核字第 2025BY4818 号

责任编辑：张　阳　马　波　　　文字编辑：蒋　潇
责任校对：张茜越　　　　　　　　装帧设计：张　辉

出版发行：化学工业出版社
　　　　　（北京市东城区青年湖南街 13 号　邮政编码 100011）
印　　装：北京天宇星印刷厂
710mm×1000mm　1/16　印张 15½　字数 259 千字
2025 年 7 月北京第 1 版第 1 次印刷

购书咨询：010-64518888　　　　　售后服务：010-64518899
网　　址：http://www.cip.com.cn
凡购买本书，如有缺损质量问题，本社销售中心负责调换。

定　　价：99.00 元　　　　　　　　　　　版权所有　违者必究

前言

　　随着信息化、全球化时代的到来，旅游业已经成为世界经济发展的重要支柱之一。冰雪旅游作为旅游业的重要组成部分，已经成为各地旅游发展的热门方向。它以其丰富多样的旅游项目，吸引游客前去体验，并通过与科技、艺术、文化等多领域的融合，为城市注入了创新活力，带动相关产业链的发展，提升城市或乡村形象，吸引了更多投资和人才，同时，丰富当地居民文化生活，提高居民生活质量，推动城市的整体发展。

　　冰雪旅游景观设计可谓是一个既有挑战性又有极大发展潜力的领域。黑龙江省是中国北部一个拥有丰富冰雪资源的省份，每年冬季都吸引了数以百万计的游客前来感受其独特的冰雪文化和自然景观。在冰雪景观建设与研究方面，黑龙江一直都处于国内排头兵的位置。打造国内乃至世界范围内一流的冰雪景观，是黑龙江冰雪景观设计者们一直以来的目标。

　　本书汇集了众多行业专家的智慧和经验，从规划设计、建筑材料选取、景观塑造等多个角度全面介绍了冰雪旅游景观设计的内容。书中主要内容包括：黑龙江省的冰雪旅游资源概况、冰雪旅游景观设计的基础理论、景观设计实践案例分析、建筑材料选用与应用、景观维护与管理等。各个章节将探讨如何从自然与人文的角度出发，将独特的自然景观和文化资源融入冰雪旅游景观设计中，同时强调可持续发展和生态环保的理念，从而打造出更加优美、独特、可持续的冰雪旅游景观。通过阅读本书，读者可以对我国特别是黑龙江省的冰雪旅游资源有更加深入的认识，能够深入了解冰雪旅游景观设计的基本理论和实践案例，从而能够更好地参与到冰雪旅游景观设计的过程中去。

本书出版之际，要感谢所有为本书的撰写提供信息支持的专家和朋友们。希望本书能够为广大读者提供有价值的启示，推动黑龙江省乃至全国各地区冰雪旅游景观设计领域的发展和创新，为我国的旅游事业贡献一份力量。

本书为2020年度黑龙江省普通高校青年创新人才培养计划"黑龙江冰雪旅游景观的设计与开发研究"（项目编号：UNPYSCT-2020202）、2020年度黑龙江省哲学社会科学研究规划项目"中俄传统建筑装饰文化的交流互鉴研究"（项目编号：20YSE286）的研究成果。

著者

2024年8月

目录

第
一
章

冰雪旅游景观
设计概述

第一节

冰雪旅游景观设计的理论基础

随着全球冬季旅游的发展，冰雪旅游逐渐成为了炙手可热的旅游产品。在本节中，我们将探讨冰雪旅游景观设计的概念及特点等理论基础，并结合案例分析，展望未来发展趋势，以期为冰雪旅游景观设计和研究提供更为翔实的参考资料。

一、冰雪旅游景观设计的概念及要素

冰雪旅游景观设计是指在自然环境和人文环境中，运用景观设计的理念和技术，结合自然的冰雪资源、人文景观以及旅游休闲项目，创造出具有观赏性、体验性、功能性和可持续性的冰雪旅游环境。这种设计旨在丰富游客的旅游体验，满足其休闲、娱乐、文化等多方面的需求，同时将冰雪景观与当地文化、生态环境相融合，实现旅游业的可持续发展。

现如今，冰雪旅游已经成为一种越来越受欢迎的休闲方式。冰雪旅游景观设计作为冰雪旅游的重要组成部分，通过创新与实践的完美融合，为游客提供了独特的体验。冰雪旅游景观设计应充分考虑游客的体验需求和安全需求，创造出舒适、安全的旅游环境；同时，尊重自然环境，保护生态系统，减少对环境的破坏，实现可持续发展；此外，要更加注重冰雪元素的创意运用，打造独特的视觉效果和空间氛围；还应确保各类冰雪旅游项目的功能性，提供便利的游客服务设施。

冰雪旅游景观的设计要素如下：

冰雪元素：冰雪旅游景观设计中的核心要素，包括冰、雪、雾凇等自然现象。

空间布局：通过对冰雪元素的组织，形成具有特色的空间序列。

人文元素：结合当地的历史文化和民俗特色，提升冰雪景观的文化内涵。

设施设备：设置滑雪道、冰雕展示区、雪景观光区等功能性设施设备。

二、冰雪旅游景观设计的题材

冰雪旅游景观设计需要充分利用自然冰雪资源，为人们呈现丰富多样的冰雪景观，包括雪山、冰川、冰瀑、雪原、冰雪森林等多种自然景观，以及冰雕、雪雕、冰灯等人工景观。随着冰雪旅游的普及和发展，为满足游客的不同需求，多样化冰雪旅游景观设计应运而生，旨在为游客提供丰富的冰雪体验。

1. 冰雕景观设计题材

冰雕景观设计题材种类非常丰富。冰雕设计可以以自然题材为主，也可以以人物题材和动物题材为主，还可以以建筑和节日等为题材进行创作。

通常，自然题材冰雕是指通过冰雕手段展示自然景观、生态环境等元素而创作出的作品，可创作如冰川、瀑布、森林和山峰等形象。这些自然题材的冰雕作品展现了自然风貌和美景，具有很高的艺术性，让人感受到自然之美，也让人们认识到大自然对人类的重要性。

通过塑造各种人物形象来创作人物题材作品，也是冰雕创作中常用的手段之一。这里面的人物可以是文学人物、历史人物、运动员或者电影明星。这些冰雕作品展示人物的形象和神态，并遵循一定的动态艺术法则，让人感受到人物的动作美感、形象美感和人文美感，让人们对人物形象及其背后的文化现象有更明确、更深刻的认识。

动物题材冰雕是指通过冰雕手段展示各种动物的形象而创作出的艺术作品，可以是陆地动物、鸟类和水生动物等。通过对动物形象的雕刻创作，呈现出丰富的艺术形态。对于动物题材冰雕，往往有具象性创作和抽象性创作两种形式，能让人感受到动物和生态之美，同时感受到艺术家对动物神态的理解和创作表达方式。

在冰雕设计和创作过程中，建筑形象往往是热门的表现题材之一。主要的建筑物形象包括桥梁、教堂、宫殿、城堡等。这些冰雕艺术作品通常会展现出比较宏伟的形象，让人感受到建筑物磅礴的美感。通常这一类冰雕设计作品在设计及施工方面都需要大量的人力、物力和财力，也需要有专门的建筑师参与。

此外，还可利用节日题材创作节日主题的冰雕艺术作品，包括春节、中秋节、元宵节、圣诞节等。春节和圣诞节往往是中外冰雕艺术作品比较关注的表现题材。人们在喜庆的节日气氛下，能够通过节日题材的冰雕感受到北国独有的节庆文化，对传统文化有更深刻的认识，增强文化自信和文化认同感。

冰雕艺术作品的设计题材种类丰富多样。通过不同题材的运用，可以展示不同的文化内涵和外在形态，展现出较高的艺术价值及观赏价值。在冰雕设计创作过程中，冰雪艺术家需要根据不同题材的特点来选择合适的构图和造型创作方式，充分发挥材料本身的独特魅力。同时，在冰雕的设计和创作过程中，还要考虑环境和气候等因素。由于冰雕作品通常都是在低温条件下制作的，因此现场制作的冰雕艺术家需要考虑户外环境的气温、阳光照射、湿度等因素，以保证冰雕质量的稳定性。同时，由于冰雕作品的呈现形式通常为组合冰和单冰，因此选择何种形式创作冰雕作品，对于作品的后期保护和保养也尤为重要。冰雕作品通常在户外展示，冰雕艺术家需要考虑到自然环境对作品的影响，并为作品提供保护措施和维护措施。随着越来越多的题材和技法种类被冰雕艺术家采用，冰雕艺术家有了更大的选择范围，可以根据不同的需求选择对应的题材和技法进行创作。

考虑到气候环境因素，在创作现场需要为作品提供保护。尤其是在吉林和辽宁两省创作冰雕艺术作品时，要考虑冬季的阳光照射是否会对冰雕作品本身产生损害，尤其是对较为精致的冰雕艺术作品。在这一方面，黑龙江的气候环境就相对更适合冰雕艺术作品的保存和维护。

2. 雪雕景观设计题材

相对于冰雕景观创作和设计，雪雕景观设计对技术的要求更高。雪雕本身不透明且洁白无瑕，具有独特的视觉效果和观赏价值。其设计题材可分为自然题材、人物题材、动物题材、建筑题材、节日题材等多种。

雪雕景观的自然题材与冰雕一样，包括雪景、冰川、瀑布、山峰、森林等。人物题材包括文学人物、历史人物、电影人物、运动人物等。动物题材包括陆地动物、水生动物以及飞翔的鸟类等。雪雕的建筑题材、节日题材与冰雕没有太大区别，但是由于雪雕本身的材质特性，其与冰雕的设计和创作有不尽相同的方式。

雪雕最主要的特点是其季节性，雪雕设计仅限于在冬季施工，在我国东北地区通常是12月至来年2月中旬。其次，雪雕对环境要求也较高，设计时需要考虑环境情况、降雪量、人工造雪的设备和条件等，也需要考虑对环境美感以及安全性的要求。最后是对雪雕的文化性要求，雪雕设计往往以文化元素为创作原型，以吸引游客的关注。

雪雕设计的要素主要包括创意、技术、美感和环保几个重要方面。冰雕、雪雕艺术家在设计过程中需要充分考虑上述要素，通过环境营造和前期设计，打造出具有观赏性、文化性、娱乐性的雪雕作品。在环保安全等方面，雪雕设计师还需要考虑雪雕后续的处理问题，如融化问题、安全问题，以保障游客的旅游体验。

在雪雕设计领域，全世界有几个重要的雪雕展示旅游场所。首先是哈尔滨国际雪雕节，它是世界著名的雪雕艺术节之一，每年在哈尔滨的太阳岛和冰雪大世界举办。雪雕节集文化特色、自然风光、创意技术于一体，展现了各种题材的雪雕艺术作品，通常每年都会评选出国际比赛的一等奖、二等奖和三等奖，这些获奖作品都将成为经典的雪雕艺术作品。

加拿大雪雕比赛是北美著名的雪雕赛事，每年在魁北克市举办。这个雪雕比赛有各国设计师参加，他们通过竞赛展示自己的雪雕艺术作品，这些作品具有极高的创意性和技术性特征，其中建筑题材、动物题材、人物题材、自然题材都会在比赛中应用，为游客提供了一场视觉盛宴。

日本也是冰雪艺术大国，每年在北海道举办的日本雪雕节集文化特色与自然风光于一体，向全世界的艺术家发出雪雕艺术创作的邀请。艺术节具有浓厚的民族特色和文化包容性，欢迎世界各国的艺术家前来创作。

雪雕艺术充满创意和技术，通过对不同题材和元素的提炼和展示，能够使雪雕艺术得到广泛发扬。游客在游览时，能够欣赏到由大自然馈赠的材料所创造出的艺术之美。在雪雕设计和创作过程中，艺术家通常要考虑创意、技术、美感与环保等要素的平衡，让游客在娱乐和观赏的同时，萌生出一定的环境保护和社会责任意识。同时，近年来气候环境不断变化，雪雕设计也要考虑到相应因素。此外，在作品的保护和维护以及维持雪雕作品的长久性方面，也对设计师提出了一定要求。

三、冰雪旅游景观设计的特点

1. 冰雪旅游景观设计的多样化

（1）多样化冰雪旅游景观设计的概念

多样化冰雪旅游景观设计是指在自然环境和人文环境中，通过对冰雪元素的创意运用和空间组织，结合多元文化、艺术、科技等手段，创造出具有观赏性、体验性和功能性的冰雪景观，其目标在于为游客提供独特的冰雪体验，以满足不同游客的需求。

（2）多样化冰雪旅游景观设计的特点

多样化冰雪旅游景观设计注重创新，旨在运用新材料、新技术和新理念，为游客创造出前所未有的冰雪体验。多样化冰雪旅游景观设计强调文化碰撞与交融，将各地的历史、民俗、艺术等元素融入冰雪景观中，展现世界各地文化的魅力。多样化冰雪旅游景观设计积极运用现代科技手段，如虚拟现实、增强现实等技术，为游客带来沉浸式的冰雪体验。多样化冰雪旅游景观设计关注环保与可持续性，努力减少对自然环境的破坏，实现旅游业的可持续发展。

（3）多样化冰雪旅游景观设计在现代旅游业中的重要性

首先，多样化冰雪旅游景观设计丰富了冰雪旅游的内容，提高了游客的参与度和满意度，从而提升了旅游目的地的吸引力。其次，多样化冰雪旅游景观设计融合了世界各地的文化元素，有助于促进不同国家和地区之间的文化交流和理解。再次，多样化冰雪旅游景观设计带动了旅游业及相关产业的繁荣发展，创造了更多的就业机会，提高了地区经济水平。最后，多样化冰雪旅游景观设计展示了城市的独特魅力和创新能力，吸引了更多的投资和人才。

（4）多样化冰雪旅游景观设计的未来发展趋势

随着游客需求的多样化，未来冰雪旅游景观设计将更加注重个性化定制，为游客提供量身定制的冰雪体验。借助现代科技手段，未来冰雪旅游景观设计将实现更高程度的互动性，让游客在参与冰雪活动的同时，能更好地了解和体验冰雪文化。未来冰雪旅游景观设计将与更多领域展开合作，如影视、动漫、游戏等，实现跨界融合，为游客带来更为丰富的冰雪体验。

2. 冰雪旅游景观设计的地域特色

冰雪旅游景观设计应将冰雪景观与当地文化相融合，展示地区特色。这可以通过在冰雪景观中添加具有地域特色的元素，如地方特色建筑、民间艺术、民俗活动等，体现当地风土人情。这种融合既可弘扬传统文化，也有助于提升游客的文化体验。

在冰雪旅游业蓬勃发展的背景下，如何让冰雪景观与地域文化相互融合，打造出独具特色的旅游目的地，已成为冰雪旅游景观设计领域的重要课题。通过对当地历史、民俗、风情等文化元素的巧妙运用，冰雪景观可以传承和弘扬地域文化，为游客带来独特的视觉与心灵享受。

首先，在进行冰雪旅游景观设计时，应尊重和挖掘当地的历史文化。历史是一个地区文化的源泉，也是一个城市的灵魂。设计师应深入了解所在地的历史文脉，从中汲取灵感，将历史元素融入冰雪景观之中。例如，哈尔滨冰雪大世界中的《圣索菲亚教堂》雪雕作品，既展现了哈尔滨的建筑风格，也传达了当地历史的厚感。

其次，冰雪旅游景观设计应充分展示当地民俗风情。民俗是一个地区文化的重要组成部分，也是游客了解当地风土人情的直接途径。设计师可以将民间传说、神话故事、民间艺术等元素融入冰雪景观中，使游客在欣赏冰雪景观的同时感受到地域文化的独特魅力。以中国黑龙江雪乡国家森林公园（雪乡）为例，当地人将传统民间艺术（如剪纸、年画等）运用在冰雪景观中，展示了浓厚的地方文化特色。

最后，在冰雪旅游景观设计中应关注当地特色风物。每个地区都有其独特的地理、气候、生态等特点，这些特点往往孕育了丰富多样的自然景观和风物。设计师可以将这些特色风物融入冰雪景观中，使冰雪景观更具地域特色。例如，挪威的冰酒店就充分利用了当地丰富的冰雪资源和极光现象，将极光元素融入冰雪景观设计中，使其成为一道独特的风景线。

3. 冰雪旅游景观设计的可持续性

冰雪旅游景观设计应注重可持续性，保护自然环境和生态平衡。这意味着在设计过程中，要尽量减少对自然资源的破坏，采用环保材料和技术，实现资源的高效利用。此外，景观设计还应关注气候变化对冰雪旅游的影响，采取措施应对，如设置水源保护区、保护植被等。

随着全球旅游业的快速发展，冰雪旅游正日益受到人们的关注和喜爱。然而，冰雪旅游景观的开发和运营过程中往往伴随着对自然环境的破坏，导致资源枯竭和生态失衡等问题。因此，可持续性成为冰雪旅游景观设计和发展中的关键词。本部分将探讨冰雪旅游景观的可持续性，以期为冰雪旅游业的绿色发展提供借鉴。

（1）冰雪旅游景观可持续性的内涵

冰雪旅游景观的可持续性有着极为丰富的内涵。在开发阶段，要秉持科学规划的理念，充分考量当地的生态承载能力，避免过度开发对冰雪资源及周边生态环境造成破坏。比如在选址建设滑雪场等项目时，须精准评估对山脉、森林、河流等自然要素的影响。建设过程中，应选用环保材料，采用先进的节能技术，减少能源消耗与废弃物排放。再如在打造冰雪景观建筑时，优先使用可回收、可降解材料，同时利用高效的保暖与照明系统以降低能耗。

运营期间，一方面要注重游客的体验与安全，通过优质服务吸引客源，实现经济效益；另一方面，要保障当地居民能从冰雪旅游发展中公平获益，促进就业，带动相关产业发展，扩大社会效益。

始终要将生态效益放在重要位置，保护好冰雪景观的原始风貌，维持生态系统平衡。唯有全面兼顾经济效益、社会效益和生态效益，才能让冰雪旅游业沿着可持续的道路长远稳健地发展，在未来持续绽放魅力。

（2）冰雪旅游景观设计的可持续性原则

在冰雪旅游景观的开发和建设过程中，充分考虑生态保护的需要至关重要。大自然赋予的冰雪景观本就脆弱而独特，开发建设时必须秉持敬畏之心。细致的生态评估应先行，全面了解当地的地形地貌、植被覆盖、野生动物栖息等情况，以此为依据规划项目布局，坚决避免在生态敏感区域盲目动工。比如在修建冰雪主题公园时，要巧妙绕开珍稀动植物的栖息地，防止施工噪声、人为活动对它们造成惊扰。

在冰雪旅游景观的建设和运营环节，注重资源的合理利用与循环利用是实现可持续发展的关键。建设时选用环保且耐用的建筑材料，既能确保景观设施的质量，又能减少资源浪费。运营中，对于能源的使用要精打细算，采用节能型的照明、取暖设备，降低能耗。如冰雪场馆内的制冷系统，可引入先进的节能技术，提高资源利用效率。同时，加强对水资源的循环利用，将冰雪融化后的水进行处理后再次用于景观维护等方面。

在冰雪旅游景观的发展进程中，应关注各利益相关者的权益。当地居民是重要的利益相关者，应通过为其提供就业岗位、发展特色产业等方式让他们共享发展成果。对于游客，要保障其消费权益，提供优质服务。而投资者、经营者等也需在合理的规则下实现利益分配公平，如此才能促进冰雪旅游景观的和谐、长远发展。

（3）实现冰雪旅游景观可持续性的措施

科学规划：在冰雪旅游景观的开发和建设过程中，要充分运用科学方法和技术手段，进行合理规划，确保冰雪旅游景观的协调发展。

创新设计：在冰雪旅游景观的设计过程中，要运用创新思维，倡导绿色设计理念，充分利用新材料、新技术和新理念，降低对环境的影响。

绿色建设：在冰雪旅游景观的建设过程中，要秉持绿色建筑理念，采用环保建材和节能技术，减少建设过程中的资源消耗和环境污染。

节能运营：在冰雪旅游景观的运营过程中，要注重节能措施的落实，提高能源利用效率，减少能源消耗和碳排放。

生态修复：对于冰雪旅游景观中受到破坏的自然环境，要及时采取生态修复措施，恢复生态平衡，保障生态系统的健康运行。

社会参与：鼓励社会各界参与冰雪旅游景观的可持续性建设，形成政府、企业、社会组织和公众共同参与的多元化合作机制。

教育与培训：提升冰雪旅游从业人员的可持续发展意识，加强对游客的环保教育，提高游客的环保意识和责任感。

（4）典型案例

瑞典的ICEHOTEL：作为世界著名的冰雪酒店，瑞典的ICEHOTEL秉持可持续发展理念，采用环保材料建造，每年夏季在阳光的照射下自然融化，减少了对环境的影响。

加拿大班夫国家公园：位于加拿大的班夫国家公园，以其丰富的冰雪资源和优美的自然环境吸引着大量游客。为保护生态环境，公园内实行严格的管理措施，限制游客数量，并开展生态旅游教育活动。

冰雪旅游景观的可持续性发展是实现绿色旅游的必然选择。要充分认识冰雪旅游景观可持续性的重要性，遵循生态保护、资源节约、社会公平和经济效益等原则，采取科学规划、创新设计、绿色建设、节能运营、生态修复、社会参与以及教育与培训等措施，推动冰雪旅游景观走可持续发展之路。为实现冰雪旅游景观的可持续性发展，未来还需要不断探索和创新。

4. 冰雪旅游景观设计的创新性与艺术性

冰雪旅游景观设计应具有创新性和艺术性，打造独特的视觉效果和空间体验。可以通过对冰雪景观的形态、结构、色彩等方面进行创新设计，以及运用现代科技手段，如灯光、音乐、数字技术等，为游客呈现出令人惊叹的冰雪世界。同时，还应注重空间的层次感和动态感，引导游客在冰雪景观中游走，享受不同视角的美景。

随着人们生活水平的提高，旅游已经成为一种常见的生活方式。在冬季，人们喜欢前往冰雪世界寻求新奇和刺激，冰雪旅游景观设计也随着这个趋势而兴起。如何在冰雪中创造出独特的艺术性和创新性的景观设计，已经成为一个热门话题。

艺术性的景观设计是非常重要的。艺术性不仅能为游客提供美的享受，还可以帮助游客更好地了解当地的文化和历史。例如，在哈尔滨冰雪大世界，每年都会展示许多冰雪雕塑作品，这些作品吸引了大量的游客。同时，这些作品也反映了哈尔滨的历史和文化。这种景观设计不仅是一种美的享受，更是一种文化的传承。

创新性的景观设计也非常重要。随着旅游的发展，人们对旅游的期望也越来越高。他们不仅希望看到传统的景观，还希望看到一些新颖的、独特的景观设计。例如，在芬兰拉普兰地区，旅游者可以乘坐驯鹿雪橇，体验驯鹿拉雪橇的乐趣。这种新颖的景观设计可以吸引更多的游客，同时也能为旅游业带来更多的经济效益。因此，在进行冰雪旅游景观设计时，设计师应该综合考虑这些因素，打造出更加独特的景观，为旅游业的发展作出更大的贡献。

为了实现艺术性和创新性的冰雪旅游景观设计，设计师需要充分发挥自己的创造力和想象力，可以从自然界中获取灵感，将自然元素融入设计中，创造出具有生命力和自然美感的景观。例如，将雪原、林间等自然景观与艺术雕塑相结合，打造出美轮美奂的冰雪景观。

此外，技术也是实现创新性冰雪旅游景观设计的关键。随着科技的发展，越来越多的高科技手段被应用于景观设计中。例如，使用3D打印技术制作雪雕、冰雕作品，或者利用光影等技术打造出极富科技感和未来感的冰雪景观。在冰雪旅游景观设计中，对艺术性和创新性的追求是持续推动设计师不断进步和创新的动力。

除了以上提到的因素，社会和文化因素也会对冰雪旅游景观设计产生影响。不同国家和地区的文化背景、宗教信仰、风俗习惯等，都会影响人们对冰雪景观的认知和审美。因此，在设计时，设计师需要充分考虑当地的文化特色和游客的审美需求，打造出能够让游客身临其境、感受当地文化和历史的冰雪景观。此外，也需要注重与当地社区的合作和互动。在设计过程中，设计师可以与当地居民和工匠合作，借鉴他们的经验和技艺，共同打造出具有地方特色和人文魅力的冰雪景观。这样不仅可以促进当地文化的传承和发展，也能够让游客更好地了解当地社区的生活和文化。

四、冰雪旅游景观设计的实践案例

1. 哈尔滨冰雪大世界景观设计

哈尔滨冰雪大世界是一个融合了自然冰雪资源和人工冰雪景观的旅游胜地。这里的景观设计充分利用了冰雪材料，创作出各种大小、形状、主题的冰雕和雪雕作品，展现了冰雪艺术的独特魅力。同时，这里还举办了世界级的冰雪艺术展览和比赛，吸引了众多游客和艺术家前来参观、交流。

2. 芬兰拉普兰地区冰雪旅游景观设计

芬兰拉普兰地区是北极圈内的一个著名冰雪旅游目的地。这里的景观设计将自然冰雪景观与当地的萨米文化相结合，打造出一系列具有民族特色的旅游项目。游客可以在这里欣赏到壮丽的极光，体验驯鹿和雪橇犬拉雪橇的乐趣，同时了解当地的历史、文化、民俗。

由此可见，冰雪旅游景观设计是一种融合了自然、人文、艺术等多元素的综合设计形式，旨在通过充分挖掘冰雪资源的潜力，结合地区特色文化，创新设计手法，以及关注可持续性和人性化需求，为游客提供独特、丰富的冰雪旅游体验。

3. 瑞士阿尔卑斯山脉冰雪旅游景观设计

瑞士阿尔卑斯山脉是世界著名的冰雪旅游胜地，拥有壮观的雪山、冰川和雪原等自然景观。景观设计师在此充分利用地形地貌，打造出一系列富有创意的冰雪旅游项目，如滑雪、雪地徒步、冰川探险等。同时，这里还有许多以冰雪为主题的现代建筑和艺术作品，展现了冰雪旅游景观设计的艺术性和创新性。

4. 加拿大班夫国家公园冰雪旅游景观设计

加拿大班夫国家公园是北美最著名的冰雪旅游目的地之一。这里的景观设计充分考虑了生态保护和可持续性原则，将冰雪旅游项目与自然景观完美融合。游客可以在这里参加冰爬、滑雪、观赏冰瀑等多样化的冰雪活动，同时欣赏到原始的冰雪森林和壮丽的山川景色。

5. 日本北海道冰雪旅游景观设计

日本北海道以其独特的冰雪景观和温泉资源而闻名于世。冰雪旅游景观设计师在此充分融合了日本传统文化和现代元素，创造出一系列极具特色的冰雪旅游项目。游客在这里可以体验传统的日本雪屋，观赏精美的雪灯，参加冰雪节庆等多种活动，同时享受温泉带来的舒适与放松。

6. 中国张家口崇礼冰雪旅游景观设计

作为2022年冬奥会的举办地之一，中国张家口崇礼已经成为国内外游客关注的冰雪旅游胜地。在冰雪旅游景观设计方面，崇礼充分融合了中华传统文化和现代设计元素，提供了丰富多样的滑雪、雪地摩托、雪橇等冰雪活动。此外，还有许多冰雪主题的文化活动和表演，为游客带来别具一格的冰雪旅游体验。

7. 俄罗斯索契冰雪旅游景观设计

作为2014年冬奥会举办地，俄罗斯索契在冰雪旅游景观设计方面具有很高的水平。这里的冰雪旅游景观设计注重可持续性和生态保护，通过合理规划滑雪场、雪橇道等设施，实现旅游景观与自然环境的和谐共生。同时，这里还有许多具有俄罗斯特色的冰雪活动和文化表演，让游客在体验冰雪运动的同时感受到俄罗斯的魅力和风情。

8. 挪威罗弗敦群岛冰雪旅游景观设计

挪威罗弗敦群岛位于北极圈内，是一个极具特色的冰雪旅游胜地。这里的冰雪旅游景观设计充分利用了自然资源，富有创意和艺术感，如雪屋、雪地艺术等。游客在这里可以参与冰川徒步、滑雪等冰雪活动，同时欣赏壮观的极光和美丽的冰雪景色。

9. 美国科罗拉多州阿斯彭冰雪旅游景观设计

美国科罗拉多州的阿斯彭是全球著名的滑雪胜地之一，拥有优质的滑雪场和壮观的山景。阿斯彭的冰雪旅游景观设计注重提升游客体验，通过合理规划滑雪道、雪橇道等设施，满足不同水平滑雪者的需求。此外，这里还有丰富的冰雪活动和文化活动，让游客能在享受冰雪运动的同时感受当地的风土人情。

10. 法国勃朗峰冰雪旅游景观设计

位于法国的勃朗峰是西欧最高的山峰，拥有壮丽的冰川和雪山景观。勃朗峰的冰雪旅游景观设计以自然景观为主导，巧妙地融合了当地文化和艺术元素。游客在这里可以参加冰川探险、高山滑雪等冰雪活动，同时欣赏到法国阿尔卑斯山脉的绝美景色。此外，这里还有许多冰雪主题的文化活动和表演，为游客提供丰富的旅游体验。

11. 新西兰皇后镇冰雪旅游景观设计

新西兰皇后镇位于南半球，拥有优美的山水景色和丰富的冰雪资源。这里的冰雪旅游景观设计充分结合了自然环境和人文特色，打造出独具魅力的冰雪旅游项目。游客在这里可以体验到滑雪、冰爬、雪地徒步等多种冰雪活动，同时感受到新西兰特色的文化和风情。

通过以上案例，我们可以看到冰雪旅游景观设计在全球范围内的多样化实践。在未来，随着冰雪旅游市场的不断壮大，冰雪旅游景观设计将会更加丰富和多元，为游客提供更为精彩的冰雪旅游体验。

第二节

冰雪旅游景观设计的目标和意义

在全球旅游业不断发展壮大的今天，冰雪旅游作为一种独特的旅游形式，吸引着越来越多的游客前来体验。冰雪旅游景观设计的目的是在冰雪资源的基础上，通过艺术和技术手段，将自然景观与人文景观相结合，为游客营造一个梦幻般的冰雪世界。本节将围绕冰雪旅游景观设计的目标与意义展开讨论。

一、冰雪旅游景观设计的目标

1. 提升旅游吸引力

冰雪旅游景观设计的首要目标是提升旅游吸引力，通过创新性的设计，使游客产生强烈的参与欲望。设计师应在保持原有冰雪资源特色的基础上，加入新颖独特的元素，使景观更具吸引力。

借助冰雪景观的独特魅力，旅游目的地可以提升自身的吸引力，吸引更多游客前来体验。一般可以通过如下策略提升旅游吸引力。

（1）挖掘冰雪资源特色

要充分利用冰雪景观提升旅游吸引力，首先需要挖掘当地冰雪资源的特色。各地的冰雪资源各具特点，如地形、气候、雪质等方面的差异，都为冰雪景观增添了独特魅力。通过深入研究和挖掘当地冰雪资源的特点，可以为游客提供更具特色的冰雪旅游体验。

（2）创新冰雪景观设计

冰雪景观设计创新是提升旅游吸引力的重要手段。创新的冰雪景观设计不仅能展现冰雪资源的独特魅力，还可以为游客带来新颖的体验。设计师在进行冰雪景观设计时，可以尝试融入当地文化元素，结合现代艺术手法，创造出具有世界性吸引力的冰雪景观。

（3）丰富冰雪旅游项目

除了优美的冰雪景观外，丰富的冰雪旅游项目也是提升旅游吸引力的关键。旅游目的地可以根据自身的冰雪资源特点，开发各类冰雪项目，如滑雪、滑冰、雪地摩托、狗拉雪橇等。同时，还可以举办冰雪节、冰雪竞技比赛等活动，为游客提供更多元化的冰雪体验。

（4）提高旅游设施及服务品质

优质的旅游设施是提升旅游吸引力的基础。旅游目的地应着力提升冰雪旅游设施的品质，如改善滑雪场设施，完善休息区，提供便捷的交通接驳等。

（5）加强旅游宣传与推广

在以上策略的基础上，还需要加强旅游宣传与推广工作。旅游目的地可以通过各种渠道，如社交媒体、旅游展会、合作推广等，展示自身的冰雪魅力，吸引更多游客前来体验。同时，还可以与旅行社、航空公司等行业合作伙伴携手开展联合推广，共同提升冰雪旅游目的地的吸引力。

利用冰雪景观提升旅游吸引力，需要旅游目的地在多个方面共同努力。通过挖掘冰雪资源特色、创新冰雪景观设计、丰富冰雪旅游项目、提高旅游设施品质、加强旅游宣传与推广，冰雪旅游业将不断壮大，吸引更多游客前来体验，为当地经济发展作出贡献。

2. 优化景观功能

冰雪景观作为一种独特的自然景观，具有极高的旅游价值。随着全球旅游业的蓬勃发展，如何通过冰雪旅游景观设计优化景观功能，提升游客体验，成为行业关注的焦点。冰雪旅游景观设计须充分考虑游客的需求，优化景观功能，主要体现在如下几个方面。

（1）提升景观美学价值

冰雪旅游景观设计应注重提升景观的美学价值。设计师在进行设计时，可以充分运用现代设计手法，结合当地的自然条件和文化特点，塑造具有独特魅力的冰雪景观。例如，通过对雪景的精雕细琢，创造出极具艺术感的冰雪雕塑，让游客在欣赏美景的同时，感受到艺术的魅力。

（2）增强景观互动性

互动性是提升游客体验的关键。冰雪旅游景观设计应在尊重自然的前提下，增加游客与景观的互动机会。例如，可以设置冰雪迷宫、雪地滑梯等互动设施，让游客能在欣赏美景的同时参与冰雪活动，增强游客的参与感和对冰雪景观的亲近感。

（3）改善景观功能布局

优化景观功能布局是冰雪旅游景观设计的重要内容。设计师应根据游客的需求和行为特点，合理规划景观功能区域，使游客在享受冰雪美景的同时能方便地使用各项服务设施。例如，可以设置多个观景台、休息区等，为游客提供舒适的休息环境，并使其能在不同角度欣赏冰雪景观。

（4）融入科技手段

随着科技的不断发展，冰雪旅游景观设计可以充分利用现代科技手段，提升景观功能。例如，通过引入虚拟现实、增强现实等技术，为游客提供全新的冰雪旅游体验。

（5）注重生态保护与可持续发展

在进行冰雪旅游景观设计时，应充分考虑生态保护与可持续发展的要求。在冰雪景观设计及旅游项目开发过程中，要充分考虑对自然环境的影响，采取有效措施减少污染、降低能耗，确保景观与环境的和谐共生，并采取措施减少对自然环境的破坏，保护冰雪资源。例如，在景观材料的选择上，应优先使用环保、可循环利用的材料。此外，可以通过引入绿色能源等环保技术，降低景观建设和运营过程中的能源消耗，还可以倡导绿色出行，提高游客的环保意识，共同保护冰雪资源。

（6）强化景观教育功能

冰雪旅游景观设计还应注重增强景观的教育功能。通过设置解说牌、展示馆等，向游客传递关于冰雪资源、生态环境、地方文化等方面的知识，提高游客的认知水平。此外，还可以开展各类冰雪知识讲座、体验活动等，让游客在游玩的过程中增进对冰雪文化的了解。

以冰雪旅游景观设计优化景观功能，需要从多个方面入手。通过提升景观美学价值、增强景观互动性、改善景观功能布局、融入科技手段、注重生态保护与可持续发展、强化景观教育功能等措施，可以有效地优化冰雪景观功能，为游客提供更加丰富多样、具有吸引力的冰雪旅游体验。在此基础上，冰雪旅游目的地将能够进一步提升自身的竞争力，吸引更多游客前来体验，为地区经济发展作出贡献。

3. 提高旅游品质

冰雪旅游景观设计旨在提高游客的旅游品质，让游客在享受冰雪之美的同时获得舒适便捷的旅游体验。这需要设计师在规划、布局等方面进行全面考虑，创造出一个既美观又实用的冰雪旅游景观。优质的冰雪旅游景观不仅可以满足游客对美好生活的向往，还能推动当地旅游业的持续发展。通过以下方法可提高冰雪景观的旅游品质。

（1）打造独特的冰雪景观

为了提高旅游品质，首先需要塑造独特的冰雪景观。各地的冰雪资源各具特点，如地形、气候、雪质等方面的差异，都为冰雪景观增添了独特的魅力。设计师在进行设计时，应结合当地的自然条件和文化特色，打造出富有个性和吸引力的冰雪景观，满足游客对美景的向往。

（2）提升旅游服务品质

优质的服务是提高旅游品质的基础。冰雪旅游目的地应着力提升旅游服务水平，包括提供专业的导游、教练等服务，确保游客在旅游过程中能够获得愉悦的体验。此外，还需要加强旅游接待设施的建设，如完善住宿、餐饮、娱乐等设施，提供全方位、高品质的旅游服务。

（3）关注游客安全与舒适度

游客的安全与舒适度是影响旅游品质的重要因素。旅游目的地在开展冰雪旅游项目时，应确保设施安全、操作规范，提供专业的救援和安全保障服务。此外，还应关注游客的舒适度，如在冰雪景区设置足够的休息区、餐饮设施等，以满足游客在游玩过程中的各种需求。

通过在打造独特的冰雪景观、提升旅游服务品质、关注游客安全与舒适度等方面的努力，冰雪旅游目的地将能够有效地提高旅游品质，为游客提供更加美好的冰雪旅游体验。在此基础上，冰雪旅游业将不断壮大，吸引更多游客前来体验，为当地经济发展作出贡献。

二、冰雪旅游景观设计的意义

1. 促进地区经济发展

通过对冰雪旅游景观的合理设计，让旅游景区吸引到大量的游客，从而提高当地的旅游收入，让地区经济发展更上一个台阶，这对于增加就业机会，优化当地的旅游产业结构，以及提高居民的收入水平都具有相当重要的意义。随着人们走出去游玩的愿望愈发强烈，冰雪旅游作为一种非常具有吸引力的特色旅游方式，成为其中非常重要的一种选择，它可以有力推动地区经济发展。

优秀的冰雪旅游景区的建设，需要以冰雪旅游景观设计作为前提，通过将娱乐项目、参观项目、体验项目进行合理化设计，将前期规划与设施资源配套等统筹结合，不仅可以为当地景区带来收益，包括场地租用等经济收益，同时还可以带动整个城市乡镇周边的住宿、餐饮以及交通等产业的发展，让当地的经济活跃起来。比如位于哈尔滨市的太阳岛滑雪场，它是人造的滑雪场地之一，每年吸引大量国内外的游客前来体验冰雪运动，创造了大量的直接经济收入，同时也带动了当地的住宿、餐饮以及交通等相关产业的发展，为地区的经济发展带来了巨大的推动力。

除直接经济收益以外，冰雪旅游景观设计还可以为当地经济带来间接收益。在整个冰雪景观区建设过程中，需要大量的人力、物力以及财力，这种人力、物力、财力的投入可以促进当地建筑材料、物流等产业的发展。此外，随着冰雪旅游业的不断发展，就需要有更多的配套设施来满足越来越多的游客的出行体验，这样就带动了当地相关产业的建设和发展，从而也反馈到整个城市的生活当中，让当地居民也得到了便利。比如吉林的长白山天池度假村，每年吸引了大量的游客前来，同时也为当地的经济发展提供了较大的助力，除了直接的门票收入以外，也带动了住宿、餐饮、交通、娱乐等行业的发展，为当地居民带来了稳定的间接收益。

冰雪旅游景观设计也为当地带来了就业机会，因为冰雪旅游景观的建设和运营都需要大量的人力，这里面包括了设计师、工程师、服务员、施工人员以及场地维护人员等，这就为当地带来了很多的就业机会。随着冰雪旅游产业的不断发展，也能够涌现更多产业的就业岗位，让当地居民获得更多的就业机会，从而增加居民收入。

冰雪旅游景观设计通过利用冰雪这种材料，可以带来非常独特的视觉效果，也能够成为寒地旅游的名片并且塑造品牌形象。游客在景区游玩时所拍摄的照片以及短视频，可以通过社交媒体等传播开来，形成广泛的宣传效应，这些效应不仅仅可以在自媒体上发酵，也会引起主流媒体的关注，提高冰雪旅游景区的知名度，同时也能让大家认识到寒地风景的美丽，激发想要去寒地旅游的愿望。冰雪旅游景观设计的成功对于地域的经济发展也起到了非常重要的推动作用，这在直接和间接的经济收益方面都会有所体现。无论是自然景观还是人工景观，都需要整体的旅游景观的线路设计、造型设计以及具体的配套设施设计，通过这些设计才能够带给人们更好的体验并得到更好的传播效应。未来应该加强对于冰雪旅游景观设计的研究，形成学术研究热潮，同时应在冰雪旅游景区开发中引入一线的设计师，对其线路、造型、区域进行完整设计，使其成为成熟的商业旅游景区。

2. 丰富游客体验

游客在冰雪旅游过程中，可以感受到独特的冰雪魅力，在享受丰富多彩的冰雪旅游项目的同时，得到一生难忘的冰雪旅游体验，这些都是以卓越的冰雪旅游景观设计为基础的。

冰雪旅游充满刺激、活力，这种旅游形式可以让游客在冰雪天地中尽情游玩。冰雪旅游景观设计作为冰雪旅游规划重要的组成部分，为游客提供更加丰富多样的体验，游客在较为成熟的设计理念之下，可以体验到更加现代、更加独特、更具地方特色和风情的游览乐趣。

在冰雪旅游景观设计中，可以规划不同种类、不同类型的运动场地，如滑冰场地、冰壶场地、雪地足球场地等，使游客在旅游区游玩时，可体验不同的冰雪娱乐项目。每一个顾客都有不同的冰雪游玩需求，通过旅游规划可以满足其个性化的需求，使其在冰雪运动中体验挑战并激发兴趣。例如，加拿大的冰球博物馆是全球唯一的以冰球为主题的博物馆，不仅展示了丰富的冰雪运动历史和文化，同时也为游客提供了体验场所，游客可以在这里进行冰球运动，体验冰球带来的乐趣，在增加旅游收入的同时也增强了游客对冬季运动的热爱之情。

可以利用自然冰雪景观打造独特的景观区，通过冰雪旅游景观的前期设计，让游客在自然景观中畅游，享受独特且美丽的自然冰雪景观文化，同时也可以建立冰雪雕塑、冰墙、冰屋等，让人们能够体验到自然景观和人文景观融合的视觉感受。

冰雪旅游景观设计也应该提供更加便捷的设施与服务，由于冰雪运动的专业性非常强，比如滑雪，如果没有教练指导，游客基本无法完成该项运动体验，所以大多数冰雪运动都需要安排教练进行指导。场地的预订也可以通过更加便捷的APP等方式，为游客提供更加便捷的服务体验，同时也可以通过提供暖房区、餐厅等设施，让游客获得更加舒适的体验。例如日本的冰雪度假村就提供设备租赁、教练指导、餐厅暖房等在冰雪运动以外的相关配套设施及服务，这为其他国家冰雪旅游景观设计提供了参考。

冰雪旅游景观设计也可以结合地方的文化艺术元素，让游客体验到具有文化艺术价值的冰雪旅游景观。可以利用冰雪进行雕塑艺术创作，让游客在游览的同时能够欣赏到国内外不同艺术家创作的雕塑作品，同时配合音乐、灯光等元素，增强雕塑景观的观赏价值和艺术效果。长春的冰雪大世界虽然规模较哈尔滨冰雪大世界小，但也处在世界的前列，其将冰雪雕塑与灯光、音乐等相配合，设计出了多个具有观赏效果和艺术价值的冰雪雕塑，游客在景区内游玩时，不单可以享受到冰雪景观带来的乐趣，同时也能感受到艺术的魅力，在游玩的同时开启文艺之旅。通过全面仔细的前期设计，可为游客提供更加多样化的体验，包括冰雪景观欣赏、冰雪运动体验、服务设施体验、文化元素体验等多个维度和多个层面，让游客的体验更具有层次感，这样既提高了游客的满意度，也让游客愿意消费和推广，为冰雪旅游产业的发展注入新的活力。未来，政府及冰雪旅游经营企业应加大对于冰雪旅游景观设计的投资和研究，提高冰雪旅游的价值，形成优势品牌，让游客在旅游的时候能够充分信赖品牌，并得到更加丰富多样的体验。

随着人们对于环境保护的重视，在进行冰雪旅游景观设计的时候也应该注重施工及后期的环保和可持续性，尽量利用可再生的能源，在建造的时候减少碳排放，在提供服务设施以及相应配套材料上，尽量采用可降解材料，减少资源的浪费和对于环境的污染。在提高游客环保意识的同时，更能增加游客的体验感，这不单单是提升地方经济的重要举措，也能为整个环境的可持续发展提供源源不断的动力。冰雪旅游景观设计需要不断创新、丰富，既要注重可持续性和多元化，也要注重个性需求，唯有此才能让冰雪旅游景观设计作为一个正向的产业去推动地方经济和人文环境的发展。

3. 弘扬民族文化

在进行冰雪景观设计的时候，可以尝试融入民族文化元素。融入民族文化元素一直是设计领域老生常谈的话题，但是在冰雪旅游景观设计中，如何创新地应用民族元素，让游客在欣赏时能够感受到当地文化，这才是重点。这种设计不但有助于传承和弘扬冰雪文化，也有助于延续文脉。近年来，冰雪旅游发展迅速，北半球各国冬季具有独特的自然优势，因此大多都将冰雪旅游产业作为重要的发展领域，开发本国的冰雪资源。冰雪旅游景观的设计与现场制作，对于整个冰雪旅游产业来说，起着至关重要的作用，它不单单关乎冰雪旅游的质量，还关乎冰雪文化发展的高度，同时肩负着弘扬地域和民族文化的重任。从冰雪旅游景观设计制作的角度来看，弘扬民族文化已经成为势在必行。

在冰雪旅游景观设计中，应该融入更加丰富多彩的民族文化元素。可以利用民族传统手工艺制作冰雪雕塑，也可以通过展示民族文化的传统灯光秀，在冰雪景观中演绎民族故事、民族传说，这些元素为冰雪旅游增添了独特的文化价值和观赏魅力，不断吸引着众多游客来欣赏和体验。吉林长春的冰雪大世界，就利用了吉林省的冰雪资源和优势民族文化特色，打造了许多具有民族特色及文化价值的冰雪景观，如利用吉林的传统元素"万龙出海"创作的长春冰雪大世界的代表性景观雕塑，弘扬了本地的民族文化，吸引了很多游客前来观看。

　　在进行冰雪旅游景观设计以及制作时，不仅需要融入民族文化元素，还需要通过传承和弘扬民族技艺文化，让游客增强对民族传统技艺的认知和了解。比如通过展示民族传统技艺的制作过程，让游客能够了解民族文化的精髓和传统技艺的现状。

　　通过景观来演绎民族故事和民间传说，能够让游客深刻感受到民族文化的深厚底蕴和地方文化的魅力。比如在东北的冰雪景观设计和制作中融入蒙古族文化元素，利用传统的蒙古族舞蹈、马头琴等元素来创作冰雪景观设计作品，演绎蒙古族的传统文化、生活方式、人物形象，让游客能够了解到这种文化独特的魅力。这是在以冰雪为材料的基础上对民族文化的演绎，不仅可以增强游客对民族传统文化的认知和理解，还可以促进民族之间文化的相互融合和共生。

　　在冰雪旅游景观设计以及现场制作中，可以创作表现民族精神、爱国主义等内容的冰雪雕塑作品，使民族精神和民族力量感染每一位游客；也可以在景区设计文艺演出、歌舞表演，让游客感受到民族文化的魅力。在冰雪旅游景观设计与制作中，利用民族元素进行传承和表现，可以有多种形式，既可以利用冰雪旅游景区当地的文化，也可以融合景区以外的文化，这为民族文化传承和发展提供了一个非常好的平台，还可以通过作品体现民族文化传统、民族精神等。

　　在未来旅游业发展中，民族文化一定会成为其中非常重要的部分。应该加强在冰雪旅游景观设计与制作中对民族文化的弘扬与传承，让民族文化扎根于其中，提高冰雪旅游文化的价值和吸引力，为冰雪旅游产业的可持续发展注入新的活力和动力。在冰雪旅游景观设计与制作中，还应该注重加入多元和包容的民族文化，比如赫哲族的渔猎文化、鄂伦春族的狩猎文化，促进民族文化之间的融合与交流，才能够打造一个丰富多彩的景观文化平台。同时，也应该尊重和保护当地的民族文化，尽最大努力避免对当地居民生活和传统文化形式造成损害。

　　冰雪旅游景观设计中对文化的诠释是旅游产业可持续发展的重要保障，也是对当地文化和发展进行宣传的重要途径。在未来冰雪旅游业的发展中，应该加强对民族文化的传承和弘扬，尤其是在冰雪旅游景观设计过程中，应将多元和包容作为永恒的主题，为游客提供更丰富、独特的文化体验，才能使冰雪景观文化生生不息。

4. 提升国际形象

冰雪旅游景观设计在国际形象塑造中扮演着重要角色，可以展示一个国家或地区的文化特色和自然美景。具有特色的冰雪旅游景观设计可以吸引国际游客，提升国家在全球旅游市场中的竞争力，增强国家的国际影响力。

（1）展示文化特色

在冰雪旅游景观设计中，融入了众多的文化元素和特色，如利用当地民俗文化和传统手工艺制作的冰雪雕塑，展示当地历史文化和文化传承的文艺演出等。这些元素不仅可以展示当地的文化特色和民族精神，还可以为游客提供独特的文化体验。通过展示当地的文化特色，可以让游客更好地了解当地的历史、文化传统，从而提升国际上对一个国家或地区的认可度和印象。

位于瑞典的"冰雪酒店（Icehotel）"利用瑞典北部的冰雪资源和文化特色，打造了多个具有瑞典文化和传统手工艺特色的冰雪景观，例如打造的瑞典传统"渔夫小屋"和"铁匠铺"，展示了瑞典的传统手工艺制作技艺和文化特色，为游客提供了一次独特的文化体验。

（2）展示自然美景

在冰雪旅游景观设计中，融入了自然美景和地域特色，如利用当地山水和自然风光打造的冰雪景观，利用当地特色动植物形象打造的冰雪雕塑等。这些元素不仅可以体现当地的自然美景和地域特色，还可以为游客提供独特的自然体验，让游客更好地了解一个国家或地区。

位于加拿大的魁北克冬季嘉年华，利用加拿大北部的冰雪资源和自然美景，打造了多个具有加拿大文化和地域特色的冰雪景观，如打造的仿佛来自冰川时代的"冰川酒吧"和以加拿大枫叶为灵感的冰雪雕塑，展示了加拿大的自然美景和地域特色，为游客提供了一次独特的自然体验。

（3）展示创新和科技

冰雪旅游景观设计还可以通过新科技的运用，提升一个国家或地区的国际形象和影响力。利用创新的设计理念的先进的制作技术打造独特、精美的冰雪景观，能吸引更多游客和媒体的关注。

在未来，应该加强冰雪旅游景观设计的创新，注重文化和自然的结合，展示当地独特的文化和自然魅力，从而提升其国际知名度和形象。同时，也应该注重对当地自然和环境的保护与尊重，避免对自然生态的破坏。随着科技的不断创新与进步，冰雪旅游景观设计也应该不断更新和升级，吸引更多游客和媒体关注。例如，利用虚拟现实、增强现实等技术，将冰雪景观带入数字世界中，为游客提供更加独特、精彩的体验。同时，还可以利用互联网和社交媒体等平台，进行更广泛、深入的宣传和推广，为冰雪旅游产业的发展提供更多机会和动力。

第三节

冰雪旅游景观设计的发展历程和现状

一、冰雪旅游景观设计的发展历程

1. 冰雪旅游景观设计的起源

据文献记载，我国冰雪景观设计的起源可追溯到唐代。唐玄宗时期的宫中琐闻《开元天宝遗事》中所描写的唐明皇宠臣右丞相杨国忠，盛夏时节，命匠人用冰雕镂成凤凰、瑞兽等造型，饰以金环彩带，放在雕花盘中送予王公大臣，用以观赏、降温。在民间，冰雪景观最早主要出现在东北地区。东北地区冬季气候寒冷，雪季较长，因此人们开始利用雪和冰雕刻各种艺术品，即雪雕、冰雕等。在古代，制作这些雪雕和冰雕往往是为了庆祝春节等传统节日，或是为了表达对自然的敬畏与祈福，其被视为一种神秘的艺术形式。

随着时间的推移，人们开始将这种艺术形式引入旅游行业。首个冰雪节的起源可追溯到1963年，当时哈尔滨市政府在中央大街组织了一场小型的冰雪灯会，以庆祝元旦和春节的到来。从那时起，哈尔滨冰雪节开始成为一个重要的节日庆典，吸引了越来越多的游客前来观赏与体验。

古代的雪雕和冰雕主要利用手工雕刻的方式完成，制作过程烦琐，耗费时间较长，制品精细度有限，但具有高度的观赏性和艺术性。这些雪雕和冰雕往往被视为神秘、珍贵的艺术品，是当时人们追求美好生活的体现。

在20世纪70年代末到80年代初，哈尔滨的冰雪雕塑艺术逐渐得到国内外游客的认可与关注。1985年，哈尔滨市政府决定将哈尔滨冰雪节正式命名为"哈尔滨国际冰雪节"，并开始邀请国内外知名的雪雕和冰雕大师来哈尔滨参加雪雕和冰雕比赛。

随着冰雪旅游的快速发展，冰雪旅游景观设计也开始得到更多的关注与重视。从传统的手工制作到现代机器辅助设计与制造，冰雪旅游景观设计的制作方式不断得到更新与升级。冰雪旅游景观设计的形式和内容也在不断创新与变化，从简单的雪雕、冰雕到复杂的冰雪景观，从传统的民俗文化元素到现代科技元素，冰雪旅游景观设计的发展趋势更加多样化与创新化。

目前，冰雪旅游景观设计已经成为中国冰雪旅游的重要组成部分。除了哈尔滨冰雪节外，中国还有许多其他知名的冰雪节，如长春冰雪节、北京冰雪节、吉林雾凇冰雪节等。这些冰雪节以其独特的地域特色和文化魅力，吸引了越来越多的游客前来观赏与体验，成为推动当地经济发展和旅游业繁荣的重要因素。

值得注意的是，冰雪旅游景观设计的起源并不只限于中国。在世界范围内，许多国家和地区也有类似的冰雪艺术和文化传统，如北欧国家的雪景和冰景艺术、加拿大的冰雕艺术等，这些传统和文化元素为冰雪旅游景观设计的发展提供了丰富的资源和灵感。

除了中国，世界上许多其他国家和地区也在利用冰雪景观设计来推动冰雪旅游业的发展。如加拿大的魁北克城冬季嘉年华、日本的札幌冰雪节等，这些国际知名的冰雪节和景观设计，为世界冰雪旅游业的发展作出了重要贡献。

在冰雪旅游景观设计的起源和发展过程中，还有一个重要的推动力量，那就是现代科技的应用。随着科技的不断进步和发展，冰雪旅游景观设计得以更好地展现其独特的艺术魅力。现代科技的应用，使得冰雪景观设计的制作过程更加高效、快捷，同时提高了冰雪景观的美感和质量。例如，利用3D打印技术可以制作出更加精美、细致的雪雕和冰雕，利用LED灯光技术可以制作出更加华丽、炫目的冰雪灯光秀。

随着全球气候变化的加剧，冰雪资源的稀缺性和不可持续性越来越突出，这要求打造兼具社会效益、文化效益和环境效益的冰雪旅游产品和服务。同时，数字化技术和互联网等新兴技术的应用为冰雪旅游景观设计提供了更加广阔的发展空间和机遇，能为游客提供更加便捷、高效、安全的冰雪旅游体验。

2. 冰雪旅游景观设计的发展阶段

（1）初期发展阶段（1963—1990年）

这一阶段，相关的设施、技术和服务都比较简单，但逐渐形成了冰雪旅游景观的基本形态，其主要形式为冰雪灯会和冰雪雕塑展览。在这一阶段，哈尔滨冰雪节逐渐发展成一个规模庞大、影响深远的国际性冰雪文化盛会，其冰雪灯会和冰雪雕塑展览吸引了众多国内外游客前来观赏与体验。

在这个时期，冰雪旅游主要集中在北欧、阿尔卑斯山和加拿大等地，这些地区拥有较为丰富的自然资源和冰雪旅游文化。北欧地区以芬兰为代表，开展了多项冰雪旅游活动，包括雪地摩托、雪地越野和狗拉雪橇等。阿尔卑斯山地区则以滑雪为主要活动，建设了大量滑雪场和滑雪设施。加拿大则发展了世界著名的极地旅游，吸引了大量游客。

早期的冰雪旅游景观设施简单，但逐渐得到改进与完善。早期的滑雪场设施仅有单条滑雪道、缆车，后来逐渐发展成兼具多条滑雪道、缆车、登山电梯和雪道造雪设施等。同时，为了方便游客，也出现了大量的滑雪设施租赁、教练指导和导游等服务。

早期的冰雪旅游活动形式简单，以滑雪、滑冰和滑雪板为主，后来逐渐发展出雪地越野、雪地摩托、狗拉雪橇等活动，逐渐变得多样化。同时，还出现了雪上度假村、冰雪节等活动，使冰雪旅游形式更加多元。

早期的冰雪旅游面临着一些问题与挑战。由于技术和设施的限制，冰雪旅游的安全问题曾一度引起关注。此外，早期的冰雪旅游还缺乏完善的管理和服务体系，对游客的安全和舒适度造成了一定影响。不过，随着技术和服务的不断改进，这些问题逐渐得到了解决。冰雪旅游在初期发展阶段面临的挑战不只是安全和服务问题。因为冰雪旅游需要依赖自然环境，自然灾害和气候变化也对其发展产生了一定影响。例如，暖冬和缺雪等气候变化会对滑雪和其他冰雪活动造成不利影响，使得滑雪场的运营受到限制。此外，自然灾害（如雪崩和冰山倾覆等）也会为冰雪旅游带来一定风险。

初期的冰雪旅游在一定程度上促进了当地经济的发展。冰雪旅游活动的开展，使得当地冰雪旅游产业链逐渐完善，从滑雪场的建设到设备租赁、餐饮和住宿等服务产业都得到了发展。这不仅为当地居民提供了更多的就业机会，还吸引了大量游客，增加了当地的旅游收入。在早期的冰雪旅游发展阶段，一些重要的事件和活动也对冰雪旅游的发展产生了一定影响。20世纪70年代末至80年代初，由于冰雪运动在奥运会上大放异彩，滑雪运动在全球范围内得到了普及，这也推动了冰雪旅游的发展。冰雪旅游在初期发展阶段经历了从单一到多样化、从简单到复杂的转变。虽然面临着一些挑战和问题，但随着技术和服务的不断改进，冰雪旅游逐渐成为了一种受欢迎的旅游方式，也对当地经济和就业产生了积极的影响，成为了促进地方经济发展的重要因素之一。

（2）转型阶段（1990—2000年）

在冰雪旅游景观设计的转型阶段，其形式逐渐从单一的冰雪灯会和冰雪雕塑展览转变为多元化的冰雪旅游项目。更加多样化的冰雪旅游项目开始出现，如滑雪、狗拉雪橇、雪地越野等项目。同时，冰雪旅游景观设计也逐渐从传统的手工制作转变为使用机器辅助设计和制造，这些技术的运用大大提高了冰雪旅游景观设计的效率和质量。

冰雪旅游景观设计转型阶段的发展主要表现在以下几个方面。

首先，冰雪旅游在这一时期开始向更多的地区和国家推广。除了北欧、阿尔卑斯山和加拿大等传统的冰雪旅游区域，亚洲和南美洲等地区也开始兴起冰雪旅游。这些地区通过发展冰雪旅游来推动当地旅游业的多元化和经济的发展。其次，冰雪旅游在设施和服务方面得到了显著提升。滑雪场的规模和设施不断扩大和完善，拥有了更先进的造雪设备、更舒适的餐饮和住宿条件等。同时，冰雪旅游的服务水平也得到了提高，包括更专业的导游、更丰富的旅游活动等。再次，冰雪旅游活动的多样化得到了进一步发展。除了传统的滑雪、滑冰和滑雪板等活动，还推出了更具挑战性的活动，如雪地越野、滑雪跳台等。这些活动使冰雪旅游更具吸引力和竞争力。最后，随着人们对环境问题的日益关注，人们逐渐意识到冰雪旅游对环境的影响，开始注重环境保护和可持续发展。因此，这一阶段冰雪旅游开始推广可持续旅游理念，采用更环保的设备和技术，加强对自然环境的保护和管理。

冰雪旅游在转型阶段得到了显著的发展和提升。其发展不仅限于传统的冰雪旅游区域，而是向更多的地区和国家推广。同时，冰雪旅游的设施、服务和活动也不断优化和多样化。除此之外，冰雪旅游在转型阶段也面临了一些挑战和问题。首先，冰雪旅游的发展需要投入大量的资金和资源，这对于一些发展中国家或地区来说可能难以承担。其次，冰雪旅游的发展需要具备先进的技术和管理经验，这对于一些新兴的冰雪旅游区域来说可能比较困难。最后，冰雪旅游还面临着一些安全和环境保护问题，如滑雪事故、污染和生态破坏等。

然而，冰雪旅游在转型阶段也取得了许多成就和进展。其中最为显著的是，冰雪旅游逐渐成为一个重要的经济增长点和旅游消费市场。在全球范围内，冰雪旅游吸引了越来越多的游客和投资者，成为一个多元化、创新性和可持续性的旅游产业。除了经济意义，冰雪旅游在社会、文化和教育等方面也产生了积极的影响。冰雪旅游可以帮助人们更好地认识和了解自然环境，增强环保意识。此外，冰雪旅游也有助于促进不同文化和民族之间的交流与了解，推动文化多样性和全球化进程。

（3）现代发展阶段（2000年至今）

进入现代发展阶段，由于科技进步，冰雪旅游景观设计的内容和形式更加多样化，创作手段创新层出不穷，如3D打印技术、虚拟现实技术、增强现实技术等。随着现代科技的不断开拓创新，冰雪旅游景观设计借助这些技术不断尝试采用新手段，创作出更独特、更精美的冰雪景观作品。冰雪旅游景观设计在当代更加注重环境保护和可持续发展，在进行现场冰雪景观制作时，使用环保材料、绿色能源以及减少对自然环境的破坏是当代冰雪旅游景观设计关注的重点。同时，随着大环境的改善，国家开始倡导文化传承和保护，设计师越来越倾向于利用当地文化和民族元素创作冰雪景观作品，让游客在享受冰天雪地带来的奇异文化之旅的同时，更能体验民俗风情。

在冰雪旅游景观设计的现代发展阶段，其继续向更广泛的地区推广，除了传统冰雪旅游区，很多新兴的冰雪景区也逐渐被发掘，如新西兰的天然冰川、我国西藏等地的冰原冰川。冰雪旅游开始向更多人群推广，包括老年人、儿童和残障人士。在冰雪旅游的现代发展阶段，政府和冰雪旅游景观公司也在加强设备、设施和服务的更新，改善当代滑雪场设施服务水平，引入更先进的技术，配套更舒适的餐饮和住宿，配备更专业的教练和导游。同时冰雪旅游的营销采用网络营销和数字化技术，让游客在进行冰雪旅游时能体验到高效的服务。冰雪旅游在当代发展阶段得到了进一步创新和拓展，呈现出多样性变化，除了传统的滑雪、滑冰和滑板活动，冰雪旅游区也推出了一些更具挑战性、更新颖的活动，如雪地漂移、冰上探险，通过这些活动吸引更多游客，在满足游客意愿的同时促进了冰雪旅游的多样化和创新化。冰雪旅游在当代也注重环保理念的植入，在冰雪旅游基础设施建设和景观建设中，采用更环保的设备和技术，在旅游方面推广低碳旅游、尊重自然环境、保护和管理景区活动，同时冰雪旅游地也承担了一份社会责任，在冰雪旅游区开展了一系列社会服务项目和公益活动。

总之，当代冰雪旅游取得了非常大的进步和成就，其发展不再局限于传统冰雪旅游区，而是向更广泛的受众（如亚热带、热带地区的人群）推广，这些地区的人们更渴望感受冰天雪地的环境。冰雪旅游的设施、服务和活动都得到了相应改进，项目也得到了创新，在注重环境保护和可持续发展的同时，也会反哺冰雪旅游景区的建设，让冰雪旅游成为一个更成熟、对社会更负责任的产业。冰雪旅游在现代发展阶段的进步和成熟，不仅体现在经济方面，同时也体现在社会、文化、环境等方面，对整个社会的运行产生积极影响。

随着冰雪旅游的不断推广和发展，冰雪旅游区域的场地，如滑雪场，有时也会出现供给过剩的问题，很多滑雪场面临着一些经营困难甚至倒闭的风险。同时冰雪旅游还需要面对一些新型的挑战，如自然灾害、气候变暖、公共卫生的响应问题等。虽然有着各种各样的困难以及问题，但是现阶段冰雪旅游产业总体向好，它在当代的发展和进步是不容忽视的，且已经成为了一个多元化、可持续性并具有创新性的旅游产业，为游客提供了别样的选择。冰雪旅游产业在未来也会继续发挥其在社会、经济、文化等方面的推动作用，成为一个更加健康、可持续以及有活力的产业。

二、冰雪旅游景观设计的发展现状

作为一种独特的景观设计形式，冰雪旅游景观主要是在寒冷的季节中、在冰雪的环境中进行设计及制作的，其也是在特殊的季节才能够吸引游客前来体验。随着人们对于旅游环境的要求越来越高，冰雪旅游也得到了更多的关注。

现如今，冰雪旅游景观设计在全球范围内得到了快速发展。北欧、北美等冰雪资源丰富的地区利用冰雪资源打造旅游产业，冰雪旅游景观设计相当成熟。挪威北极圈中心的北极观景酒店，就是其中极具代表性的冰雪旅游场所。随着中国冰雪产业发展计划的推进，我国的冰雪旅游景观设计也逐渐进入快速发展通道。哈尔滨冰雪大世界、吉林雪博会、长白山天池、黑龙江雪乡都是重要的冰雪旅游地。当下国内冰雪旅游景观设计的内容包括冰雪运动、冰雪景观、冰雪游玩等多种形式，让人们在冬季能够体验更好的旅游形式，促进了冬季旅游的发展。

如今的冰雪旅游景观设计不再局限于传统的造型和手段，设计师正不断探索新的设计理念。有的将现代艺术元素融入冰雪景观中，创造出极具创意的作品；有的结合科技手段，如灯光、音效等，打造出奇幻的冰雪世界。随着科技的发展，冰雪旅游景观设计的技术手段也在不断进步。3D打印技术的应用，使得复杂的冰雪造型能够更精准地制作出来；新型冰雪材料的研发，提高了冰雪景观的稳定性和耐久性；智能化控制系统也被应用于冰雪景观的灯光、音效等方面，增强了游客的体验感。

同时，冰雪景观的主题越来越丰富多样。除了传统的节日主题、童话故事主题外，还出现了以历史文化、自然生态、科幻未来等为主题的冰雪景观。这些主题的出现，满足了不同游客的需求，也为冰雪景观设计带来了更多可能性。

冰雪景观设计与旅游产业的结合越来越紧密。许多旅游目的地将冰雪景观作为重要旅游资源进行开发，推出了一系列冰雪旅游产品和线路。同时，冰雪景观也为旅游目的地带来了更多游客和经济效益，促进了当地旅游产业的发展。

三、冰雪旅游景观设计的未来趋势

随着时代的发展，未来各行各业都会运用更多创新技术手段，冰雪旅游景观设计也不例外。未来的冰雪旅游景观设计将会运用更多创新技术和手段，比如3D打印、虚拟现实、增强现实、智能制造、大数据、人工智能等技术，通过这些技术为游客提供更贴心的服务，也为设计师提供更高效的设计手段，以便于创造出精美而有品质的冰雪景观作品。

环境保护和可持续发展已成为各行各业关注的主要话题，我们将为后代留下一个什么样的星球，已成为这个时代的主题。在制作冰雪景观时，运用环保材料和绿色能源技术来减少对自然环境的影响和破坏，已成为冰雪旅游景观设计行业的共识。同时，文化的保护和传承也被设计师视为当下亟需探索的问题，设计师可以利用当地文化和民族元素来创作冰雪旅游景观。

冰雪旅游景观设计在经历了现代科技应用的转型后，将会进入一个更加创新化和多元化的时代。运用新的技术和理念可以提高冰雪景观的质量和美感，也让设计师能够更全身心地投入理念创新和概念设计的规划中，为游客打造更精美和独特的景观体验。同时，市场上也会出现更多个性化定制的旅游产品，比如森林探险旅游、冰雪风情旅游、冰雪文化之旅等，来满足不同游客的需求和喜好。

第
二
章

冰雪旅游景观设计的基础——以黑龙江为例

第一节

黑龙江冰雪景观的自然地理背景和形成原因

黑龙江省位于我国东北部，是中国占地面积较大的省份之一，其冰雪旅游资源极为丰富。在冬季，黑龙江拥有大片的雪景以及人造的冰雪景观，这些景观作为重要的旅游资源，吸引了大量的游客。本节将分析黑龙江冰雪景观的自然地理背景及形成原因，并列举一些主要冰雪景点。

一、自然地理背景

黑龙江省地处我国东北地区，是中国最北部的省份。从冰雪旅游发展角度来讲，黑龙江省地理位置十分优越：北部与俄罗斯接壤，东部与朝鲜、韩国、日本相邻，南部和西部分别与我国吉林省、辽宁省、内蒙古自治区相邻。

1. 地形地貌

黑龙江省的地形地貌极具多元化，由大面积的平原和小部分的山地、丘陵等构成。省内的最高点是大秃顶子山，位于黑龙江省五常市东南，距离五常市有170千米，主峰海拔1690米，为黑龙江省内最高的山峰，其形状如馒头，山顶是一片平地，几乎没有树，有一些低矮的花花草草。大秃顶子山是高山植物的宝库，同时也是野生动物的摇篮。

（1）山地

黑龙江省的山地，主要有大小兴安岭和外兴安岭。黑龙江省南部、嫩江以西是大兴安岭，嫩江以东是小兴安岭，黑龙江以北位于俄罗斯境内的是外兴安岭，俄语称斯塔诺夫山脉。大小兴安岭北起黑龙江，南至松花江，是中国最为古老的山地之一，古语称为东金山，又称夏斯阿林、金阿林。金阿林是满语、锡伯语的称呼，它的意思为白色的山，指极冷的地方，后来演变成现在的地貌，海拔在300~1400米。大小兴安岭构成了黑龙江省北部及东北部的天然屏障。大小兴安岭地处寒温带，兴安岭北段是中国北部最寒冷的地区，冬季最低气温在零下50℃。这里有丰富的森林资源、矿产资源、动植物资源，同时大兴安岭被誉为绿色的林海，小兴安岭是我国重要的木材生产基地，有"红松故乡"之称。

（2）平原

黑龙江主要有两大平原，一个是松嫩平原，另一个是三江平原。松嫩平原是东北平原最大的组成部分，土质肥沃，是黑龙江重要的粮食产区和畜牧业基地，而三江平原是由松花江、黑龙江、乌苏里江冲积而成的，是中国重要的商品粮基地之一，土地广袤而富饶。

2. 气候条件

黑龙江省的气候属于大陆性温带气候，夏季短暂而温暖，冬季漫长而寒冷。全省冬季平均气温在零下20℃至零下10℃之间，最低温度可达零下50℃以下。这种极寒的气候，为黑龙江冰雪景观的形成提供了理想的条件。由于地形地貌和地理位置的影响，气候在各个地区有所不同。

（1）南部地区

南部地区气候温和，四季分明。夏季气温较高，最高可达35℃，降水量比较充沛；冬季则非常寒冷，气温常常低于零下20℃。

（2）东部地区

东部地区气候比较湿润，夏季较为凉爽，冬季则非常寒冷。因为地处海岸线附近，所以湿度相对较高，降水量也比较充沛。

（3）中部地区

中部地区气候条件介于南部和东部之间，四季分明。夏季较短暂，但气温较高；冬季则非常寒冷，气温常常低于零下20℃。

（4）北部地区

北部地区气候条件最为恶劣，夏季短暂而凉爽，冬季则漫长而寒冷。气温常常低于零下30℃，而降水量也较为稀少。

3. 水文条件

黑龙江省的水文条件较为复杂，拥有大量河流、湖泊、湿地和少量冰川等。

（1）河流

黑龙江和松花江是流经黑龙江省的两条最大的河流，其水资源对整个区域的发展和生态环境有着至关重要的作用。

黑龙江：黑龙江有两个源头，一个在南边，一个在北边。南边是额尔古纳河，北边是俄罗斯的石勒喀河，二者在漠河汇聚，汇合后称为黑龙江，其全长约4370千米。它的水源主要来自山间雨水和融雪，流经黑龙江省时，为该省经济发展和生态环境提供了重要的水资源。

松花江：松花江也有南北两源，北源是发源于大兴安岭支脉伊勒呼里山的嫩江，南源是发源于长白山天池的西流松花江。水文上以南源为正源，北源嫩江一般作为支流。从正源（南源）算起，松花江长度为1927千米；从北源算起，松花江长度为2309千米。松花江南源即海拔2744米的长白山天池，自天池流下的西流松花江全长958千米，流域面积7.34万平方千米，占松花江流域总面积的14.33%。

（2）湖泊

黑龙江拥有很多湖泊，比较著名的如下。

兴凯湖：兴凯湖位于黑龙江省东南部和俄罗斯远东滨海地区，是中俄边界湖。兴凯湖可分为大兴凯湖和小兴凯湖，其构造是由山体运动和地壳下陷形成的。兴凯湖北部三分之一归中国，南部属于俄罗斯。大兴凯湖南北长达100多千米，东西宽达60多千米，总面积约4380平方千米。小兴凯湖东西长35千米，南北宽4.5千米，面积约176平方千米。

镜泊湖：镜泊湖是中国最大、世界第二大的高山堰塞湖，位于黑龙江省牡丹江市张广才岭与老爷岭之间，水面面积79.3平方千米。镜泊湖以湖光山色为主，兼有火山口地下原始森林、地下熔岩隧道等地质奇观，以及以唐代渤海国遗址为代表的历史人文景观，是可供科研、避暑、游览、观光、度假和文化交流活动的综合性景区。

连环湖：位于大庆市杜尔伯特蒙古族自治县泰康镇西南，由18个湖泊联合组成，总面积达840多平方千米，是典型的湿地湖泊。连环湖自然风光优美，水生植物门类众多，浮游生物和鱼类丰富，区内有鸟类240多种，是中国著名的观鸟基地。

五大连池：位于黑龙江省黑河市五大连池市，是由莲花湖、燕山湖、白龙湖、鹤鸣湖、如意湖组成的串珠状湖群，因此称为五大连池。五个湖泊景观各具特色，湖泊均因火山喷发、熔岩阻塞而成，形成了中国独有的火山奇观，因此，五大连池被列为世界地质公园。

扎龙湿地：是国家级自然保护区，位于黑龙江省松嫩平原西部乌裕尔河下游，由乌裕尔河、双阳河、克钦湖、仙鹤湖、龙湖、南山湖等域内众多水泡组成。

莲花湖：位于黑龙江省牡丹江海林市东北部、长白山余脉、威虎山国家级森林公园北部，因兴建莲花水电站截流而成，湖面133平方千米。莲花湖风景区以森林、湖泊、岛屿和峰崖石壁为主体景观，景区内有三大峡谷、四大湖湾、五大景区、七大岛屿和三十多个主要景点。

三永湖：位于黑龙江省大庆市龙凤区，是大庆地区自然形成的湖泊之一，早先被称为"三永泡"，2000年开发建设后，改名为"三永湖"。三永湖近似圆形，水面面积约310万平方米，湖上建有长达1980米、被誉为世界第一长的水上木制栈桥，将湖北岸和东岸相连，是湖边居民的游乐之地。

（3）湿地

黑龙江是中国湿地资源最丰富的省份之一，其湿地类型主要包括河流湿地、湖泊湿地、沼泽湿地和沼泽化草甸湿地。黑龙江省湿地面积为514.3万公顷，居全国第三位，约占全省总面积的10.9%。

黑龙江湿地类型多达10类，拥有103处湿地类型自然保护区、75处省级以上湿地公园、11处湿地保护小区。黑龙江湿地是中国乃至世界濒危鹤类等珍稀鸟类的主要栖息地，其强大的生态净化作用使其拥有"地球之肾"的美名。

黑龙江省建有省级以上湿地自然保护区40处，总面积达313万公顷，其中国家级8处，省级32处，还拥有扎龙、兴凯湖、三江、洪河等4处国际重要湿地。黑龙江湿地不仅是重要的生态系统，也是众多珍稀动植物的家园，具有极高的生态价值和科研价值。

由此可见，黑龙江省的自然地理背景非常丰富多样，包括复杂的地形地貌、丰富的水文条件和独特的气候条件。这些自然条件共同构成了黑龙江省独特的自然风貌和地方特色，也为黑龙江省的旅游业和经济发展提供了重要的支撑和保障。因此，保护和维护好黑龙江省的自然地理背景也是保护生态环境和推进可持续发展的必要举措。

二、形成原因及保护措施

黑龙江属于四季分明的气候，季节性的极寒气候成为了黑龙江发展冰雪旅游景观的基础。黑龙江处于亚洲大陆的东北端，北临俄罗斯，能受到西伯利亚冷空气的直接影响，因此在同纬度地区，黑龙江是最冷的地方。同时需要注意，全球气候正在变化，黑龙江省的气候条件随着全球大环境的变化也在悄然改变。近年来，黑龙江的冬季温度逐渐升高，雪季持续时间相对缩短，降水量也在逐年减少，这会使冰雪旅游产业受到很大影响。如何保护、维护黑龙江现有的自然冰雪景观条件，同时促进可持续发展，是黑龙江省和全球冰雪旅游产业共同面临的问题。

黑龙江省境内的地形地貌复杂多样，为发展冰雪旅游景观提供了非常理想的自然条件。在冬季，黑龙江省内的山脉会形成美丽的雪景，且小兴安岭海拔较低，是较为适宜的滑雪场所。黑龙江的地质条件较为丰富，构造也复杂，形成了非常丰富的地质遗迹和地貌景观，这些条件影响了冰雪景观的形成。如黑龙江的五大连池地区就因为其地质条件而形成了独特的冰雪景观。五大连池是由大规模的火山喷发和熔岩流形成的，有很多的火山口和熔岩洞穴，这些湖泊和洞穴在冬季结冰后，就会形成美丽的冰雪景观。

黑龙江冰雪景观的形成与其独特的水文地理条件也密切相关，冬季黑龙江省的河流、湖泊结冰后形成的冰块资源成为了黑龙江冰雕艺术的材料基础。黑龙江省平原区域比较广泛，平原上的河流在冬季都会结冰，形成较为独特的冰雪景观，每年都会吸引大量游客前来欣赏。黑龙江省的湖泊在冬季也会结冰，形成天然冰场，很多游客在寒冷的冬季都会选择到黑龙江来体验冰上活动。

黑龙江具有得天独厚的冰雪旅游资源，其形成原因复杂多样，涉及地理位置、气候条件、地形地貌等相关因素，还有很重要的一点，人文活动在其中占据很大因素。有史料记录，自清朝以来，黑龙江的居民就开始制作冰雕、雪雕，当时是为了烘托节日气氛。近年来，随着旅游业的发展，黑龙江省各大城市都在打造冰雪旅游品牌，哈尔滨每年的国际冰雪节就是黑龙江省最为知名的冰雪活动之一。这些活动不仅带动了黑龙江省的旅游业发展，同时也为黑龙江省内的景观丰富性带来了新的生机。

随着全球气候的不断变化，黑龙江的冰雪旅游资源也在面临着比较严峻的挑战，近年来雪期明显缩短，黑龙江的冰层也越来越薄，这对于黑龙江省的冰雪旅游资源和冰雪旅游产业发展是不利的。我们应该更加积极地去应对全球气候的影响，来保护黑龙江的冰雪旅游资源。

一方面，我们可以加强环境保护和生态建设，保护黑龙江的水资源、森林资源，减缓气候变化的速度，同时也可以加强科学的管理和利用，让冰雪资源能够有效留存，让冰雪旅游和冰雪产业得以可持续发展。另一方面，科技创新和技术支持也是不可或缺的，我们需要推动黑龙江省冰雪产业的转型和升级，来提高冰雪资源的利用效率，进而扩大经济效益。

在保护和维护黑龙江冰雪景观资源的过程中，需要贯彻环境保护和可持续发展的理念，加强科研、技术等方面的工作，以此来维护黑龙江独特的文化遗产和自然环境。

三、黑龙江主要冰雪景点

1. 哈尔滨冰雪大世界

哈尔滨冰雪大世界是国家5A级景区，也是黑龙江标志性的旅游景点，占地面积为60万平方米。哈尔滨冰雪大世界自开建以来，已经成为一个集艺术文化、建筑演艺、体育为一体的冰雪艺术精品工程。哈尔滨冰雪大世界以冰雪为材料，以灯光配合，以舞蹈演绎，运用现代技术打造出美轮美奂的冰雪景观世界，让冰雪与艺术交融，尽显独特的魅力。园区内流光溢彩、美轮美奂，有超级冰滑梯、冰上自行车等丰富的旅游项目，还有冰雪汽车、芭蕾秀、梦幻舞台、情景剧等冰雪演出，能让游客大饱眼福，让游客在冬天与艺术邂逅。游客可以在这里欣赏到世界上最壮观的冰雪雕塑，同时还能品尝各种特色美食，感受到东北人民的热情好客。2023年冬季，随着冰雪大世界开园，哈尔滨热度环比暴涨300%。携程数据显示，2023年12月1日~12月14日，哈尔滨冰雪大世界的搜索量同比去年增长11倍，较2019年同期增长215%。并且，哈尔滨位列2024跨年旅游热门城市第5位，仅次于上海、北京、广州和成都，是前10名中唯一的东北城市。哈尔滨因冰雪旅游一度成为冰雪旅游城市中的"顶流"，就连瑞士官方都开始研究哈尔滨冰雪旅游经济。

2. 黑龙江雪乡国家森林公园（雪乡）

雪乡位于黑龙江的牡丹江市，其以独特的雪屋和壮丽的建筑景观吸引了全国的游客，雪乡整体景观宛如童话一般，雪景千姿百态。游客在雪乡中，仿佛置身于一个冰雪的王国，可以体验东北的民俗，感受东北的地区文化。白天可以欣赏东北民居、道路、树木被积雪覆盖形成的美丽冬日画卷，夜晚万家灯火，雪屋变得更加迷人，极具特色，浪漫而温馨。在雪乡可以住东北特色的大炕，参加马拉爬犁、观看驯鹿等活动。

3. 亚布力

亚布力作为4A级国家旅游景区，是国家体育示范基地，也是国家级滑雪旅游度假胜地。在这里，每立方厘米的负氧离子达到5万多个，因此其是国家颇具盛名的养生基地。滑雪期长达150天，游客在亚布力滑雪场，可以体验高山滑雪的激情与速度，享受到高山滑雪的乐趣。亚布力滑雪场还有熊猫馆以及森林温泉，游客可以享受特色的雪中温泉、水疗以及一些养生药浴等，温泉中含有丰富的矿物质，具有多种保健、疗效和美容功能，让很多游客心驰神往。

4. 镜泊湖景区

镜泊湖是黑龙江又一重要的冰雪旅游度假区，有着壮观的雾凇景观，在寒冷的空气中，水汽会在空中凝结在树枝上，形成白色结晶，整个场面银光素裹、如梦如幻。冰瀑也是镜泊湖的一大旅游亮点，瀑布的水流在冬季极端低温下形成冰瀑，形状各异，似龙飞舞，似利剑高悬。在镜泊湖景区内，还有雪堡垒，可供儿童游玩，游客可以在里边参与各种各样的活动，也可以在镜泊湖风景区游览俄罗斯风情小镇、参观威虎山影视城，感受东北多文化交融的内涵。

5. 漠河北极村

漠河北极村地处我国最北端，是我国冬季气温最寒冷的地区之一，仰望星空，可能看到极光，观赏特殊的美景。北极村整体似冰雪童话，游客可以游玩、欣赏雪雕，也可以在中国最北的邮局打卡，寄一封明信片给好友；体验一次与驯鹿民族接触的机会，亲手投喂驯鹿，感受鄂温克族人的生活气息；还可以看龙江第一湾，登上山峰欣赏龙江第一湾磅礴的气势。在冬季的北极岛，白雪覆盖着大地，冰冻的江面起伏，那宁静的画面极具美感。

除以上景点之外，黑龙江还有伏尔加庄园、冰雪嘉年华、五大连池风景区、齐齐哈尔扎龙自然保护区等优秀的冰雪旅游区，在黑龙江的冰雪旅游世界中，可以享受冰雪带来的乐趣，感受冰雪风情和极地风情。

第二节

黑龙江冰雪景观的生态环境优势和问题

一、黑龙江冰雪景观的生态环境优势

1. 生态环境相对稳定

相对于同纬度的其他地区而言，黑龙江呈现出独特的气候特征，那便是寒冷干燥。这种气候条件使得其气温常年处于较低水平，冬季格外漫长且寒冷，降雪量较为充沛，为冰雪景观的形成奠定了坚实基础。然而，也正因寒冷干燥，相较于一些气候温和湿润的同纬度区域，这里的植被并非十分丰富。不过，从另一个角度看，这反倒使得当地生态环境呈现出一种相对稳定的态势。

黑龙江省在人口规模方面，相较于我国的其他省份明显较少。人口数量的相对稀少，意味着人类活动的范围与强度也相对有限。与那些人口密集、各类开发建设活动频繁的省份相比，黑龙江受到人类活动的干扰也就比较少。在黑龙江省广袤的土地上，众多自然生态系统得以较为完整地保留下来，无论是森林、湿地，还是河流、山脉等，都维持着自身相对原始的风貌和生态平衡。

而这些特点综合起来，无疑为冰雪景观的设计与开发提供了得天独厚的条件。利用丰富的降雪，能够轻松塑造出各种壮观且唯美的冰雪造型，如高大的冰雕、蜿蜒的雪堡等。完整的生态系统又能作为绝佳的背景，让冰雪景观与自然环境相得益彰。同时，较少的人类活动干扰也使得在进行冰雪景观创造时，可以更加自由地规划布局，充分发挥创意，打造出别具一格且极具原生态魅力的冰雪景观作品，吸引来自五湖四海的游客前来观赏体验。

2. 生物资源多样

虽然黑龙江整体植被相较于一些地区显得比较稀少，但它所处的地理位置着实特殊，为其赋予了别样的生态优势。其地处我国东北边陲，独特的经纬跨度以及地形地貌造就了这里丰富的水资源。纵横交错的河流、星罗棋布的湖泊以及广袤无垠的湿地，共同构成了黑龙江水网密布的景观。

而在黑龙江的冰雪景观旅游区，更是蕴藏着令人惊喜的生物资源宝藏，且其呈现出显著的多样性。当你漫步在这片神奇的土地上时，在水域之中，能够看到形形色色的鱼穿梭游动，它们或色彩斑斓，或身形矫健，为冰冷的水域增添了灵动的气息；抬头望向天空，众多鸟类展翅翱翔，从候鸟到留鸟，它们或在迁徙途中于此停歇，或常年栖息于此，鸣叫声回荡在天地之间；深入山林，还能邂逅各类哺乳动物，它们在雪地里留下的串串脚印，仿佛诉说着这片土地的生机。

不仅如此，在同纬度地区里，黑龙江的高山植物资源也相对丰富。那些生长在高山之上的植被，虽历经严寒，却依然顽强地展现着生命的绿意。而在水域周边，水生植物同样繁茂，它们扎根水底，摇曳在水中，与鱼类等生物相互依存。

这些丰富多样的生物资源，无疑成为了黑龙江冰雪旅游开展的重要生态支撑，为冰雪之旅增添了更为丰富的体验与色彩。游客在欣赏冰雪美景的同时，还能近距离接触这些鲜活的生命，感受大自然的奇妙与和谐。

3. 冰雪资源丰富

黑龙江的气候条件简直就是为冰雪旅游景观的打造量身定制的。这里冬季漫长且寒冷，每年的降雪量极为可观，使得冰雪覆盖面积广大，大片的土地都被洁白的雪所覆盖，使人仿佛进入了一个银装素裹的童话世界。而且黑龙江寒冷季节的持续时间很长，这就为冰雪景观的长期保存提供了绝佳的条件，让游客们在较长的时间段内都能尽情领略冰雪的魅力。

更值得一提的是，黑龙江的冰雪质量堪称一流。那雪花细腻而纯净，堆积起来的雪质松软又有黏性，非常适合用来塑造各种精美的冰雪造型，无论是高大雄伟的冰雕建筑，还是憨态可掬的雪雕玩偶，都能展现出绝佳的质感。

在黑龙江省内，有着众多璀璨的冰雪旅游景点。其中，雪乡犹如一颗明珠，那里的积雪在风力的作用下形成了各种奇特的形状，像蘑菇一样的雪堆错落有致地分布在村落间，配上袅袅升起的炊烟，宛如世外桃源般梦幻，吸引着无数游客慕名而来。而哈尔滨冰雪大世界更是举世闻名，每年这里都会用冰雪打造出一个个美轮美奂的大型主题园区，里面有气势恢宏的冰城堡、绚丽多彩的冰灯，让人仿佛置身于冰雪王国之中。

在这些景点中，无论是自然风光还是人工打造的景观，都有着各自独特的韵味。自然风光的壮美与人工风光的精巧相互映衬，不仅吸引了大量游客，更为黑龙江旅游产业的链式发展带来了无限的机遇，带动了餐饮、住宿、交通等一系列相关产业的蓬勃发展。

4. 自然风光优美

黑龙江的自然风光非常优美，省内有雪山、河流、湖泊、林区等多种自然景观。在冬季，雪山、湖泊、河流、林区会形成不同的冰雪美景，吸引了大量游客前来游玩并拍照留念，这些自然风光是黑龙江旅游产业发展的重要根基。

黑龙江生态环境稳定，物种多样，自然资源较为丰富，自然风光优美，这些特点和优势成为了黑龙江旅游开发的有利条件，同时也为黑龙江的生态保护和可持续发展提供了重要支撑。需要发挥这些优势，提高旅游产业的性价比，提升游客前来旅游的意愿。

二、黑龙江冰雪景观的生态环境问题

虽然黑龙江的冰雪景观拥有众多的生态优势，但是也存在着一些生态问题，例如近些年来出现了自然灾害和土地沙漠化的问题。如何在发展旅游业的同时充分发挥科技创新的作用，保护生态环境，让子孙后代能够继续享受黑龙江冰雪旅游带来的红利，守护黑龙江独特的自然风光遗产，是当代设计师需要考虑的重要问题，也是设计师的责任与使命。下面具体分析黑龙江冰雪景观所面临的生态环境问题。

1. 生态系统被破坏

随着人类活动的不断增加，黑龙江的生态系统出现了一定的问题。在黑龙江省内的湖泊和山区中开展的旅游开发以及冰雪活动已经对当地的生态系统造成了严重破坏，引起了生态系统失调。

2. 水资源短缺

黑龙江省地处内陆，总体的水资源并不十分丰厚。随着人口的不断增加和工业的不断发展，水资源短缺的问题逐渐凸显出来，同时水污染问题也日益严重。黑龙江省内的一些河流和湖泊，由于遭到了过度开采和污染等问题，水质已经受到较为严重的影响，这对当地冰雪景观的创作、形成和生态环境保护都带来了不利影响。

3. 垃圾污染

随着黑龙江旅游业的发展，来黑龙江旅游的人数逐渐增加，旅游过程中会产生很多垃圾，使黑龙江冰雪景观环境遭到破坏。游客游玩过程中产生的垃圾缺乏分类管理和有效回收利用，不仅影响了当地的生态环境，也为黑龙江冰雪旅游产业的发展蒙上了一层阴霾。

4. 全球变暖的影响

全球变暖的情况愈演愈烈，黑龙江的冰雪资源受气候环境影响较大，面临的生态环境问题日益严峻。随着气温不断升高、降水量不断减少，黑龙江省内的冬季冰川开始消融，雪量逐渐减少，这对当地的生态物种平衡和冰雪旅游产业发展带来了极大挑战。黑龙江省政府早已着手生态环境建设和应对气候变化，但由于大环境变化，现有的技术在大环境面前很难改变现状，所以在今后很长一段时间里，形势还会愈发严峻。

5. 土地利用引发的问题

随着城市化进程不断加快、城市人口不断增加，黑龙江的土地利用问题逐渐受到关注。黑土层流失严重，土地出现过度开发和利用情况，这不仅会导致生态系统被破坏，也会对当地自然景观产生十分不利的影响。很多河流和湖泊周围的土地被过度开发，造成了比较严重的生态问题，从而导致景观受到很大程度的破坏。

针对上述问题，需要采取一定措施进行改善和治理，加强生态保护，同时重视生态环境修复。土地利用要循序渐进，政府不能因财政紧张而肆意卖地，同时环保部门应该加强环境监测，减少污染物排放，对于有毒有害企业，应该限制其发展并提出整改意见，但整改意见不能矫枉过正。过去曾有很多部门利用职权对企业过度限制、排查和惩罚，导致很多投资商对黑龙江投资环境不看好，这也造成黑龙江省内融资环境差、融资量不足，无法改善居民生活条件的现象。同时要加强对河流、山地等生态系统的监测，以科技创新为前提，发展低碳经济，最大程度减少对环境的影响。

在黑龙江，新材料、新技术、新能源的发展尤为重要但也尤为艰难。新能源汽车迄今为止仍未解决防冻问题，新材料（如建筑材料等）和新技术也无法抵御黑龙江严寒的冻融气候，但是发展可再生能源、减少对化石能源的依赖已经势在必行。

同时，法律法规的制定和执行要以科学依据为前提，不能照搬照抄全国其他地区的理念和发展策略，也要加强对环境违法行为的惩罚和打击，加强对旅游业和运营活动的监管。通过政府宏观调控，控制旅游业发展规模以及来黑龙江游客的数量等，在冰雪旅游景区加强宣传，增强公众对冰雪旅游环境的保护意识，开展主题教育，让公众更加爱护环境。

黑龙江冰雪景观区域的生态问题不能一刀切地解决，需要采取多种措施综合解决。在环境治理方面应该以预防为主，而不是等环境出现破坏后再去治理。加强多种手段的宣传教育、健全法律法规，是解决黑龙江滨水景观区生态问题的关键。通过上述措施，让黑龙江的冰雪景观区能够形成有效的生态循环。此外，黑龙江的生态景观保护不只是政府和有关部门的责任，也是全社会每一个公民的责任，需要每个人参与其中、共同努力，使其成为全国旅游景区的样板。相关景区要对游客在旅游过程中随意丢弃垃圾、破坏生态环境的不文明游览行为进行监管，禁止游客滥伐树木和捕杀野生动物，并对当地动植物产生的影响进行统筹和监测。这个复杂的生态问题需要全社会共同努力解决，共同守护黑龙江省独特的自然文化遗产。

第三节

黑龙江冰雪文化的历史和价值

一、黑龙江冰雪文化的历史

冰雪景观作为黑龙江冬季的一大特色，有着极为悠久的历史以及深厚的文化底蕴，是中华民族传统文化中不可或缺的一部分。黑龙江省的冰雪文化凝聚着黑龙江人民的智慧以及丰富的创造力，对于中国文化的内涵及多样性也极为重要。冰雪资源、冰雪文化为黑龙江的发展带来了机遇，同时也带来了挑战。下面将围绕黑龙江的冰雪景观文化展开研究，探究其历史渊源与背景、保留的文化遗产以及在现代的发展等，希望能为黑龙江冰雪文化的发展以及传承贡献一份力量。

1. 冰雪文化的历史渊源

冰雪文化是中国传统文化的重要组成部分，其历史可追溯到唐代。在中国古代的文化传统中，冰雪被视为纯洁、高雅、神秘的象征，同时也是人们赞美自然、追求自由的一种表现形式。古代文献中，冰雪文化的相关内容很多，比如高适的《别董大》写道"千里黄云白日曛，北风吹雁雪纷纷"，《庄子·知北游》中的"澡雪精神"，以及《世说新语·言语》之《咏雪》中的"白雪纷纷何所似？撒盐空中差可拟"等。这些诗歌和文言文，不仅抒发了人们对自然的崇敬与热爱，也反映了古代人们对冰雪文化的重视与关注。

随着时间的推移，冰雪景观文化在不同的历史时期得到了不同程度的发展与演变。在唐宋时期，冰雪文化仅流行于宫廷，唐代宫廷会创建冰建筑，宋代江南也会用从北方运来的冰块建造冰雪地窖，这些都是冰雪文化的一种表现。在明清时期，冰雪文化有了进一步的发展，北京、哈尔滨都出现了一些冰灯、冰雪雕塑。而近代，随着旅游业和科技交通的发展，冰雪文化进入了一个崭新的时代，冰雪运动和冰雪旅游得到了空前的发展。

2. 黑龙江冰雪文化的历史背景

黑龙江是冰雪文化重要的发源地，黑龙江冰雪资源丰富，气候寒冷，冰雪活动及冰雪文化得到了长足的发展，在黑龙江的冰雪文化历史长河中，有几个重要的时期是十分值得关注的。

清朝时期，黑龙江的经济发展以农业和渔业为主，彼时还是关外之地，由于其气候寒冷，拥有丰富的冰雪资源，因此冰雪文化在这个时期得到了蓬勃的发展。清朝的皇帝每年冬季都会来关外进行捕猎、滑冰、制作冰雕等活动；同时黑龙江的民间也广泛地开展了各种冰雪活动和比赛，如滑冰、打冰球等，为当地居民的生活带来许多乐趣，也为黑龙江的冰雪文化和旅游产业的发展打下坚实的基础。

民国时期，黑龙江的冰雪文化和旅游产业开始了进一步的发展，哈尔滨自然成为了中国冰雪活动的中心，吸引了一部分的游客，虽然此时当地的冰雪景观规模并不是很大，但是也举办了一些冰球及滑冰比赛，在这个时期，冰雪旅游产业得到了一定的发展。

新中国成立后，黑龙江的冰雪旅游产业发展进入了快车道。随着哈尔滨首次冰雪节的成功举办，黑龙江的冰雪活动成为了中国冰雪旅游的重要标志之一，黑龙江省开始承办国际性的、全国性的或省内的各种冰雪相关活动和比赛，如国际冰雪节、中国冰球锦标赛、黑龙江滑雪大赛及滑冰大赛等。各种艺术活动、体育活动的开展，不仅推动了黑龙江冰雪旅游产业发展，也为黑龙江的国际文化交流打下了比较坚实的基础。近年来，随着黑龙江经济和文化的发展，冰雪旅游得到了进一步的升级，哈尔滨冰雪大世界的规模不断扩大，且每年投资也不断增加。

3. 黑龙江的冰雪文化遗产

黑龙江的冰雪文化遗产是比较丰富的，在哈尔滨的冰雪节和冰雪大世界中就有许多典型代表。哈尔滨的冰雪节是中国最大的冰雪节日，吸引了世界各地的游客，在冰雪节举办期间，会有各种文艺的演出以及展览。其中，传统的冰灯是冰雪节非常重要的组成部分，代表着哈尔滨的历史，其是用透明的冰雪制成的，体现了中华民族传统冰雕艺术、技艺的传承，成为了黑龙江重要的文化名片。黑龙江开展冰雪运动较早，是我国冰雪运动发达地区，其中常见的冰球运动、冰壶运动都是我国传统冰雪运动的传承，是中华文化的宝贵财富。

4. 黑龙江现代冰雪文化发展

随着经济和文化的快速发展，黑龙江的冰雪旅游产业得到了进一步升级。黑龙江省政府将"冰天雪地也是金山银山"作为重点发展的口号，制定了一系列的政策计划，推动了黑龙江整体旅游业的快速发展。近年来，黑龙江冰雪旅游已经形成了完整的生态系统和产业链条，包括冰雪节活动、冰灯展示活动、冰雪运动、温泉度假等。同时，冰雪运动得到了进一步发展，黑龙江省政府给予了政策性支持，在各个高校开展了冰雪运动推广活动，黑龙江各大滑雪场也得到了一定程度的升级。黑龙江的冰雪运动和冰雪旅游产业已成为黑龙江的重要特色与优势，为黑龙江的经济和文化发展注入了强心剂。

同时，黑龙江冰雪旅游产业的问题和挑战一直都存在，持续地改进和完善，适时地调整策略才是求生之道，如果不发展特色的冰雪文化，保护和传承其中的宝贵部分，推动其可持续发展，那么冰雪旅游产业发展也会呈现乏力态势。所以，黑龙江的冰雪旅游和冰雪文化应该以一个开放包容的姿态迎接外资、迎接批评、迎接不同的艺术创造，以实现更多元的发展进步。

此外，加强冰雪文化的普及和教育，让更多的人认识黑龙江、了解冰雪、了解黑龙江的冰雪文化，也是冰雪文化发展传承的重要策略。同时也要认识到，发展黑龙江的冰雪旅游产业，也是发展中国的冰雪文化和冰雪运动。在未来，随着冰雪旅游产业的发展，越来越多的国人将会投身于冰雪运动、冰雪创作的过程中来，让中国成为冰雪文化、运动强国。加强保护传承，借助创新的力量，实现更进一步的发展，相信在不久的将来，黑龙江的冰雪文化和旅游产业将会呈现更加繁荣的景象。

二、黑龙江冰雪文化的价值

黑龙江，这座屹立于中国北方的重镇，承载着厚重且丰富的历史。在过往的岁月里，它在我国工业与农业领域皆占据着举足轻重的地位，是推动经济发展的重要力量。然而，随着时代的变迁，产业升级与调整成为必然趋势，在此过程中，冰雪文化蓬勃发展，已然成为黑龙江未来前行道路上的一抹亮色，为其文化发展注入了源源不断的前进动力。

1. 黑龙江冰雪文化的价值内涵

黑龙江的冰雪景观文化的价值内涵丰富多元。首先，它是大自然赋予这片土地的独特馈赠，那漫天飞舞的雪花、银装素裹的大地以及晶莹剔透的冰挂，无不展现着大自然的鬼斧神工，蕴含着人们对自然之力的敬畏与赞叹之情。这种对自然的崇敬，是黑龙江冰雪景观文化价值的基石。

冰雪景观见证了黑龙江人民在严寒环境下的生活智慧与坚韧精神。从传统的冰屋建造到利用冰雪运输物资，人们与冰雪和谐共生，形成了独特的与冰雪共存的生活方式。而这种生活方式所衍生出的民俗文化，如冰雪节上的各种庆祝活动、冰灯制作技艺等，都成为了冰雪景观文化价值的重要组成部分。

冰雪文化是由冰雪创作、冰雪艺术活动等组成的综合性文化，它是一种特殊的文化形态，包括了与冰雪活动有关的习俗、艺术产物等。冰雪文化既是一种自然文化，也是一种人文文化，是自然与人文相互作用的产物，冰雪文化的价值内涵主要包含以下几个方面。

（1）美学文化

自然冰雪景观是一种自然美的表现形式，其以纯净透明、晶莹灵动的特点，吸引了众多文化学者和艺术家，成为了冰雪文化重要的组成部分。

冰雪文化的自然美学不仅表现在自然冰雪景观的美感上，也表现在人们对冰雪的创作上。例如，冰雪节中人们雕刻制作的冰灯，充分展现了冰雪的自然美和人文美，成为了一种独特的艺术形式和文化产物。

（2）民俗文化

冰雪文化是民俗文化的重要组成部分，涉及人们的生产生活、节日庆祝、习俗传承等方面。在黑龙江，冬季是人们生产生活的重要季节，因此冰雪文化与黑龙江的民俗文化密切相关。例如，在冬季，黑龙江的农民会利用冰雪资源进行渔业捕捞、运输、储存等活动，同时也会举行各种冰雪活动和比赛，如冰上龙舟比赛、冰雪嘉年华等，传承和弘扬黑龙江的民俗文化。

（3）体育文化

冰雪文化也与体育文化密切相关，涉及各种冰雪运动。在黑龙江，冰球和滑雪是最流行的冰雪运动，同时黑龙江也是中国冰球和滑雪运动的重要基地之一。在黑龙江的滑雪场，游客可以享受到精彩的滑雪体验，感受到冰雪运动的魅力。黑龙江的冰雪运动不仅是一项体育活动，也是一种文化形态，通过运动和比赛，传递了冰雪文化的精神和价值。

2. 黑龙江冰雪文化的价值类型

黑龙江冰雪文化具有深厚的文化价值，其价值主要可分为以下几种类型。

（1）历史文化价值

黑龙江的冰雪文化历史十分悠久，可以追溯到唐宋时期，成型于明清时期。在唐代，黑龙江地区的人民就开始利用冰雪资源进行生产生活活动，随着历史的演变，这种活动已经演变成独立的艺术门类。清朝时期，黑龙江是政治、经济、文化的重要发展地区，其冰雪文化也得到了空前发展。清朝统治者在黑龙江修建了一些宫殿和皇家围猎场地，其中包括以冰雪为主题的小型景观建设，这成为了黑龙江冰雪艺术的雏形。随着黑龙江冰雪文化的不断发展，到今天已经形成了一种独特的文化遗产形态。

哈尔滨第一届冰雪节的成功举办，标志着黑龙江的冰雪文化进入了一个崭新的发展阶段，冰雪文化逐渐成为黑龙江非常重要的旅游特色和旅游资源。随着社会的不断发展和文化的传承，黑龙江的冰雪文化也在不断创新和演变。当代的黑龙江冰雪文化已不只是欣赏冰灯、制作冰雕这种传统的冰雪艺术活动，还包括对冰雪的创新，如哈尔滨索菲亚教堂的马踏飞燕、江上的气垫船等创新冰雪活动，这些无疑都昭示着黑龙江的冰雪文化进入了一个崭新的时代，这些创意扩大了黑龙江冰雪文化的影响力。

黑龙江的冰雪文化和历史价值不仅体现在悠久的历史和丰富的文化内涵上，更重要的是，其作为一种地区特色，为黑龙江的经济注入了强劲的活力。我们现在仍须进一步发掘黑龙江冰雪文化的历史文化价值，并在此基础上推动冰雪文化的创新。

（2）艺术文化价值

冰雪文化作为一种独特的艺术形式，具有极其重要的艺术价值，其艺术形态多样，可以是冰灯，可以是冰雪绘画，也可以是冰雕、冰雪演出等。这些艺术形态都有其不同的表达方式和美学价值，但都是围绕着冰雪艺术的创作和表现，时时刻刻都展现冰雪文化的深刻内涵及其所蕴含的人文精神，每时每刻都在推动着冰雪文化的传承与创新。

黑龙江的冰雪景观创作在全国的冰雪艺术中占据着非常重要的地位，艺术形态的丰富性在全国也首屈一指。冰雕作为黑龙江最为著名的艺术表达方式之一，是将冰块雕刻成各种立体的造型，利用冰块这种透明材质，展现出冰雪景观独特的艺术美感。黑龙江的冰雕艺术已经在全国处于领先发展地位，成为了具有鲜明北方特色的艺术表达方式，在全国乃至全世界都具有极高的水准和声誉。黑龙江的艺术家在进行冰雕艺术创作过程中，不仅仅需要将人物的动态、动物的动态、植物的形态等内容表达得非常准确，更需要注意将这些冰雕艺术作品所传达出来的价值理念传递给广大游客。冰雕不单能展示独特的技巧和魅力，也会展现黑龙江的民族和地方文化特色。同时，冰雕往往配合着灯光技术，冰灯也是黑龙江最传统的冰雪艺术，是将冰块雕刻成各种类似于灯笼的形态，由于冰本身具有透明性和光线折射的效果，会展现出独特的艺术效果。黑龙江的冰灯有着悠久的历史，成为了重要的旅游标志之一。艺术家在创作冰灯时，一般都将其与冰雪建筑结合在一起，通过冰灯的布局，形成景观场地效应，让游客能够置身于冰雪艺术王国。黑龙江冰雪景观艺术具有独特的艺术魅力和视觉效果，往往都会让外地游客感到震撼。

黑龙江的冰雪舞蹈、冰雪绘画等艺术形态，也具有独特的文化内涵和艺术价值。一些舞蹈会以冰雪作为舞台，或是以冰雪作为主题进行舞蹈艺术创作。黑龙江的冰雪舞蹈已经发展多年，是冰雪文化中非常独特的一种表现形式，具有独特的视觉效果和震撼的表达方式，丰富了冰雪景观旅游区游客的浏览内容。

而冰雪绘画是以冰雪为主题的绘画，具有独特的魅力，这种绘画可以是油画、国画，也可以是水彩画。用绘画表现北国风光，通常需要独特的技巧，如水彩画中的留白，油画中白色雪景的堆砌展现技巧。

首先，冰雪油画会利用独特的地域性题材，如利用东北的乡村冰雪等，展现东北民居的特色和美丽而神奇的冰雪世界。同时，冰雪绘画也具有多元化的风格，包括对本土文化的表达以及对意象的表现。写实风格注重对本土文化的表现，一般会展现出比较浓重的笔触和北方粗犷的绘画理念。写意风格则注重强调冰雪风光，采用西方艺术表达与中国绘画相结合的方式。

黑龙江的冰雪绘画具有独特的艺术特征，绘画风格大胆豪放，常运用明亮的色彩、粗犷的笔触以及大气的场景，体现这片土地的风格和特点。创新的艺术语言也是黑龙江冰雪绘画的一大特点，由于其主要表达冰雪这种自然题材，因此一般的技法不太适用，需要利用冰雪油画的独特技法进行表达。黑龙江艺术家多年来形成了独特的绘画语言表达方式，不仅更好地展现了冰雪文化的特色，同时也为中国绘画事业的发展作出了卓越的贡献。

黑龙江冰雪绘画的代表人物有于志学和吕延冬。于志学是冰雪画派的创始人，他的作品注重表现冰雪的质感和光影效果，具有浓郁的北方特色，其代表作品有《冰雪山水》《北国风光》等。吕延冬是中国著名冰雪画家，他在冰雪画派创始人于志学先生的指导下，潜心研究冰雪画，并创作出《瑞雪晴川》《一夜东风万物苏》《和风千里动春色》《玉树春华》《玉树琼花满瑶池》《寒林暮雪》等优秀作品。他的作品风格独特，将冰雪的形态和神韵表现得淋漓尽致。

黑龙江的冰雪文化具有重要的艺术文化价值，通过对冰雪艺术的不断深挖、创作，可以展现出黑龙江的深刻人文精神以及文化内涵，推动冰雪文化的传承与创新。黑龙江的冰雪艺术是黑龙江的品牌和特色，我们需要进一步深挖黑龙江冰雪文化的艺术表达方式及其艺术文化价值，让冰雪文化成为黑龙江与全国联系的一条纽带，在新时代的发展中展现出其独特魅力。

（3）经济文化价值

黑龙江的冰雪旅游产业已经成为黑龙江重要的支柱产业，冰雪旅游成为黑龙江的特色，为黑龙江的经济发展作出了卓越贡献。通过大力发展冰雪旅游产业，黑龙江的经济有了一定起色，同时也增加了就业岗位，促进了多元文化的交流和旅游业的繁荣。

　　黑龙江的冰雪文化具有巨大的经济价值。近年来，旅游已经形成热潮，人们对于假日旅游的需求不断增加，对旅游目的地的要求也在增加。黑龙江的冰雪旅游产业成为黑龙江新的经济增长点和支柱性经济产业。黑龙江省政府和人民也意识到这种冰雪旅游资源的优势给整个黑龙江省带来的经济文化变化。黑龙江各地推出了不同主题的冰雪旅游活动，并对冰雪景观、景点进行塑造与创建，吸引了大量国内游客前来旅游，在促进旅游消费和相关服务行业发展的同时，为黑龙江本地居民的多元文化交流创造了机会。尤其是每年的哈尔滨冰雪节期间，游客数量达数百万，为黑龙江地区的经济带来了巨大推力。

　　2023—2024年，黑龙江冰雪经济发展成效显著。2023年11月—2024年2月，黑龙江全省接待游客量和旅游收入同比分别增长了222.2%和553%。携程数据显示，2023—2024年冰雪季，黑龙江旅游搜索热度同比增长率居全国首位，搜索量也领先于其他热门冰雪季旅游省份。此外，黑龙江省在线旅游消费人次达4302.1万人，在线旅游收入109.44亿元，创造了5年以来最好成绩。黑龙江游客的平均停留时长也成为国内同类目的地之首，旅游消费显著提升。冰雪旅游有力拉动了住宿餐饮业、营利性服务业、批发零售业等相关产业的增长，同时也带动了房产销售和租赁市场的繁荣。黑龙江在2023—2024年冰雪季相较于2019年创造了OTA旅游人次145.59%的增长，OTA旅游收入也创造了168.29%的增长，市场增速远超全国其他同类旅游目的地。到黑龙江体验冰雪游的省外游客占了近7成，其中广东、上海、浙江、贵州等南方省份和直辖市游客增长率超16倍，增幅明显。较2019年相比，2023—2024年冰雪季期间，黑龙江的港澳台游客增长4.3倍、海外游客增长1.4倍。2023—2024年冰雪季，到哈尔滨旅游的女性游客的订单量较上一个冰雪季同比增长了173%，这显示女性游客在旅游消费中的决策力量也更强。

　　为了推动黑龙江经济的发展，大力发展冰雪经济，黑龙江省政府采取了很多措施，包括提升服务质量，提升冰雪旅游基础设施建设，举办多项冰雪节庆活动，加大冰雪节宣传力度等。黑龙江省政府也在积极探索冰雪经济和多产业融合发展的模式，如冰雪旅游与体育、文化、康养等产业的融合发展，进一步提升冰雪景观所带来的附加经济价值和综合效益。

　　黑龙江的冰雪旅游产业已经成为一个全新的文化产业综合体，为黑龙江的创意产业发展以及文化发展都作出了卓越的贡献。随着黑龙江冰雪文化品牌的不断创新发展，不断涌现出一批具有全国影响力的冰雪旅游经营企业和品牌，这些企业品牌推动了黑龙江冰雪旅游的市场化、标准化以及冰雪文化的进步，它们不但丰富了冰雪旅游的内容和形式，还为黑龙江的经济文化发展提供了新的发展机遇。同时，黑龙江的冰雪文化产业也具有重要的社会价值和文化价值，通过利用冰雪文化进行创作和表演可以弘扬民族文化和地区文化，让人们在享受冰雪文化带来的乐趣，在增加经济价值的同时也增强地方的文化自信和民族凝聚力，推动黑龙江地区的文化进步。

黑龙江的冰雪旅游产业已经成为黑龙江当前经济的重要支柱，以冰雪为主题的创意文化产业发展也发挥了积极作用，冰雪文化的创作和表演成为了黑龙江各大高校深入挖掘的研究方向。未来我们需要进一步发扬和发掘黑龙江冰雪文化的价值，让黑龙江冰雪旅游产业继续发展下去，同时也要加强对冰雪旅游、冰雪文化的管理和规划，让黑龙江的冰雪文化在有序管理的条件下继续发展，为黑龙江的经济提供可持续的支撑。

在推动黑龙江冰雪文化的发展过程中，政府需要起到带头作用，引导行为和规范市场，加强冰雪文化的创新和研究，提高冰雪文化在全世界的影响力。总之，黑龙江的冰雪景观和冰雪文化不仅具有重要的历史文化价值，还具有巨大的社会责任和经济价值。需要不断进行黑龙江冰雪景观的挖掘和创新发展，在推动冰雪旅游产业发展的同时，也要不断创新来满足游客的要求，此外还要加强对冰雪旅游、冰雪文化产业的管理和规划，让黑龙江的经济文化能够再迈上一个台阶，为东北老工业基地的复苏提供有力支撑。

（4）精神文化价值

黑龙江的冰雪文化还具有非常重要的精神文化价值。在进行冰雪艺术活动和冰雪运动过程中，人们可以通过艺术活动和竞赛展现个人的才华和勇气，并提升自信心和团结精神。同时，冰雪文化的发展以及冰雪艺术创作还可以鼓舞人心，让人们积极向上地追求美好生活，并对地区经济发展充满信心。

冰雪景观作为自然与人文交融的产物，承载着黑龙江的气候特征和文化特色，从中也可以看到黑龙江人民在与这种自然环境斗争中产生的人文精神。黑龙江的冰雪景观既是地区文化的重要组成部分，也是黑龙江最为传统的文化表达形式之一，不但表现出黑龙江地区的特色，更重要的是也让黑龙江人民能够对冰雪文化感到自豪，增强其自信心，并能够使其留在龙江深耕这片黑土地，对黑龙江人口流失的稳固也起到了一定作用，让人们对本土文化有一定的认同感。

同时，黑龙江的冰雪文化、冰雪景观中蕴含的人文精神和社会价值也是其精神文化的重要体现。在冰雪节中，人们不仅能欣赏独特的冰雕、雪雕等具有独特艺术美感和魅力的作品，还能够感受到人文景观与自然景观、人与自然和谐共生的场面，让人们全身心地投入，体验到人类文明与自然美景的交融。通过冰雪文化的表演和创作，可以增强人们的环境保护意识和生态意识，也能够推动社会的和谐与进步。

黑龙江的冰雪景观创作还有非常重要的育人价值，通过对冰雪艺术、冰雪文化的传承和发展，可以激发人们对冰雪艺术创造的主观动力，培养新一代冰雪艺术人才，为黑龙江的文化和艺术事业的发展提供人才保障，让黑龙江地区的民族文化传承创新迈上一个新台阶。

在培养新一代文化人才方面，黑龙江省政府需要牵头，为新一代人才的成长创造一定的空间。未来，政府也应对冰雪文化的精神文化价值进行继续挖掘、发扬、推广和创新发展，同时加强对下一代的教育和普及，让更多的艺术人才能够参与到冰雪文化的创作和设计中，使更多的人能够了解黑龙江冰雪景观的文化魅力以及其中所蕴含的独特人文精神和内涵。在推动黑龙江冰雪文化发扬精神文化价值的过程中，促进社会组织和民间力量参与是其中非常重要的部分，应注重社会组织在文化传承和创新中的作用，鼓励社会团体、企业、学术界多方面参与，加强对冰雪文化的研究和对冰雪艺术、技术的创新，让冰雪文化能成为一个市场化和商业化的文化产业，同时也能够起到振奋精神的作用，成为人才培养、民族传承、环保育人等方面的综合文化载体。

3. 黑龙江冰雪文化的传承与保护

黑龙江的各种民俗活动是冰雪文化传承的重要载体，例如每年的冰雪节，吸引着无数当地人和游客参与其中。在节日里，人们可以观赏到传统的冰雪表演，品尝特色美食，亲身感受冰雪文化的氛围，让这种文化在欢乐的氛围中深入人心，实现代际传承。因此，保护黑龙江冰雪文化刻不容缓，要从保护自然环境入手，确保冰雪资源的可持续利用，同时要减少污染排放，维护冰雪景观的纯净与美丽，为其文化价值的存在提供物质基础。此外，还要注重对冰雪文化相关非物质文化遗产的保护，例如加大对冰灯制作技艺、冰雪民俗等的保护力度，通过记录、培养传承人等方式，让这些珍贵的文化遗产得以完整保留。

黑龙江虽然有着悠久的冰雪历史文化，但是随着社会的发展，冰雪文化也面临着很多问题，如何传承和保护黑龙江的冰雪文化，是当下需要解决的首要问题，下面就这些问题总结出如下措施。

（1）加强文化教育

冰雪文化的传承和保护需要全社会共同参与，而不能只是依靠某些政府职能部门和管理部门。需要加强冰雪文化保护和传承的教育，让公众了解黑龙江的冰雪文化和历史，提高社会认同感和理解度。

（2）强化文化保护

黑龙江的冰雪文化包括多个方面，如冰灯等艺术活动，滑冰及冰球等体育活动。如何加强对文化的保护和管理，是使黑龙江冰雪文化遗产可持续发展的重要举措。可以通过建立专门的专家团队和机构加强文化遗产的保护和整理工作，只有这样，才能够确保冰雪文化遗产和文化技术的传承。

（3）鼓励文化创新

为了推动冰雪文化的传承和发展，必须鼓励文化创新，探索新的冰雪文化形态和相应的艺术表达方式，比如可以采用更新的技术和材料，创作出更独特的冰雪艺术作品，吸引更多的游客前来游玩和参与。

第四节

冰雪旅游景观设计的原则和方法

一、冰雪旅游景观设计原则

冰雪旅游景观设计是一种专门针对冰雪环境的景观设计方法，力求创造美观、实用且具有一定经济价值的旅游景观产品。在设计和制作冰雪旅游景观时，设计师需要基于一些基础原则，以确保旅游景点既能满足游客的需求，又不会对自然环境产生破坏。其中关键的原则包括可持续性原则、安全性原则、体验性原则、文化融合原则、合理规划原则和环境适应性原则等。

1. 可持续性原则

可持续性原则不单单是冰雪旅游景观设计的核心，也是景观设计这一大学科的主旨。设计师在关注景观的社会可持续性时，也要减少对自然环境的负面影响，让景区能够长期发展。可持续性原则关注社会、经济、环境三个层面如何实现平衡，其目的是让设计的项目能与自然共生、与环境共生，提高自然的利用效率，同时也注重人类的福祉和社会的公平性，需要注意以下几点。

① 节约资源：节约资源是非常重要的，设计师在设计过程中要关注对冰雪旅游资源的有效利用，包括冰雪材料的应用，场地的清理、平整、维护等，尽量减少人力、物力、财力的浪费。

② 循环经济：循环经济是近年来备受世界瞩目的经济模式，强调在生产和消费过程中实现资源的循环利用和材料的回收，尽量使用可降解材料，探索废物的循环利用路径。

③ 能源效率：能源效率问题也是可持续性设计中非常关键的一点，设计师应关注冰雪景观区域的能源消耗，通过优化景观布局、采用节能技术等手段，降低对化石能源和火电能源的消耗，减少碳排放。

④ 生态友好：生态友好是可持续性原则中的核心要点，设计师应该关注设计的景观与生态环境是否共生，是否与生物多样性相冲突，并维护区域中动植物的正常生存和发展。

⑤ 人与自然和谐共生：设计师应关注人与自然的和谐共生，提倡绿色理念，通过创造绿色生活空间，让人们接近自然，增强环保意识。

⑥ 社会公平：社会公平一直是可持续性设计所注重的内容，设计师要为人类创造平等的生活环境，关注弱势群体的需求，例如设计无障碍通道，提高设施的可达性。

⑦ 经济可持续性：在可持续性设计中，经济的可持续性是一个重要考虑因素，设计师应关注项目的经济效益，确保设计方案既环保又有长期的经济价值。

⑧ 教育与意识培养：设计师可以在景观区内展示环境保护与可持续性发展的相关知识，通过宣传教育，提高人们的环保意识，吸引更多的人参与环保行动。

⑨ 适应性与灵活性：在可持续性设计中，适应性和灵活性也非常重要，设计师需要关注气候对景观的影响，考虑冰雪景观在不同场景中的表现方式，确保景观设计方案能够适应未来人们的多样化需求。

⑩ 本地化与文化融合：设计师应关注本地的文化特点，并将其融入设计中，利用本地资源和技术，同时尊重当地居民的传统文化，这有助于让景观设计项目得到当地居民的认同。

⑪ 跨学科合作：设计师要与不同学科领域的专家沟通合作，比如化学专家、生态学专家、社会学家、经济学家等，要了解可持续性的投入产出比、解决方式和科学方法以及涉及的人文道德问题，共同为设计方案提供智力支持。

此外，在可持续性设计过程中，持续的评估与改进至关重要，应该定期评估自己的项目在可持续性设计中的表现，根据评估结果不断优化和调整，这有助于确保项目在设计和实施过程中顺利进展。

在设计时遵循该原则，使环境、经济、社会协调发展，便能创造出和谐的冰雪旅游景观。黑龙江雪乡国家森林公园就是一个非常好的例子。雪乡位于黑龙江省牡丹江市境内，其冰雪景观的设计充分体现了可持续性原则。在生态保护方面，注重保护当地的生态资源，避免过度开发和利用；在资源节约方面，雪乡采用了很多节能的照明系统和供暖方式，减少了化石能源和煤炭能源的消耗；在文化传承方面，雪乡通过举办各种冰雪文化活动，如冰雪节、雪雕比赛等，传承和弘扬了当地的冰雪文化；在社区参与方面，雪乡鼓励当地居民参与旅游服务和经营活动，促进了当地经济的发展；在长期规划方面，雪乡不断完善旅游设施和服务，提高游客的体验质量，实现了可持续发展。

2. 安全性原则

安全性原则指的是在设计过程中，要确保游客在使用建筑及景观相应设施时，能够保障财产安全和人身安全。在设计过程中，如何预防安全风险，是安全性原则中最重要的部分。设计师应该在设计初期，就考虑未来可能出现的相应安全问题，通过制定合理的设计方案来规避潜在的安全风险。设计师应力求设计出的方案能让施工方理解且便于操作，降低安全隐患，利用明确的指示和标识，让人们能更好地理解安全性设计。此外，设计师要关注游客的需求及其行为特点，利用人体工程学的相关知识设计出合适的方案，进行人性化设计，这有助于避免因使用不当而导致的安全问题。设计师更应该确保建筑及构筑物的结构安全问题，包括抗风、抗震、抗雪等。在冰雪旅游景观设计当中，科学、合理的构筑物设计，可以确保在自然灾害或者意外情况下，冰雪建筑和冰雪雕塑能保持安全性和稳定性。

同时，设计师应考虑消防安全，采用防火材料设计冰雪景观区的辅助设施，并布置合理的消防设施，设计恰当的安全出口以及相应的应急疏散通道，确保在紧急情况下能够迅速疏散人群。设计师还应考虑电气系统的安全，了解相应的电气安全规范，合理布局相关电气设备。在现场制作冰雪景观时，有很多电线电缆，一定要考虑到降低触电危险以及火灾等安全风险。另外，应关注交通安全问题，合理组织交通路线和交通设施，设置明确的信号灯以及相应的指示牌等，确保行人、车辆分流且能安全通行。在设计景观区的时候，也要关注照明和游客的视线问题，避免因光线不足或视线不佳，让游客在游览过程中产生意外伤害。比如在冰雪景观里，要避免出现锋利的边缘，在较大的冰雕构筑物上应该设置防护设施，让游客保持一定的安全观看距离。设计师需要确保冰雪景观设施能够抵御极寒天气，如暴风雪、冰雹等，并在可能的情况下为游客提供紧急避险服务。

3. 体验性原则

冰雪景观设计作品应该是易于观赏、可以互动的，能够让游客轻松达成他们的浏览目的，并能从不同的角度、不同的位置去观赏。而且对于冰雪景观的相关设施，要保证游客能够顺利并合理地利用，提高其利用率。景观区的功能配套设计应该保持一致，使用户可以理解和预测相应设施的排布。此外，景观设计应该是可定制的，以满足不同游客的需求与偏好。这里还要提到的是，景观设计应该是可拓展的，以适应未来的变化和发展。

设计师在设计景观区和相应的冰雪艺术作品时，应注意以上要点，更好地理解用户需求，为其提供更好的体验，并关注景观美学和游客的参与程度，通过设计独特的冰雪景观，设置互动性较强的设施以及活动，让游客在游览过程中能够增强体验感，与冰雪景观来一场美丽的邂逅。

4. 文化融合原则

文化融合原则指的是在设计中融合当地的一些文化元素，或者融入外来的文化元素，创造与地域性文化相结合的冰雪景观作品。在设计中要尊重所表达题材的文化和传统，主要题材包括历史故事、传说、工艺品等。同时，在设计过程中要结合现代元素，创造出具有现代意味的文化景观作品。可以利用现代艺术的观念、现代的科学技术、当地的一些材料和技艺等，结合冰雪景观的特点，创造出具有地域文化特色的旅游景观。例如，使用当地的冰雪等材料，利用雕塑技术进行雕刻。设计师应遵循文化融合原则，在设计时充分尊重当地的文化传统，并将其融入冰雪景观设计当中，为景区提供独特的艺术文化魅力。

5. 合理规划原则

合理规划原则是冰雪景观设计中最基本的原则，能够确保冰雪景观具备良好的美观性、空间布局以及功能性。

设计师需要考虑空间的布局，设计良好的组织路线，包括景观节点、游客活动区域、停车区域、入口、检票通道等的合理排布。这些空间的尺寸要根据人流构成、景观本身的特性以及景区所在的位置来决定。设计师要充分考虑这些问题，确保景观规划的合理性。此外，景观内的设施、照明和标识等设备都需要加以考虑，要结合人流疏散等安全问题进行综合设计。美观性也是景观规划中应考虑的重点要素，要确保景观具有吸引力，景观的风格、主题、色彩等各元素合理搭配、与时俱进。

成功的冰雪景观规划需要具备完整的蓝图，对内部的交通组织、布局设施和冰雪主题等要有统一考量。通过合理规划，对美观性、功能性等要素进行权衡，同时考虑景区的整体协调，可以提供更好的用户体验，让游客在景区游览时能够顺畅通行。

6. 环境适应性原则

在景观设计中，需要充分考虑环境的适应性原则。在考虑当地的环境、气候等因素的基础上，创造出适应当地环境的冰雪景观。在北方地区，冬季气候寒冷，降雪量比较大，设计必须要考虑当地的气候环境，让游客在游览时能够得到御寒防风的保障，确保景观能够适应其气候条件。可以利用当地的材料，如将冰雪、木材、石材等材料相结合（木材和石材只能作为结构性的支撑，而不能作为表面的装饰性材料），使景观设计适应寒冷的多雪环境。在设计过程中要考虑排水系统、照明系统、加热设备等需求，也要考虑在融雪季节相关配备设施的再利用问题。同时，在景观设计的过程中，要考虑风向和风速的影响，确保景观设计能够适应北方的气候环境。

在设计中还要考虑光照和阴影的影响，确保景观能够适应气候环境、日照时间、光照强度以及日照方向，这些都是非常重要的因素。同时也要考虑阴影对于景观效果的影响，确保景观在适应当地气候环境的同时具备舒适性，还需要设置一些休息区、供暖设备，让游客在冬季游乐时能得到较为舒适的体验。

在冰雪景观设计中遵循环境适应性原则非常重要，设计师需要进行充分的前期调研和分析，了解当地的气候以及环境，收集自然资源等信息，提高冰雪景观的适应性。同时，设计师还需要注重对创新技术的应用，在设计中应用先进的冰雪材料，以及LED照明技术和环保材料，设计出更加节能、美观的冰雪景观规划方案。冰雪景观是一种特殊性的环境景观设计，低温、冰冻、大雪是常见的环境，针对不同环境，在材料选择以及构造方法上，设计师需要进行相应的调整，确保冰雪景观在极端环境下能够保持稳定。

二、冰雪旅游景观设计方法

1. 生态保护与恢复

在冰雪旅游景观设计中，生态环境无疑占据着至关重要的地位。当着手打造这些令人心驰神往的冰雪景观时，景观设计师肩负着重大责任，那就是要将对自然和生态环境的破坏降至最低限度。

在实际操作中，应遵循生态友好原则。例如，对于水资源的保护，设计师需要充分考虑冰雪融化后的水流走向以及其对周边水域生态系统的影响，合理规划排水系统，避免因冰雪消融形成的水流造成水土流失或对下游水体造成污染。同时，在景观建设过程中，应尽量减少对水资源的过度消耗，采用节水型的灌溉系统，确保水资源的可持续利用。

植被同样是生态保护的关键。冰雪旅游景观区域的植被往往是当地生态系统的重要组成部分，它们不仅为野生动物提供了栖息地，还在调节气候、保持水土等方面发挥着不可或缺的作用。设计师应避免大规模砍伐或破坏原生植被，对于施工过程中不可避免的植被移栽，要采用科学的移栽技术，提高植被的成活率。而且，在景观设计后期，可以适当引入一些适应本地气候且具有生态修复功能的植物品种，促进受损生态环境的恢复，逐步实现生态平衡。

设计师还应关注整个生态系统食物链的完整性，保护好当地的昆虫、鸟类、小型哺乳动物等生物种群，因为它们与植被相互依存，共同构成了一个稳定的生态环境。只有当整个生态系统处于和谐稳定的状态时，冰雪旅游景观才能真正实现可持续发展，为游客呈现出最原始、最纯净的自然之美。

2. 场地分析

场地分析在冰雪旅游景观设计中犹如基石般关键。设计师必须对场地展开全方位、细致入微的分析与调查，这涉及以下多个层面的考量。

在地形地貌方面，设计师要精确测绘场地的海拔高度、坡度、坡向等数据。不同的地形地貌会对冰雪的堆积、消融以及游客的游览路线产生显著影响。比如，在坡度较大的区域，可能需要设置专门的防滑设施，或者规划出适合进行滑雪等运动项目的区域；而较为平坦的区域则可用于打造大型的冰雪景观展示区或休闲广场。

生态气候条件更是不容忽视。了解场地的年降雪量、气温变化范围、风向风速等气候因素，有助于设计师合理安排冰雪景观的布局。例如，根据风向设置防风林带或避风区域，既能保护游客，使其免受凛冽寒风的侵袭，又能确保冰雪景观在适宜的气候条件下保持良好的观赏效果。

历史元素同样是场地分析的重要内容。探究场地所在区域的历史文化底蕴，包括曾经发生的历史事件、当地的传统民俗等，可以为冰雪旅游景观设计注入独特的文化内涵。设计师可以依据这些历史元素，打造出具有历史文化特色的冰雪景观小品或主题区域，让游客在欣赏冰雪美景的同时，也能感受到当地深厚的历史文化底蕴。

通过对这些方面进行深入考察，设计师能够获取最为准确的第一手资料，从而确保场地的使用方式与项目的设计目标和要求完美契合，打造出独具特色且贴合实际的冰雪旅游景观。

3. 无障碍设计

无障碍设计在冰雪旅游景观设计中是彰显人文关怀的重要维度。其旨在为不同年龄、身体状况的游客提供便捷、舒适的游览体验，让每一位游客都能尽情享受冰雪旅游的乐趣。

在开展无障碍设计时，设计师需要投入大量的精力进行调研和观察。首先，设置无障碍通道是最为基础且关键的环节。通道的宽度要足以容纳轮椅等辅助器具，使其能顺利通行。地面材质应具备良好的防滑性能，即使在冰雪覆盖的情况下也能保障游客的行走安全。同时，通道的坡度要符合相关标准，避免过陡的坡度给行动不便的游客带来困难。

扶手的设置同样重要。在通道两侧、台阶旁边以及一些游客可能需要借助外力支撑的区域，都应安装牢固、高度合适的扶手。扶手的材质要选择触感舒适、在低温环境下不易过冷的材料，以便游客能够舒适地抓握。

除了这些基础的无障碍设施，利用先进技术也是实现无障碍旅游的重要手段。例如，在景区内设置智能导览系统，通过语音提示和图像展示，为视障或听障游客提供准确的游览指引；采用无障碍电梯或升降平台，方便轮椅使用者到达不同楼层或景观区域；在卫生间等公共设施内，配备齐全的无障碍设施，如无障碍马桶、带扶手的洗手盆等。

通过这些精心设计的无障碍设施和先进技术的应用，景区能够变得更加便利和友好，真正实现无障碍旅游，让每一位游客都能在冰雪世界里留下美好的回忆。

4. 四季景观规划

虽然冰雪旅游景观主要聚焦于冬季的规划与打造，但优秀的景观设计师绝不会忽视其他季节的景观效果以及场地的使用情况。

在冬季，冰雪无疑是主角，设计师应充分发挥冰雪的特性，打造出宏伟壮观的冰雕城堡、如梦如幻的雪雕艺术作品以及刺激有趣的滑雪道等特色景观。这些冬季专属的景观能够吸引大量游客，为景区带来可观的旅游收益。

当冬季过去，冰雪消融，景区不能就此陷入沉寂。通过合理的植被配置，设计师可以让景区在春季呈现出一片生机勃勃的景象。选择适宜当地气候的花卉、树木等植物，让景区在春暖花开之时，繁花似锦，绿树成荫，吸引游客前来踏青赏花。

到了夏季，设计师可以利用场地的自然条件，打造出清凉宜人的休闲区域。比如，在湖边设置水上娱乐项目，或者在树林中开辟出供游客休息乘凉的步道和亭子。同时，可以对冬季用于冰雪景观展示的场地进行合理改造，使其成为夏季举办户外音乐会等各类文化活动的理想场所。

秋季，景区则可以围绕树叶变色等自然景观特色，打造出富有诗意的秋景。通过种植一些秋季变色效果明显的树木，如枫树、银杏等，让景区在秋风起时，呈现出一片金黄与火红交织的绚丽画面，吸引游客前来观赏秋景、感受秋意。

通过这样精心的四季景观规划，景观设计师能够确保景区在一年四季都具有独特的旅游吸引力，从而实现全年都有旅游收益的目标，使景区的发展更加可持续，也让游客无论何时前来，都能领略到景区不同的美。

5. 灯光设计与氛围营造

在冰雪旅游景观设计领域，灯光堪称是营造梦幻氛围的魔法棒。晶莹剔透的冰雪在灯光的映照下，能够焕发出令人惊叹的魅力，从而极大地增强景区的吸引力。

设计师在进行灯光设计时，对灯光强度的把控至关重要。不同强度的灯光可以营造出截然不同的效果。例如，在打造大型冰雕建筑时，使用较强的灯光可以突出其雄伟壮观的轮廓，让游客在远处就能被其气势所吸引；而在一些精致的雪雕小品周围，适度降低灯光强度，便能营造出柔和、细腻的氛围，凸显雪雕的精美细节，仿佛将游客带入一个静谧而奇幻的微观世界。

灯光的色彩选择更是为冰雪景观披上了五彩斑斓的梦幻外衣。冷色调的蓝色、白色灯光常常被用于模拟冰雪的寒冷质感，使整个冰雪场景更加逼真，让游客仿佛置身于一个冰雪童话王国之中；而暖色调的黄色、橙色灯光则可巧妙地点缀其中，为寒冷的冰雪世界增添一抹温馨与活力，比如在景区的休息区或餐饮区周边使用暖色调灯光，能让游客在寒冷的环境中感受到丝丝暖意。

此外，灯光的布局也是一门艺术。设计师应根据冰雪景观的不同区域和特点进行精心规划。比如，沿着蜿蜒的冰雪小径设置一连串的灯光，既能为游客照亮前行的道路，又能营造出一种神秘而浪漫的氛围，仿佛引领游客步入一个未知的冰雪仙境；在大型冰雪广场上，采用多层次的灯光布局，从高处的射灯到地面的地灯相互配合，打造出立体感十足的光影效果，使整个广场在夜晚成为众人瞩目的焦点。

通过巧妙地运用灯光的强度、色彩以及布局，设计师能够创造出一个美轮美奂、如梦如幻的冰雪世界，让游客沉浸其中、流连忘返。

6. 创新与技术应用

在当今竞争激烈的旅游市场中，若想使冰雪旅游景观设计脱颖而出，新技术的应用无疑是提升其竞争力的关键所在。

借助现代科技手段，设计师可以为游客带来前所未有的独特互动体验。例如，利用虚拟现实（VR）技术，游客可以戴上特制的头盔，仿佛置身于一个虚拟的冰雪冒险世界中，与虚拟的冰雪精灵互动，参与刺激的滑雪比赛等，这种身临其境的感觉能够极大地激发游客的兴趣并提升其参与度。

增强现实（AR）技术同样能为冰雪景观增添魅力。当游客用手机或其他设备扫描特定的冰雪景观时，屏幕上会出现与之相关的动画、故事或科普信息。如扫描一座冰雕城堡，会显示出城堡的建造过程以及背后的历史文化故事，让游客在欣赏美景的同时，还能深入了解相关知识。

此外，利用可再生能源也是创新技术应用的重要方向。在冰雪景区安装太阳能板或风力发电机，将收集到的能源用于景区的照明、取暖等设备，不仅能够降低景区的运营成本，还体现了环保理念，符合可持续发展的要求。

智能控制系统的应用则让景区管理更加便捷高效。通过智能化的温度、湿度监测与调控系统，能够确保冰雪景观在适宜的环境条件下保存完好；同时，智能导览系统可以根据游客的位置和需求，提供个性化的游览路线推荐和景点讲解，提升游客的游览体验。

设计师通过不断探索和应用这些创新技术，能够为游客打造出一个充满科技感与新鲜感的冰雪旅游景区。

7. 教育与科普

在冰雪旅游景观设计过程中，对游客开展教育和科普工作具有深远的意义。设计师可以巧妙地利用环境设施，向游客传递关于冰雪景观的创作、保护和利用等方面的知识，从而使游客在欣赏美景的同时提升环保意识和责任感。

例如，在景区内设置专门的科普展板，详细介绍冰雪景观的形成原理，从雪花的形成到冰雪堆积成各种景观的过程，让游客了解到大自然的神奇造化。同时，还可以展示不同地区、不同风格的冰雪景观图片或视频，拓宽游客的视野，让他们感受到冰雪景观的多样性。

在一些大型冰雪景观作品旁边，可以设置互动式的科普装置。比如，游客触摸某个按钮，就会有语音讲解该冰雕或雪雕的创作灵感、制作工艺以及艺术家想要表达的情感等内容，让游客更加深入地了解冰雪艺术的魅力。

此外，可以举办小型的科普讲座或现场演示活动，邀请专业人士为游客讲解冰雪景观在生态系统中的作用以及保护冰雪资源的重要性。游客在亲身参与这些活动的过程中，能够更加直观地认识到自己在保护冰雪景观方面的责任，进而在日常生活中更加注重环保。

通过这些教育与科普举措，冰雪旅游景观不仅能成为游客休闲娱乐的好去处，更能成为一个传播知识、培养环保意识的重要平台。

8. 品牌塑造与宣传推广

成功的冰雪旅游景观设计离不开品牌的塑造以及有效的宣传推广，只有这样，才能让景区在众多旅游目的地中脱颖而出，拥有较高的知名度和影响力。

设计师在塑造景区品牌形象时，可以从创作具有代表性的景观元素入手。比如，设计一个独一无二的标志性冰雕或雪雕，将其作为景区的象征，让游客一看到这个元素就能联想到该景区。同时，围绕这个标志性元素，可以打造一系列相关的景观小品或主题区域，进一步强化品牌形象。

举办具有特色的景观活动也是塑造品牌的重要方式。例如，举办一年一度的冰雪音乐节，在冰雪的世界里奏响美妙的音乐，吸引众多音乐爱好者和游客前来参与；或者开展冰雪艺术创作大赛，鼓励游客和当地居民共同参与，创作属于自己的冰雪作品。这样不仅能丰富景区的文化内涵，还能通过活动的传播提升景区的品牌知名度。

在宣传推广方面，与自媒体等合作伙伴进行合作是当下非常有效的途径。自媒体博主们拥有庞大的粉丝群体，他们可以通过拍摄精美的图片、制作有趣的视频等方式，将景区的美景、特色活动等内容传播出去。同时，景区也可以利用社交媒体平台开设官方账号，定期发布景区的最新动态、优惠信息等，与游客进行互动交流，吸引更多潜在游客的关注。

此外，还可以与传统媒体如电视台、报纸等合作，进行专题报道或广告投放，进一步扩大景区的宣传范围。通过这些品牌塑造与宣传推广的举措，吸引更多游客前来观光游览。

9. 注重服务设施与服务质量

在冰雪旅游景观的设计过程中，服务设施的完善程度以及服务质量的高低直接决定了游客的满意度，进而影响了景区的口碑和长远发展。

　　首先要确保景区内各类设施齐全。比如，提供充足的休息场所，在寒冷的环境中，游客需要有温暖舒适的地方歇脚、补充能量，因此休息区应配备舒适的座椅、取暖设备以及餐饮售卖点等；设置足够数量的卫生间，并且要保证卫生间的卫生条件良好，在低温环境下，卫生间的保暖设施也要到位，避免游客在使用卫生间时感到不适。

　　提供优质的客户服务同样至关重要。工作人员应训练有素，随时为游客提供帮助，无论是解答游客关于景区的疑问，还是协助游客解决遇到的困难，都要做到热情、耐心、专业。导游解说更是提升游客游览体验的重要环节，优秀的导游不仅要熟悉景区的各个景点，还要能够将冰雪景观背后的历史、文化、艺术等知识生动地讲解给游客听，让游客在欣赏美景的同时，也能深入了解景区的内涵。

　　此外，在冰雪运动区域要配备专业的指导教练，确保游客在参与滑雪、滑冰等运动时的安全；在儿童游乐区，要有专人负责看护，保障儿童的安全和游玩体验。

　　只有当景区内设施完备、服务质量上乘，游客才能真正享受到愉悦的冰雪旅游体验，景区也才能在激烈的市场竞争中获得良好的口碑和持续的发展。

冰雪旅游景观设计的
基本要素

第一节

冰雪旅游景观设计的自然要素

冰雪旅游作为一种独特的旅游方式，将旅游和自然环境结合，使人们能欣赏到独特的自然美景。在冰雪旅游景观设计中，对于自然要素的了解是非常重要的，因为这些要素是冰雪景观的重要组成部分，本节将探讨冰雪旅游景观设计中的自然要素及其重要性。

一、冰雪旅游景观设计的植被要素

冰雪旅游景观是指在冰雪覆盖的地区，以冰雪为主要元素创造的独特景观。植被是冰雪旅游景观中不可或缺的要素之一，它为冰雪景观增添了一份生机和活力。

1. 植被的类型

在冰雪覆盖的区域，植被类型主要分为两种：高山草甸和针叶林。

（1）高山草甸

高山草甸一般分布在海拔3000米以上的山地区域。高山草甸主要生长在山坡、谷地等区域，其植被外形比较低矮，覆盖度比较高，植物种类比较繁多。高山草甸植被在冰雪的覆盖下显得格外茂盛，绿色的花海和草丛与白色的雪景能够形成鲜明的对比，构成一道独特的风景线。

（2）针叶林

针叶林一般分布在海拔2000~3000米的山地区域，主要生长在南面坡度较缓的地方，分布在山脚、山中和山顶地带。针叶林植被外形一般比较高大，覆盖度较低，由于纬度原因植物种类较少，常见的有云杉、红松、落叶松等。由于冰雪的覆盖，针叶林植被会呈现出一种比较神秘的氛围，使人在白雪皑皑的林间小径中仿佛通往了未知的童话世界。

2. 植被的功能

在冰雪旅游景观中，植被作为景观的常用要素，具有一定的功能性。

（1）保持水土

针叶林以及高山草甸一般都在重要的水源保护区内，其根部含水，可以稳定水源，防止水土流失和洪涝灾害的发生。同时，针叶林和高山草甸的根系可以增加土壤的稳定性，防止山体滑坡等水土流失方面的自然灾害。

（2）调节气候

针叶林和高山草甸可以释放氧气，吸收二氧化碳，改善空气质量；同时，它们的枝叶可以截留降水，减少水分蒸发，从而调节气候。

（3）保护生态

高山草甸和针叶林是生态系统中十分重要的一部分，它们也是很多野生动物的栖息地，保护高山草甸和针叶林，就是保护整体的生态系统，保持生态的平衡。

3. 植被的保护

在众多自然要素里，植被的地位举足轻重。在冰雪旅游景区那近乎严酷的环境下，植物的生存面临着极大的挑战。这里的温度极低，土壤条件恶劣且风雪肆虐，只有那些顽强的生命才能在此扎根生长。而这些适应了极端环境的植物，以其独特的形态和色彩，成为了冰雪景观中别具一格的点缀。苔藓，它们如同大地的绒毯，以小巧而精致的身姿，在冰雪的映衬下泛出翠绿或枯黄的色泽，有的呈簇状，有的如丝缕般蔓延，为单调的白色世界增添了细腻的质感。蕨类植物那独特的羽状叶片，像是大自然精心雕琢的艺术品，有的叶片上还残留着晶莹的雪花，展现出一种脆弱与坚韧交织的美。小草们也不甘示弱，在冰雪的缝隙中探出头来，它们或纤细如发，或毛茸茸地聚成一团，在寒风中摇曳生姿，为整个景观注入了顽强的生命力。针叶树和乔木则是冰雪景区中的巨人，它们高耸入云，挺拔的身姿在雪的覆盖下宛如银装素裹的卫士。松树的松针上挂满了雪花，像是一串串天然的水晶饰品，阳光洒下时，闪烁着耀眼的光芒。这些植物的存在，让原本寂静冰冷的冰雪景观焕发出勃勃生机，仿佛赋予了这片白色世界灵动的灵魂。

在冰雪旅游景观设计中，植被不仅为冰雪旅游景观增添了美感，还为生态环境的保护以及气候的调节作出了一定的贡献，所以要加强对冰雪旅游景观中植被的保护，让人与自然和谐的景色得以延续。

第一，需要避免人为的破坏。不要随意地摘取植物，也不要随意地践踏花草，要尽可能地保持自然的原生态，同时要加强对于游客的宣传以及教育，提高游客的环境保护意识，引导游客爱护植物，保护整体的生态环境。在景观区中，要加强景观区的管理力度，建立比较健全的、有针对性的保护机制，制定相应的法规，通过法规的实施加强执法的力度，对于游客违规的行为进行相应的处罚。

第二，需要了解植被的特点。不同的植被在不同的生长环境下，都会呈现出不同的特点，因此我们需要了解不同植物的生长习性、生长特点，制定相应的保护措施。

第三，需要实施科学的管理。对于生长在冰雪景观区的植被，需要实施科学的管理方法，包括合理地利用和开发，定期地评估与监测，以及针对性地提出修复与保护的相应措施。

第四，要加强科普教育工作。科普教育可以提高大众对于环境保护的意识。冰雪旅游景观中的植被要素是一种非常珍贵的自然资源，这种自然资源不仅仅是美丽的风景要素，更是保护生态环境、维护生态平衡的重要部分。在建设美丽景区的时候要加强对植被的保护意识，认真实施关于植被的相应保护措施，让冰雪旅游景观中的植被得到有效的利用。特别是要加强对于植被保护的科普，以此提高人们对于环境以及自然植被的认识，并意识到它们的重要程度。

对于植物的保护需要多方的合作，包括景区的管理者、企业、公众、政府、科研机构，只有通过多方面的努力，才能实现植被保护的目的。

二、冰雪旅游景观设计的动物要素

冰雪旅游景区通常都是耐寒动物的乐园，本部分以黑龙江冰雪景区为例，阐述冰雪旅游景观设计中的动物要素及其特点和重要作用。

在广袤的黑龙江大地，冬季的冰雪景区宛如一个银装素裹的梦幻世界。这里有着壮丽的雪景、神奇的冰雕，丰富多样的动物资源更是为这片冰雪天地增添了无尽的生机与活力。这些动物在漫长的进化过程中，逐渐适应了寒冷的冰雪环境，形成了各自独特的生存方式和行为习性，成为黑龙江冰雪景区中一道独特而迷人的风景线。

1. 狍子

狍子，作为黑龙江冰雪山林中的常见动物，是一种充满灵性的生灵。它们体型适中，全身覆盖着一层厚厚的皮毛，这层皮毛在冬季不仅能起到保暖作用，还能帮助它们在雪地里隐藏自己。当它们在树林间穿梭时，灵动的身姿仿佛与周围的环境融为一体。狍子的耳朵又大又尖，时刻警惕着周围的动静，一旦察觉到危险，便会迅速逃离。它们常常在遇到游客时透露出一丝懵懂与好奇，让人忍俊不禁。在冬季，狍子主要以树皮、嫩枝以及一些冬季仍能找到的植物为食。它们善于在积雪中寻找食物，凭借灵敏的嗅觉和丰富的生存经验，在冰天雪地中顽强地生存着。游客在黑龙江的一些山林景区，如大兴安岭地区的部分景点，常常能幸运地看到狍子那灵动的身影，它们的出现为寒冷的冬季增添了一抹温暖而活泼的气息。

2. 鹿

鹿在黑龙江的冰雪景区中也是一道亮丽的风景线。黑龙江地区常见的鹿种有梅花鹿和马鹿等。梅花鹿体型较小，身上的白色斑点在冬季的雪地里显得格外醒目，犹如盛开在雪地上的梅花。马鹿则体型较大，身姿矫健。它们都拥有优雅的姿态和修长的四肢，在雪地里奔跑时，宛如一幅优美的画卷。鹿的鹿角更是它们的标志性特征，每年春季鹿角开始生长，到了秋季达到最完美的状态。在冬季，鹿角依然坚硬而美丽，在阳光的照耀下闪烁着独特的光泽。鹿群通常会在冬季聚集在一起，寻找食物相对丰富的区域。它们主要以树叶、嫩草以及一些冬季的灌木为食。在黑龙江的一些鹿场景区，游客可以近距离观赏鹿群，甚至可以亲手给它们喂食，与这些温顺的动物亲密接触。

3. 黑熊

黑熊是黑龙江山林中的大型猛兽，它们虽然体型庞大，但行动却十分敏捷。在冬季，黑熊有冬眠的习性，但在冬眠之外的时间里，它们的活动为这片区域增添了几分神秘色彩。黑熊全身覆盖着黑色的皮毛，这层皮毛又厚又密，能够有效地抵御寒冷。它们拥有强壮的肌肉和锋利的爪子，这使它们在山林中无论是攀爬树木还是捕捉猎物都得心应手。在秋季，黑熊会大量进食，以储存足够的脂肪来度过漫长的冬季。它们的食物来源广泛，包括各种果实、坚果、小型哺乳动物以及昆虫等。在黑龙江的一些原始森林景区，偶尔能发现黑熊活动的踪迹，它们的存在让这片冰雪山林充满了野性与神秘。不过，由于黑熊具有一定的危险性，游客在景区游玩时需要遵循相关规定，与其保持安全距离。

4. 东北虎

东北虎是世界上最大的猫科动物，也是黑龙江冰雪景区中最具威慑力的动物。它们主要栖息在黑龙江的深山老林之中。东北虎的体型巨大，成年东北虎体重可达230公斤。它们全身布满了橙黄色与黑色相间的条纹，这些条纹在雪地里形成了一种天然的保护色，使它们能够更好地隐藏自己，接近猎物。东北虎拥有强大的力量和敏捷的身手，它们的捕猎能力极强。在冬季，东北虎主要以野猪、狍子等动物为食。为了适应寒冷的环境，东北虎的皮毛格外厚实，而且它们的脚掌很大，脚垫上有厚厚的毛发，这不仅使得它们在雪地上行走时不会陷入雪中，还能起到很好的保暖作用。在黑龙江的一些野生动物园或虎园景区，游客可以通过安全的方式近距离观看东北虎的王者风范。它们在雪地里行走、嬉戏，虎纹与白雪相互交织，尽显霸气，让游客深刻感受到这种珍稀动物的独特魅力。

5. 鱼类

黑龙江水系丰富，在冬季的冰面之下，生活着众多鱼类。其中，鲤鱼、鲫鱼等是较为常见的品种。这些鱼类在寒冷的冬季依然能够生存，它们适应了低温的水环境。在冬季，鱼类的活动量会减少，但它们并不会停止觅食。它们会在水底寻找一些藻类、浮游生物以及有机碎屑等作为食物。黑龙江的渔民在冬季会进行传统的冬捕活动，这也成为了黑龙江冰雪旅游的一大特色。游客可以亲眼观看壮观的冬捕场面，感受渔民们在冰天雪地中收获的喜悦。当巨大的渔网从冰窟窿中拉出，活蹦乱跳的鱼儿在冰面上闪烁着银色的光芒，这种场景让游客们惊叹不已。

6. 水鸟

在黑龙江的一些湿地和湖泊风景区，冬季也能看到许多水鸟的身影，天鹅就是其中的代表之一。天鹅体型优美，羽毛洁白如雪。它们通常会在冬季迁徙到相对温暖的黑龙江水域，在这里寻找食物和栖息之所。天鹅主要以水中的水生植物、小鱼小虾等为食。在冰面上，它们优雅地游动，时而低头觅食，时而引颈高歌，为寒冷的冬季增添了一份灵动与生机。除了天鹅，还有大雁、野鸭等水鸟也会在黑龙江的水域过冬。这些水鸟成群结队地在水面上飞翔或栖息，构成了一幅美丽的生态画卷。游客在湿地景区游玩时，可以欣赏到这些水鸟的优美姿态，感受大自然的和谐之美。

黑龙江冰雪景区的动物资源是当地生态系统的重要组成部分。它们在食物链中各自占据着特定的位置，相互依存、相互制约，维持着生态系统的平衡。例如，东北虎作为顶级掠食者，控制着野猪、狍子等动物的数量，防止它们过度繁殖对植被造成破坏。而食草动物的存在又影响着植物的分布和生长，形成了一个复杂而稳定的生态循环。这些动物的存在也反映了黑龙江地区生态环境的健康状况，为科学家研究生态系统的演化和变化提供了重要的样本。

丰富多样的动物资源极大地提升了黑龙江冰雪景区的旅游吸引力。游客们来到黑龙江，不仅是为了欣赏美丽的冰雪景观，还希望能够亲眼观看这些在冰雪环境中生活的独特动物。动物的存在为游客带来了更多的惊喜和乐趣，满足了人们对大自然的好奇心和探索欲。例如，在一些景区的动物观赏点，游客们可以近距离观察动物的生活习性，拍摄到珍贵的动物照片，这些体验都成为了游客们难忘的回忆。而且，与动物相关的旅游项目，如动物喂食、动物表演等，也丰富了黑龙江冰雪旅游的内容，吸引了更多的游客前来游玩。

在当地的民俗文化中，许多动物都被赋予了特殊的象征意义。例如，鹿在传统文化中象征着吉祥、长寿，人们常常将鹿的形象运用到各种艺术作品和传统节日的庆祝活动中。东北虎则被视为力量和勇气的象征，代表着当地人对大自然的敬畏和对美好生活的向往。这些动物文化不仅丰富了黑龙江的地域文化内涵，还通过旅游活动传播给更多的人，让人们了解到黑龙江独特的文化魅力。

黑龙江冰雪景区的动物资源丰富多样，它们在这片冰雪世界中展现出了独特的生命力和魅力。无论是山林间的灵动精灵，还是神秘的山林霸主，抑或是水域中的灵动生命，都为黑龙江的冰雪旅游增添了鲜明的色彩。保护好这些动物资源，不仅是维护生态平衡的需要，也是提升黑龙江冰雪旅游品质、传承地域文化的重要举措。

三、冰雪旅游景观设计的地形地貌要素

冰雪旅游景观设计中，地形地貌无疑是整个创作的基石所在。地形表面那或缓或急的起伏，就像是大地谱写的韵律，每一处隆起与凹陷都蕴含着独特的魅力。地形的高度，宛如大自然竖起的标尺，从低海拔的温柔浅滩到高海拔的巍峨巅峰，不同高度层次分明地展现出各异的风貌。地貌的轮廓线特征，似是大地勾勒的艺术画卷，或蜿蜒曲折，或刚硬笔直，每一条线条都诉说着岁月的故事。而所处方位更是如同点睛之笔，朝阳与落日的余晖在不同方位的地形上洒下，营造出截然不同的光影效果。在冰雪旅游景观设计的宏大画卷中，山脉、山谷、丘陵、峡谷、平原等各类地形的巧妙利用显得至关重要，它们就像一把把神奇的钥匙，为游客打开了一扇扇拥有不同观赏角度的大门。

山谷和山脉在冰雪景区中宛如大自然最杰出的雕塑作品，频繁地映入游客的眼帘。山谷那深深的沟壑，像是大地张开的怀抱；两侧的山峦，像是坚实的臂膀。山脉，则如同巨龙横卧，绵延不绝，气势磅礴。

利用山谷、山脉的形状和高度，设计师能够创造出如梦如幻的独特景观。比如，高耸入云的雪山，那洁白无瑕的雪山顶在阳光下闪耀着神圣的光辉，仿佛是连接天地的阶梯，让人心生敬畏；冰川，像是时间凝固的长河，巨大的冰块相互挤压，形成了各种奇妙的形状，有的如利剑般直插云霄，有的像城堡般错落有致；峡谷，更是大自然的鬼斧神工之作，两侧的峭壁险峻万分，中间的缝隙幽深狭长，当冰雪覆盖其上，更增添了一份神秘的色彩。

游客置身于这样的景观之中，仿若走进了一个与世隔绝的冰雪仙境，能深刻感受到大自然那令人震撼的神奇力量——那是一种超越人类想象的磅礴伟力，让每一个人都对大自然的造化之功肃然起敬。

在冰雪旅游景观中，丘陵和平原恰似大自然铺就的柔软画卷，它们以平缓的姿态迎接每一位游客。这些地形，没有山脉的雄伟和峡谷的险峻，却有着自己独特的韵味。它们像是为游客准备的天然游乐场，非常适合开展一系列丰富多彩的活动。滑雪，是丘陵和平原上最受欢迎的项目之一。游客们脚踩着滑雪板，在洁白的雪面上飞驰而下，感受着风在耳边呼啸，体验速度与激情的碰撞。冰上钓鱼则是一项充满乐趣和宁静的活动，在冰面上凿开一个小孔，放下鱼饵，静静地等待鱼儿上钩，周围是一望无际的冰雪世界，这种宁静与惬意能让人忘却一切烦恼。而且，这些地形地势平坦开阔，为游客提供了更广阔的视野，他们可以极目远眺，欣赏到更远处

的自然美景。远处的山峦在云雾中若隐若现,像是一幅水墨画卷;天空中飞翔的鸟儿,为这白色的世界增添了几分灵动的色彩。游客们在这里可以尽情享受大自然的恩赐,沉浸在这美丽的冰雪世界中。

此外,冰川、冰原也是冰雪旅游中不可忽视的常见地形地貌。冰川、冰原本身就是大自然馈赠的一种冰雪景观,它们像是一块巨大的白色画布,大自然这位伟大的艺术家在其上肆意挥洒,形成了不同的冰雪景观外观。冰川上那一道道深深的裂缝,像是大地张开的嘴巴,诉说着岁月的沧桑。冰原上那平整如镜的冰面,在阳光的照耀下反射出耀眼的光芒,仿佛是通向另一个世界的门户。游客在冰川和冰原上进行滑雪、探险等活动时,就像是走进了一个神秘的冰雪王国,每一步都充满了未知和惊喜,他们可以近距离感受冰雪世界的神奇和美妙。当滑雪板滑过冰面,留下一道道痕迹,那是人类与大自然亲密接触的印记;当探险者深入冰川的内部,探索那些隐藏在冰层之下的奥秘,那是人类对大自然敬畏之心的体现。在这个过程中,游客们不仅能够体验到冰雪旅游的乐趣,更能深刻领悟到大自然的博大精深,从而更加珍惜这片神奇的冰雪世界。

四、冰雪旅游景观设计的气候要素

本部分以黑龙江的气候为例,阐述冰雪旅游景观设计中气候要素的重要作用。

1. 寒冷的气温条件

黑龙江冬季的寒冷是其气候的显著特征之一。从每年的11月开始,气温便逐渐下降,一直持续到次年的3月甚至4月,长达5个月之久。在这期间,平均气温通常在零下10℃至零下30℃之间,部分地区的极端最低气温甚至可达零下40℃以下。例如,漠河作为中国最北端的县级市,冬季的极寒令人印象深刻。这种长时间的低温,为冰雪的形成和长期保存提供了理想的条件。

除了整体气温低,黑龙江冬季的昼夜温差也较为明显。白天,在阳光的照耀下,气温会有所回升,但由于空气干燥,太阳辐射的热量无法长时间储存,夜晚气温便会迅速下降。较大的昼夜温差使得冰雪在白天不会过度融化,夜晚又能进一步凝结,从而保证了冰雪景观的稳定性和完整性。这对于打造各种精美的冰雕、雪雕作品至关重要,雕刻师们能够在稳定的低温环境下,精心雕琢出形态各异的冰雪艺术品。

2. 充沛的降雪量

黑龙江冬季虽然寒冷干燥，但并不缺乏降雪所需的水汽。一方面，其周边环绕着众多的江河湖泊，如黑龙江、松花江、乌苏里江等，这些广阔的水域在秋季时储存了大量的热量和水汽。当冬季冷空气来袭时，水面蒸发的水汽迅速冷却凝结，形成降雪。另一方面，黑龙江靠近日本海，海洋上的暖湿气流在适当的天气形势下，能够深入内陆，与冷空气交汇，从而产生大量的降雪。

受上述水汽条件和低温环境的影响，黑龙江冬季的降雪量十分可观，平均每年的降雪量在50毫米至200毫米之间，部分山区的降雪量甚至更高。例如，位于黑龙江省东南部的张广才岭地区，这里的山区每年冬季都会积蓄厚厚的积雪，雪深可达1米以上。如此丰富的降雪，为黑龙江的冰雪景区提供了充足的原材料，堆积起来的皑皑白雪成为了滑雪、赏雪、玩雪等各类冰雪活动的天然场地。

3. 充足的光照资源

尽管黑龙江冬季白昼时间较短，但日照时长相对稳定。在晴朗的天气里，每天的日照时间可达6~8小时。稳定的光照条件，使得冰雪在白天能够充分吸收阳光的热量，形成独特的光影效果。在阳光的照耀下，晶莹剔透的冰雕闪烁着五彩光芒，洁白无瑕的雪雕则显得更加纯净美丽。这种独特的光影效果，极大地增强了冰雪景观的观赏性和吸引力。

充足的光照还有助于冰雪景观的塑造。在低温条件下，阳光的照射能够使冰雪表面形成一层薄薄的融化层，当这层融化层再次冻结时，会使冰雪表面更加光滑，质感更好。这对于制作精美的冰雕作品尤为重要，雕刻师可以利用这一特性，打造出更加细腻、逼真的冰雕形象。同时，阳光的照射还能使不同层次的积雪产生不同的反光效果，营造出立体感十足的雪景。

4. 独特的气候对冰雪旅游的影响

黑龙江独特的气候条件造就了丰富多样的冰雪景观。漫长的低温期使得冰面能够长时间保持冻结状态，形成了宽阔的冰面，为滑冰、冰球、冰上摩托等冰上运动提供了理想的场地。大量的降雪堆积，形成了连绵起伏的雪山、深邃幽静的雪谷，以及形态各异的雪蘑菇、雪凇等自然景观。而在人工打造的冰雪景区中，利用低温和充足的降雪，建造出了美轮美奂的冰雕城堡、雪雕乐园等，吸引了无数游客前来观赏。

由于黑龙江冬季寒冷且漫长，因此相较于其他冰雪季短暂的地区，黑龙江为游客提供了更充裕的时间来体验冰雪旅游的乐趣。这不仅增加了游客的选择空间，也为当地的旅游业带来了更长远的经济效益。

独特的气候资源还为黑龙江的冰雪旅游带来了丰富多样的体验项目。除了常见的滑雪、滑冰、赏冰雕与雪雕外，游客还可以参与马拉爬犁、狗拉雪橇等传统的冰雪活动，感受北方冬季的民俗风情。在一些原始森林景区，游客可以在雪地里徒步穿越，欣赏到静谧的雪景，体验与大自然亲密接触的乐趣。此外，冬季的黑龙江还有许多特色的温泉资源，游客在享受完冰雪活动的刺激后，还可以泡温泉放松身心，感受冰火两重天的奇妙体验。

气候资源，无疑是冰雪景观中极为关键的要素之一。它宛如一位神奇的魔法师，深刻地影响着冰雪景观的形成与变化。随着气温的逐渐下降，大自然开始施展它的魔法，水在低温下慢慢凝结，逐渐形成了壮观的自然冰川、冰原等冰雪景观。冰川像是一条巨大的白色巨龙，蜿蜒在山谷之间，其庞大的身躯和复杂的纹理展现出岁月的痕迹。冰原则如同一面巨大的镜子，广袤无垠，在阳光下折射出迷人的光芒。大风和暴雪也是大自然的艺术手段，它们呼啸而过，将雪花吹成各种奇妙的形状，堆积成独特的雪景。在狂风的雕琢下，雪堆有的像蘑菇，有的像波浪，形成了一个个天然的雪雕作品。游客在不同的气候条件下，能够体验到千变万化的自然风光。晴天时，阳光洒在雪地上，整个世界都被镀上了一层金色，冰川和冰原闪耀着璀璨的光辉；下雪时，纷纷扬扬的雪花如同翩翩起舞的仙子，给游客带来一种如梦如幻的感觉；而当大风肆虐时，那呼啸的风声和飞舞的雪雾则让游客感受到大自然的雄浑与力量。这种因气候而产生的多样景观，让游客深深感受到了自然的神奇与伟大。

五、典型案例

1. 挪威的极光旅游

极光又称极光带、北极光或南极光，是由太阳辐射带来的带电粒子与地球磁场相互作用而产生的自然光辉。在太阳活动高峰期，太阳会不断地释放出带电粒子，这些粒子进入地球大气层后与大气分子碰撞，产生光谱线的辉光。极光通常出现在离赤道较远的高纬度地区，包括北极和南极附近的地区。挪威是欣赏极光的最佳地点之一，每年吸引了数以万计的游客来此体验神奇的极光之旅。挪威北部的极光观测点包括特罗姆瑟、北角、霍马兰、斯瓦尔巴群岛等地，这些地方都有独特的自然景观和气候条件，是欣赏极光的绝佳场所。

（1）特罗姆瑟

特罗姆瑟是挪威最著名的极光观测地之一，其地理位置靠近北极圈，有着适合观测极光的气候条件和地形地貌。特罗姆瑟不仅有着美丽的极光，还有许多其他的人文景观和娱乐场所，如特罗姆瑟教堂、极地水疗中心等。

（2）北角

北角是挪威最北端的城市，地处北极圈内，是观赏极光的绝佳地点之一。北角的气候条件适合观测极光，每年冬季，游客可以在此欣赏到色彩斑斓的极光。此外，北角还有许多其他的特色景观和活动，如北极熊之家、北极星音乐节等。

（3）霍马兰

霍马兰位于挪威北部的海岸线上，是一个充满魅力的小镇，也是观测极光的理想场所之一。霍马兰的地理位置靠近海洋和山脉，每年冬季，游客可以在此欣赏到美丽的极光，同时还可以参加一些与极光有关的活动，如极光滑雪、雪地摩托车等。

（4）斯瓦尔巴群岛

斯瓦尔巴群岛是挪威北部最远离陆地的群岛，地处北极圈内，是欣赏极光的最佳场所之一。斯瓦尔巴群岛不仅具有适合观测极光的气候条件，同时还有丰富的野生动物，如北极熊、海豹，以及冰川等自然景观。

挪威的极光是一种非常神奇和美丽的自然奇观，每年吸引了大量的游客前来欣赏和探索。挪威北部的特罗姆瑟、北角、霍马兰和斯瓦尔巴群岛等地都是观测极光的理想场所，同时还有许多其他的自然景观和文化遗产值得游客探索。欣赏极光需要具备一定的天文知识和专业设备，建议游客选择跟随专业的导游或参加极光观测团进行观测，同时注意保暖和防寒等事项。欣赏极光不仅可以感受到大自然的神秘和美妙，也是对大自然的敬畏和热爱的表现。

2. 加拿大的冰川探险

加拿大拥有丰富的冰川资源，是世界上最适合进行冰川探险的地区之一。加拿大的冰川探险旅游项目多种多样，包括徒步、滑雪、骑马、直升机观光等，各种项目都能让游客深入冰川，感受冰川的神秘和美丽。加拿大冰川国家公园（Glacier

National Park）位于加拿大英属哥伦比亚省的落基山脉上，东部通往优鹤国家公园（Yoho National Park），西部通往勒维斯托克山国家公园（Mount Revelstoke National Park）。加拿大冰川国家公园建于1886年，占地约1394平方千米，公园内贯穿加拿大太平洋铁路和加拿大公路。

游客可以在此选择不同地区进行探险，每个地区都有独特的景观。在进行探险时，游客需要遵守当地的规定和要求，确保旅行安全。在探险过程中，地形地貌、自然要素起到了非常重要的作用。加拿大的地形地貌包括高山、峡谷、森林、草地、冰川和湖泊等，这些地形地貌为游客提供了多样的探险机会和体验方式，其山区也有丰富的野生动物、山地植被等，游客可以在这里感受到无人工干扰的自然环境。

3. 瑞典的滑雪胜地

瑞典是一个拥有丰富滑雪资源的国家，建设有大量的滑雪场，代表性滑雪场如下。

① 奥勒滑雪场（Åre）：位于耶姆特兰省和海尔耶达伦地区，它是北欧最大且设备最完善的冬季滑雪胜地之一，2007年世界杯高山滑雪锦标赛就在此举行。滑雪场内有89条雪道分布在山间，雪道全长达98千米，其中包括18条绿道、34条蓝道、30条红道、4条黑道、3条红/黑道，最长的雪道达6.5千米。此外，滑雪场还配备了44条缆车保障运力。这里既有极具挑战性的越野滑雪坡，也有适宜初学者和儿童的平缓滑雪场地，还提供了惊险的直升机高空滑雪。除了滑雪，雪场还有狗拉雪橇、雪地摩托、冰钓、越野滑雪等娱乐项目，以及高级餐厅、简餐厅、咖啡馆、酒吧等各种餐饮场所。

② 赛伦滑雪场（Skistar Sälen）：位于瑞典中南部达拉纳。赛伦滑雪场实际上是由六个滑雪场组成的，它是北欧地区规模最大的滑雪胜地之一。这里总共提供约160条高山雪道，有9条相通的绿道、家庭滑雪区、300千米的北欧越野滑雪道和3个滑雪公园，非常适合家庭前往，是瑞典最受家庭欢迎的雪场之一。

③ 赫马万和泰纳比滑雪场（Hemavan & Tärnaby）：位于瑞典北部拉普兰地区。赫马万有50条滑道、10架缆车、2个滑雪公园，泰纳比有5架缆车、拖牵和30条滑道。虽然它们的规模不及奥勒滑雪场和赛伦滑雪场，但雪道从适合儿童的平缓斜坡到高级赛道一应俱全。这里因是瑞典回转运动超级明星英格玛·斯滕马克（Ingemar Stenmark）和安雅·佩尔森（Anja Persson）的主场滑道而闻名。

④ 比恩里克滑雪场（Björnrike）：位于耶姆特兰省，属于更大规模的韦姆达伦雪场的一部分，有雪地公园和简易跳台。每个缆车驿站都为滑雪者提供初级或有一定难度的滑道选择。

⑤ 布莱奈斯滑雪场（Branäs）：位于韦姆兰省，多次被评为瑞典最佳家庭滑雪场。这里所有的儿童活动设施都是免费的，深受各年龄段孩子喜爱，夜晚在此玩耍更有趣。

⑥ 里克斯格兰森滑雪场（Riksgränsen）：位于瑞典最北端，接近挪威边境，因几乎没有树木遮挡而赢得热爱冒险的滑雪者的青睐，屡次被评为"瑞典最佳道外野雪雪场"。夏季，此处的高纬度地区仍有充分的积雪覆盖，游客可体验在午夜阳光下滑雪的乐趣。

⑦ 谢特勒滑雪场（Kittelfjäll）：位于西博滕省，自称是瑞典直升机滑雪的中心。这里有40多座白雪覆盖、人迹罕至的山峰，有大量无人触碰的粉雪等待挑战者畅滑，在瑞典网友评选的2021年度最佳道外野雪雪山中排名第二，仅次于里克斯格兰森滑雪场。

⑧ 拉蒙贝尔特滑雪场（Ramundberget）：位于耶姆特兰省和海尔耶达伦地区，游客可以在稀疏的白桦林之间厚厚的天然粉雪间穿行。通常大雪过后，雪场会提前开放缆车，让雪友们提前入场，在纯净的雪面上畅滑。

瑞典拥有丰富的滑雪资源和优秀的滑雪设施，吸引了大量的滑雪爱好者前来体验。无论是初学者还是专业滑雪者，都能在这里找到适合自己的滑雪场所，无论你是想要体验刺激的高难度滑雪，还是想要享受雪景美景的轻松滑雪，这里都能满足你的需求。此外，瑞典的滑雪季节一般从11月底持续到翌年3月中旬，因此在这段时间内，瑞典各个滑雪场都会迎来大量的游客。除了滑雪之外，游客在这些滑雪场中还可以尝试其他冬季运动，比如滑雪板、雪地越野等，使冬季旅行更加丰富多彩。对于那些想要在瑞典滑雪的游客，建议提前预订住宿和滑雪服务，特别是在繁忙的旅游季节，滑雪场和住宿往往会提前被预订一空。此外，瑞典的滑雪场所位于地势较高的山区，因此需要注意防寒保暖，带好适当的雪具和服装，以确保安全和舒适。

瑞典的滑雪场所也非常注重环保，在滑雪过程中鼓励游客遵守环保规定和原则，保护当地的自然生态环境。游客在享受滑雪的同时，也能够感受到瑞典人对自然环境的热爱和保护意识。

瑞典丰富的滑雪资源和美丽的自然景观吸引了全世界的游客前来欣赏和滑雪，在其滑雪旅游中对地形地貌的应用是非常成功的。瑞典的山区地形地貌包括平原、高山、峡谷、冰川等，这些地形地貌为景观设计师提供了很好的滑雪场地和滑雪路线的设计基础，而且瑞典也有丰富的自然景观，如野生动物、北极光、森林、草地、湖泊等，游客在滑雪之余，可以欣赏到自然美丽的景观。

第二节

冰雪旅游景观设计的建筑、设施要素

在冰雪景观中，建筑与设施是非常重要的要素。为了满足生产、生活的需要，人们建造了具有一定功能的建筑、设施，同时它们也可以与景观相协调，增添美景和特色。

一、冰雪旅游景观设计的建筑要素

1. 建筑材料

建造冰雪景观采用的建筑材料是在寒冷的气候条件下，能够保证建筑物的稳定性以及安全性的建筑材料，其需要具备抗冻、抗压以及抗震等性能。常见的冰雪建筑材料包括冰块、雪块、冰砖和雪砖等。冰雪景观中的建筑材料在设计实践的过程中起到了十分重要的作用，这些材料有助于建筑师在冰川等冻土的条件下建造冰雪建筑。

（1）冰

冰是冰雪建筑材料中最为常见的一种，可以直接从自然环境中获取，而且冰具有较好的透明度和光滑度，用其建造出来的建筑具有独特的美感。同时，冰块建造的建筑还具有很好的保温性能，能在寒冷的天气环境中为人们提供相对温暖的居住空间。

在冰雪景观的建设中，通常会选用纯度高、没有杂质且透明度好的天然冰。一般天然冰取自江河湖泊，需要经过开采和运输等环节。在进行大型的冰雕创作时，会选择大体量的冰块以保证作品的整体性和稳定性；对于一些比较细致的造型部分，会选择质地较密、不易破碎的冰材料，同时会考虑冰的硬度，以适应不同雕刻手法的需求。为了增强冰雕的耐久性，还会对冰进行一些特殊的处理。

（2）雪

雪也是在冰雪建筑中十分常用的建筑材料之一，可以用在建筑墙体、屋顶和地面部分。在制作雪建时应使用雪铲，将雪推到需要建造的地方，并用压实机进行夯实，让其变得坚固。同时，雪还可用于制作雪雕艺术作品，为建筑增添艺术气息。雪的密度需要适中，密度太小则过于松散，难以塑形，密度太大则过于坚硬，不易进行雕刻加工。雪的黏性也要适宜，以便让雪能够很好地黏合在一起，使结构更加稳固，若黏性太强，则会影响雪雕的质量。同时也需要保持雪的纯净度。

要保证光洁度和美观度，对于雪块的颗粒也有一定的讲究。若以颗粒较细腻的雪为材料，更适合进行纹理的刻画，而较粗的雪则适合用于塑造一些粗犷风格的雪雕作品。在进行雪的前期采集和处理时，通常要对雪进行筛选和搅拌，使其符合创作的具体要求。

（3）玻璃

玻璃也是常用的冰雪建筑材料，通常都是在景观区中用于制作一些辅助设施、墙体、屋顶和地面等，其具有良好的透明度和光滑度，可以与冰雪环境很好地契合，给建筑带来独特的美感。

（4）金属

金属具有坚固耐用的特性，可以用于制作建筑的结构，同时，管道、暖气系统等设施，也需要利用金属进行建造。

（5）石材

石材和水泥也是一种基础的冰雪景观建筑材料，一般用于建造建筑结构、地基、地面，同时，水泥也可以用于制作管道和储水池。

景观设计师应根据实际需要对这些材料进行选择，需要注意的是，选择材料时，要考虑它们的适用性、环保性、安全性。

2．建筑形态

冰雪景观建筑是在特定的环境下建造而成的，主要环境特征包括气温低、湿度小，这些环境特征对冰雪景观建筑的建造和设计提出了很高的要求，建筑需要有一定的保温性能，同时需要有一定的耐久性，否则在冰雪季的使用过程中会出现问题。

（1）冰雪景观建筑的构造

冰雪景观建筑的构造需要在前期完成，由于冰雪景观建筑所采用的材料特殊，因此建筑构造也需要运用特殊的技术。在结构设计中，专门的建筑结构设计师需要根据冰雪材料的性质进行设计，同时也可以通过采用加强的钢筋、增加支撑等措施，来提高建筑的稳定性。冰雪景观建筑的构造设计是一项非常复杂的工作，需要考虑到很多因素，在设计和建造过程中需要注重自然与人工的结合，使其兼具独特性、耐久性和耐寒性。

（2）冰雪景观建筑的自然形态设计

在进行冰雪景观建筑的形态设计时，要考虑整体的景观设计需求和实际效果，所以建筑形态设计的重点是将建筑与整个景区环境相融合，使其成为景区环境的一部分，同时，建筑本身也要具有一定的独特性。冰雪景观建筑的形态必须与自然融合，包括材料、形状、颜色等。比如在山区建造的冰雪景观建筑，需要与山体相结合，协调建筑使用的材料、建筑的形态、建筑的外观，使其与自然融合、相互协调，同时，在彩色的使用上也要考虑与自然的色调相融合。

（3）冰雪景观建筑的特点

冰雪景观建筑的设计应该具有一定的独特性，以此来吸引游客的注意，比如在一些运动场地，可以运动为主题创作冰雪景观建筑。

冰雪景观建筑的设计也要具备美观性，注重建筑的韵律及线条形式美感，提高其艺术性。

3．建筑装饰

冰雪景观建筑需要添加一定的装饰来达到美观的效果。

利用雕刻刀和电锯等工具创造出装饰形状，题材可以是动物、人物等形象，也可以利用彩绘，用特殊的颜料在冰雪表面进行绘画，绘制成各种图案来达到装饰效果。灯光是冰雪建筑中必不可少的，可以设置不同颜色的灯光，营造出不同的氛围。可以在冰雪建筑表面或周围运用各种装饰品进行装饰，比如雪人、雪花、礼物盒等，这些小装饰可以增添浓厚的节日气氛，让建筑更加生动有趣。也可以根据不同主题和场合进行创意设计，使冰雪建筑的装饰更加多样化，不同的装饰方式和风格能让建筑更加生动，同时也能吸引更多的消费者。

4. 建筑功能

冰雪景观建筑的功能，是指建筑物本身承载的使用功能，可以是娱乐功能，也可以是商业功能、住宿功能等，要充分考虑其所处环境的特殊性，确保建筑物的使用安全。

设计师可以通过合理使用建筑材料、科学设计建筑形态、运用各类建筑装饰来提升冰雪景观建筑的功能。冰雪景观建筑不仅仅是一种艺术的表现形式，同时也是环保的体现，因为通常冰雪建筑都是临时性建筑，在冬季结束后，气温升高，冰雪融化，如何分流这种水资源也是冰雪景观设计师需要考虑的问题。

设计和制作冰雪景观建筑具有一定难度，首先要求建筑物具备一定的抗风雪、抗冻能力，同时在极寒环境下建造建筑物，对施工人员的要求也很高，这在一定程度上限制了冰雪景观中建筑要素的发展与应用。

冰雪景观中的建筑要素，是冰雪景观中非常独特的一种艺术形式，其能展现冰雪景观的美感和宏大的气势。虽然在冰雪景观建筑的设计和建造中有很多挑战，但是随着人们对冰雪旅游的不断追求，冰雪景观中的建筑要素也会展现出更加多样的创新形式，让人们得到更好的体验。

5. 设计案例

芬兰凯米冰雪城堡，是目前世界上最大的以冰雪为原料建筑而成的堡垒形建筑。冰雪城堡首次修建于1996年，每年冬季都会重新修建。其总建筑面积约13000~20000平方米，里面有冰雪酒店、冰雪教堂、餐厅（餐桌、吧台等是冰制的，餐椅铺驯鹿毛皮）等，还有大型冰雕展览，其每年的主题不同，原料取材于凯米海湾上冰冻的海水。

2018年1月10日，为哈尔滨冰雪节打造的31米高的"弗拉门戈冰塔"，成为当时世界最高的冰雕建筑。其设计结合了东方塔的造型和弗拉明戈舞蹈的优美动态，下部是六个宛如波浪般起伏的拱形结构。冰塔主体的外层是平均厚度为25厘米的冰壳，由建造者将复合的冰纤维材料喷在内部巨大的充气膜上所形成。

二、冰雪旅游景观设计的设施要素

冰雪旅游是一种非常受欢迎的旅游形式，它不仅能带给人们美丽的景色，还能让人们享受到冰雪带来的乐趣和刺激。冰雪旅游景观的设施设计是为了满足人们在冰雪旅游中的需求，提高旅游质量和体验。

1. 冰雪旅游景观设施的种类

① 雪上娱乐设施。包括滑雪道、雪橇等，这些设施的设计要考虑安全性和趣味性。滑雪道是冰雪旅游景观设计中非常重要的设施，为游客提供了滑雪的场所。滑雪道的设计要考虑游客的安全和对环境的适应，考虑地形、气候、雪质等因素，保证游客在游览时的安全。

② 住宿设施。包括景观区内和景观区外的住宿设施，住宿设施的设计要考虑游客的需求、房间的大小以及对环境的适应性，需要具备景观特色。

③ 餐饮设施。这也是冰雪旅游景观设计中必不可少的一部分，主要功能是为游客提供美食，需要考虑游客的需求、菜品的种类以及口味的多样性。

2. 冰雪旅游景观设施设计的原则

首先，冰雪旅游景观设施设计的第一原则就是安全性，这是最基本的考虑，所有设施都需要经过严格的安全测试，保证游客使用安全；其次是环保原则，应减少设施对环境的破坏；最后是舒适原则，要考虑游客的感受，为其提供舒适便利的使用环境。

3. 冰雪旅游景观设施设计的要点

设计师应合理设计旅游景观设施，满足人们的需求，为游客提供一个安全舒适的旅游环境。在设计中应注意如下要点：第一，要考虑气候和地形，充分利用这些因素，优化游客的体验；第二，要保证安全；第三，要有环保意义，让游客在欣赏美景的同时能够受到环保教育；第四，注重实用性和创新性，利用新技术、新材料，考虑游客的个性化需求，为其提供更丰富的体验，让游客在旅游过程中不仅精神愉悦，还能够有所收获。

第三节

冰雪旅游景观设计的人文要素

在冰雪旅游景观中，人文景观是不可缺少的重要组成部分，它包含了丰富的历史、民俗、文化、宗教等信息，为冰雪旅游景观增添了更深层次的内涵。

一、文化要素

冰雪旅游地区所蕴含的文化丰富多元，犹如一座宝库，涵盖民族文化、历史文化、艺术文化等诸多璀璨形式。

民族文化在冰雪旅游中堪称最为闪耀的明珠之一，不同民族凭借其独特的文化传统与生活方式，为冰雪旅游地区披上了一层独特的人文魅力华裳。以中国东北地区为例，鄂伦春族，这个长期与山林为伴的民族，他们的狩猎文化、独特的桦树皮手工艺，在冰雪世界中展现出坚韧与智慧的交融；赫哲族，依江而生，鱼皮画技艺巧夺天工，那一幅幅色彩斑斓的鱼皮画融入冰雪景观，仿佛在诉说着古老的渔猎故事；满族，作为这片土地上有着深厚底蕴的民族，其传统的旗袍服饰元素、萨满文化，都能以独特的形式呈现在冰雪景观创作中，让游客沉浸式体验到民族文化的独特韵味。

在冰雪旅游景观设计里，历史文化的呈现不可或缺。诸如哈尔滨、长春、齐齐哈尔等冰雪旅游胜地，皆拥有漫长的历史脉络与丰富的文化遗产。以长白山区域为例，辽金元文化在这里留下了独特的印记，那古老的城堡遗址、粗犷的游牧文化元素，与冰雪景观相结合，营造出一种雄浑壮阔的历史氛围；而清代文化遗存，如满族的发祥地传说、皇家祭祀文化等，巧妙融入冰雪景观，为其增添了一份庄重与神秘。这些历史文化与冰雪景观的融合，使得游客在欣赏冰雪美景的同时，能穿越时空，领略历史的厚重。

艺术文化亦是冰雪旅游的关键文化要素。一方水土孕育一方艺术文化，它们以文学、音乐、舞蹈等多样形式展现，为冰雪旅游地区营造出浓郁的文化氛围。在旅游区的冰雪景观创作中，借鉴艺术文化成果能极大提升景观的文化内涵。比如哈尔滨国际冰雪节中的《飞天》作品，创作者从中国传统飞天形象中汲取灵感，将飞天那轻盈飘逸的姿态、灵动的线条，用冰雪这一独特媒介展现出来。晶莹剔透的冰雪"飞天"，在灯光的映照下如梦如幻，既展现了传统艺术的魅力，又赋予了冰雪景观浪漫的艺术气质，让游客感受到艺术文化与冰雪之美的完美融合。

二、民俗要素

民俗文化，宛如冰雪旅游中一颗璀璨的明珠，以节日、婚俗、风俗、习惯等丰富多样的形式，为冰雪世界增添了浓厚的人文色彩。对于众多游客而言，体验这些独具特色的民俗活动，无疑是冰雪之旅中不可或缺的精彩篇章。这些民俗文化通过精彩纷呈的节庆活动、生动鲜活的民俗表演等形式得以呈现，让游客在沉醉于冰天雪地的奇趣之时，也能接受一场深度的文化洗礼。

在中国东北地区，冬季宛如一场盛大的民俗狂欢季。这里的各种传统节日都有着别具一格的庆祝方式与民俗活动。而各少数民族更是秉持着独属于自己的过节传统，为这片冰天雪地注入了别样的活力。就拿哈尔滨的冰雪节来说，节日期间，形态各异的冰雕、美轮美奂的雪雕以及造型精美的灯笼纷纷亮相，它们不仅是艺术的杰作，更是民俗文化的生动展现，吸引着五湖四海的游客纷至沓来，共同感受这冰雪与民俗交织的独特魅力。

除了节庆之外，风俗、婚俗、习惯等民俗文化同样是冰雪旅游的重要瑰宝。以鄂伦春族的婚俗为例，其独特的民族特色令人称奇。当男方父母相中女方后，便会郑重地托媒人前去求婚。求婚成功，男方会带着寓意美好的野猪肉和香醇的烧酒前往女方家。此时，男子要向女方长辈虔诚磕头，但遵循传统，不会向岳父母磕头。彩礼也颇具讲究，通常包含2~3匹马、两桶酒和两头野猪，这些礼物承载着对新人未来生活的美好期许。

迎亲之时，男方及其兄弟姊妹会前往女方家迎接新娘。新人的穿着更是精心准备，新郎身着精心缝制的狍皮衣着，头戴象征勇敢的狍头皮帽，新娘则将发辫优雅地卷至头顶，尽显民族风情。而新房"仙仁柱"也会布置得焕然一新，用柔软的狍腿皮褥铺床，摆放着绣着精美云纹的狍皮被、古朴的桦树皮箱子以及精致的针线盒等。当送亲队伍临近男方家时，新郎会率领本氏族的兄弟们热情远迎。两队人马相遇，欢声笑语、热闹非凡，充满了浓郁的喜庆氛围。

如此别具一格的结婚习俗，不仅可以作为游客亲身体验的特色环节，还能为旅游区的冰雪景观创作提供丰富素材，让游客在冰雪世界中全方位领略民俗文化的独特魅力。

三、宗教要素

冰雪旅游中同样也会涉及宗教文化，在冰雪旅游的丰富画卷中，宗教元素宛如一抹独特而深邃的色彩，悄然融入其中，为这片银白世界增添别样的文化底蕴。以我国东北地区为例，宗教与地方冰雪景观已深度交融，衍生出一种别具一格的文化形态。哈尔滨的圣索菲亚教堂，无疑是这一独特融合的杰出典范。这座承载着历史记忆的东正教堂，早已超越了单纯宗教建筑的范畴，它不仅是一座见证岁月变迁的历史建筑，更是哈尔滨这座城市熠熠生辉的一张名片，向全世界淋漓尽致地展现出哈尔滨作为多元人文构成的文化综合体所独具的迷人魅力。当游客置身于冰雪皑皑的美景之中，踏入这些宗教场所，仿佛开启了一场穿越时空与文化的奇妙旅程，获得独特而难忘的宗教文化体验。

然而，在冰雪景观创作中巧妙运用这些宗教元素时，须秉持审慎且积极的态度。一方面，要充分挖掘并利用其中的积极因素，以艺术的手法将宗教文化的精髓与冰雪景观完美融合，让游客在欣赏冰雪之美的同时，也能感受到宗教文化所蕴含的精神力量与美学价值。另一方面，必须时刻牢记并严格遵守国家的相关政策，严守意识形态的红线，确保创作过程既尊重宗教信仰，又符合主流价值观，创作出老百姓喜闻乐见、雅俗共赏的冰雪艺术作品。

四、历史要素

冰雪旅游地区的历史要素在冰雪景观设计中占据着举足轻重的地位，它们宛如璀璨星辰，照亮了冰雪世界的文化天空。这些要素以历史文物、古迹、遗址等多种形式存在，每一个都承载着往昔岁月的记忆，是人类文明发展的生动见证。

通过精心的文物保护和富有创意的旅游开发，这些珍贵的历史遗存得以穿越时空，呈现在当代人面前，并为后人所熟知。而当它们与冰雪景观巧妙融合时，便会碰撞出奇妙的火花，形成别具一格的景观特色。这种特色不仅能为游客带来视觉上的冲击，更能让他们在欣赏冰雪之美的同时，沉浸于浓厚的历史文化氛围中。

就像中国的长白山地区，这里宛如一座历史文化的宝库，有着丰富的历史景观文化遗存。长白山天池，那宛如碧玉般镶嵌在群山之巅的湖泊，是大自然的神奇杰作，也是历史文化的重要载体。它的存在，仿佛在诉说着古老的神话传说和民族记忆。金代长白山神庙遗址，是文化传承的重要象征，其建筑风格与内涵，尽显古人对自然神灵的敬畏，承载着特定历史时期的信仰，默默诉说着古代祭祀的庄严神秘，是研究金代文化的重要实物。大沙河阻击战遗址见证了革命的烽火岁月，英雄们在此浴血奋战，先辈们的事迹与信念铭刻于此。如今，在冰雪映衬下，遗址肃穆庄严，残垣断壁诉说着往昔硝烟，这些古迹，是了解长白山历史文化的钥匙，让人们能领略其独特魅力。

在俄罗斯的圣彼得堡，也有着令人瞩目的历史文化瑰宝。壮丽的冬宫和冬宫广场，无疑是这座城市的明珠。冬宫内部收藏着无数珍贵的文物和艺术品，是俄罗斯历史文化的重要象征。冬宫广场上的每一块石板似乎都在诉说着过去的辉煌故事。俄罗斯的冰雪艺术家独具慧眼，他们以冰雪为媒介，将这些历史遗存以独特的方式进行表达。巨大的冰雪雕塑重现了冬宫的壮丽和冬宫广场的繁华，晶莹剔透的冰块在阳光的照耀下折射出历史的光辉。游客漫步其中，仿佛穿越回了沙俄时代，能够亲身感受到俄罗斯帝国的辉煌与荣耀，这种特别的历史文化体验是其他地方所无法给予的。这些冰雪景观不仅仅是艺术的展示，更是历史文化传承的生动实践，让人们在寒冷的冰雪中感受到历史文化的温暖与厚重。

冰雪旅游景观中的人文要素丰富多样，涵盖文化要素、民俗要素、宗教要素、历史要素等。这些要素相互交织、相辅相成，为冰雪旅游注入了一股源源不断的活力，赋予其更深层次、更为丰富的内涵。在未来冰雪旅游蓬勃发展的征程中，我们应当进一步深入挖掘这些人文要素的潜力，不断提升冰雪景观的创作能力，精心雕琢每一处冰雪景观，使其成为展示地域文化、传承历史记忆的窗口，从而为冰雪旅游的持续繁荣发展注入强劲动力，吸引更多游客沉醉于这片冰雪与人文完美融合的奇妙世界。

第四章

冰雪旅游景观中的
典型——冰雪雕艺术

第一节

冰雕艺术

一、概述

冰雕是一种富有创意和独特艺术价值的雕塑形式，冰雕艺术的发展经历了多重发展阶段，展出场地也从室内逐渐扩展到室外公共活动场所。最开始冰雕作为临时装饰品而展出，随着时代的发展、变迁和科技手段的更新，冰雕开始成为了独立的艺术形式。现代冰雕艺术已经发展成为集雕刻、园林、建筑、灯光艺术为一体的艺术形式，并融入了各国家、各地区、各民族的风俗和文化，受到广泛关注和认可。随着冰雕技术的不断进步和发展，冰雕的制作工艺不断革新，为其应用和发展带来了新的机遇和挑战。未来冰雕的艺术创作还有着许多发展空间且前景广阔。下面将从冰雕艺术演变、冰雕设计、冰雕制作、冰雕艺术应用、国内外冰雕艺术家及其代表作品五个维度进行解读。

二、冰雕艺术演变

古代冰雕艺术是一种原始的艺术发展模式，是人类利用冰雪创造艺术的开端。早在数千年前，人类就开始运用自然界提供的冰雪资源，制作冰雪造型来装点生活。

清代，我国的冰雕艺术得到了较快的发展。在清时，东北制作冰灯已十分普遍，满族、汉族都有制作冰灯的传统。每到腊月二十七、二十八，吉林、黑龙江、辽宁等城镇的大户人家或商家店铺，就会开始在门前制作冰灯。他们通常会到江河中取冰，用马爬犁拉回家，或堆雪淋水冻冰，然后雕凿成虎、狮、亭阁、八仙、女子等造型，最后在中间挖空，装入蜡烛或油灯点燃，使其成为玲珑剔透又造型别致的冰灯。

在北欧国家，冰雕艺术也有着悠久的历史。在芬兰和挪威等国，人们从古代就一直利用冰雪来创造艺术，雕刻人物、动物以及制作冰灯等。

古代冰雕艺术受到各种民族文化的影响，有着不同的风格和特点，在冰雕艺术的发展史上有着重要的地位和意义。

现代冰雕艺术是在20世纪初期开始出现的。冰雕艺术在现代逐渐展现出与科技、艺术以及文化的融合。现代冰雕艺术所采用的材料更加多元化，例如将新型的高聚物材料与传统的冰雪材料相融合。这些新型材料的出现，打破了传统冰雕艺术单一性的局限，新材料提供了更多的延展性，也改变了冰雕创作的材料限制，为艺术家的创作提供了更广泛的选材空间。

现代冰雕艺术的创作手法也更加多样化，包括雕刻、钻孔、抛光、喷涂等不同技术。现代冰雕艺术家在创作作品时更加注重创意本身和雕塑效果的呈现，通过雕刻技术以及冰雕灯光、景观环境音效等多种手段的运用，达到更好的艺术表达效果。

与传统冰雕艺术相比，现代冰雕艺术创作更加注重传承和保护理念。现代冰雕艺术家开始关注冰雪资源的保护以及冰雪融化后续的相关处理，可通过技术手段对废弃冰块进行再利用，这时的艺术创作也具有了社会责任，艺术家通过自己的方式支持绿色环保的创意理念。现代冰雕艺术在保留传统冰雕艺术的基础上，通过新技术、新材料、新理念的运用，让冰雕艺术呈现出更多的可能性。

国际文化交流的加深以及近年来全球跨国旅游业的快速发展，使冰雕艺术已经成为旅游景观的重要表现形式，尤其是在冰雪旅游资源丰富的国家和地区，冰雕艺术逐渐成为独具特色和吸引力的文化形式。

提到现代冰雕艺术就不得不提到北欧国家，北欧国家通常都是冰雪强国，向来注重冰雪文化的发展，因此在冰雪资源丰富的芬兰、瑞典等国家，冰雕艺术创作较为广泛。每年冬季，北欧国家纷纷举行大型的冰雕作品展览，吸引了众多游客前来观赏。而在北美，冰雕艺术活动也开展得非常活跃，尤其是在北美洲的一些寒冷地区，其中拉斯维加斯和魁北克举行的冰雕比赛和冰雕节在世界范围内享有盛誉，其展出作品代表了世界领先水平。

我国冰雕艺术的国际影响也在逐步扩大。自从哈尔滨举办第一届国际冰雕大赛后，中国的冰雕艺术家通过哈尔滨国际冰雕大赛这一平台向世人展示了自身的实力，受到了国际上的关注。如今，中国的冰雕艺术在国际上已拥有一定的影响力，不仅在全球重要的冰雕赛事中大放异彩，还举办了一系列有影响力的冰雕展览，吸引了众多国际观众前来观赏和学习。中国冰雕领域比较有代表性的艺术家团队有哈尔滨冰城快刀队、刘迪团队等。

随着冰雕艺术在国际上的影响越来越大，其创意和技术也在不断创新和提高。冰雕艺术不只是一种艺术形式，更是一种与艺术、旅游、文化等多个产业相融合的综合体，在展现地方文化的同时也能为地方旅游发展创造机会。

三、冰雕设计

1. 冰雕设计原则

冰雕作为一种富有创意性的手工制作的艺术品，其设计以及制作过程应遵循一定的基本原则，以保证作品的美观度、稳定性和意识形态的正确性。冰雕设计基本原则主要包含以下几个方面的内容。

首先是合理性原则，冰雕设计首先需要考虑其实用性和现场实践的可能性。在图纸创作过程中，需要考虑作品的场景、功能、游客的观赏喜好等因素，通过模拟以确保作品在实际使用中能够达到预期效果，并让游客感到满意。

其次是流畅性原则，冰雕作品需要符合一定的美学原则，艺术家需要创作出形态优美、线条流畅的作品。在创作过程中，需要注意形体以及线条的细节，尤其在创造曲线造型的时候，线条要连接自然，断裂的曲线会让观赏效果大打折扣。

再次，在制作冰雕过程中，一定要体现注重细节的原则。细节是在冰雕创作中非常重要的，它可以体现出作品的创意以及艺术性。在冰雕的现场制作过程中，通过雕琢出不同的纹理以及不同的雕塑结构来增加其细节，能展示出作品的层次和质感。

最后是创新性原则。创新性原则是指冰雕应具有鲜明的特色以及创新的制作手法，同时创新的思路以及创新的表现形式也尤为重要，应通过创新的形式表现出作品的风格和个性，这是吸引受众的非常重要的手段。在实践设计过程中，设计师及冰雕艺术家应该不断地进行探索和尝试，通过不断实践，发掘出更具特色的冰雕艺术的表现方式和方法。

以上是冰雕设计的一些基本原则，对于冰雕的实际创作和现场实践制作有着一定的指导作用。成功的冰雕作品不仅需要优秀的技巧，同时更需要遵循基本的原则。

2. 冰雕设计流程

冰雕的设计是在冰雕现场制作前非常重要的环节，它是冰雕现场制作的最基础的保证，通常来说，成功的冰雕作品需要经历以下几个主要的流程。

首先是设计蓝图，也就是设计图纸的制定。确定设计图纸时，艺术家应该根据作品的要求和客户的需求，确定题材、体量关系、造型方式等不同因素，绘制出一份整体的工艺流程图。冰雕的设计图不同于其他图纸，它需要包含多个细节要求，在图纸上就要表现出雕刻的效果、冰块的量、冰雕的三维形态。

然后进行冰雕的模型制作。冰雕模型制作指的是冰雕设计师根据设计草图所绘制的内容，选择合适的材料进行模型制作。这种模型是等比例缩小的作品，可利用雕塑泥或者玻璃钢等材料进行模型的塑造与翻制。对于大体量的冰雕作品来说，制作模型这一过程非常重要，模型制作的好坏直接关系到最终整个作品呈现的效果。可以通过制作模板来将模型放大，模板的作用是在模型与冰雕作品之间建立起一个桥梁。可利用木板或者纸板，做成与作品一致的模板。在制作模板的过程中，需要将每一个冰雕的零部件确定好，以保证在后期使用中能够完美贴合。

最后进行现场的雕刻制作。现场雕刻制作是冰雕设计的最后一个工序，也是实践的开始阶段。在冰雕的现场制作过程中，冰雕设计师需要根据所绘制的草图，结合模型以及制作的模板的比例要求，精细地对每个环节进行加工。由于冰块比较脆弱，艺术家在现场制作时需要更加谨慎，避免出现一系列错误。有的时候冰雕在创作过程中会出现断裂、空心现象以及承重力学计算不精准的情况，从而造成冰雕现场坍塌。冰雕的整体制作流程比较烦琐，需要艺术家在每一个环节都能严守质量关，保持高度集中的状态，将细节做到极致，制作出高品质的冰雕景观作品。

3. 冰雕设计手法

冰雕设计的手法，犹如艺术家手中的魔法棒，巧妙地赋予冰块灵动的生命与深邃的内涵。在冰雕设计领域，艺术表现手法占据着举足轻重的地位，它宛如一把钥匙，直接决定着冰雕作品艺术价值的高低，以及最终呈现给观众的观赏效果的优劣。因此，在实际的冰雕创作过程中深入了解并熟练运用各种艺术表现手法，成为创作者们将脑海中的设计理念成功转化为惊艳冰雕景观作品的关键所在。

在小样设计创作阶段，雕刻技法堪称其中不可或缺的核心要素。这一技法涵盖了刻、凿、削等一系列精妙绝伦的手法，每一种手法都如同乐章中的独特音符，共同谱写着冰雕艺术的华美篇章。当创作者在现场进行制作时，对于不同部位的刻画力度与对深浅的精准把控显得尤为重要。例如，在雕琢冰雕人物的面部表情时，需要以细腻轻柔的力度刻画出如眉梢眼角的微妙神态，使人物神情栩栩如生；而在塑造冰雕建筑的轮廓线条时，则要运用稍重的力度与较深的刻画手法，凸显建筑的宏伟与坚实。通过对这些雕刻手法的巧妙运用，冰雕景观的质感得以细腻呈现，层次感也变得更加生动丰富，仿佛每一处冰面都在诉说着独特的故事。

在冰雕小样的创作进程中，通过造型来精准表现作品所需传达的含义与意境，无疑是摆在冰雕艺术家面前的一项关键课题。作品的造型宛如一种无声的语言，是设计师向观众传递设计理念的重要桥梁。而要成功搭建这座桥梁，绝非易事。它不仅要求艺术家对设计理念有着深刻理解，能够洞察其中蕴含的每一丝情感与思想，还需要艺术家对冰雕材料的特性了如指掌，熟知冰的透明度、硬度、脆性等特点对造型的影响。只有将这两者完美融合，艺术家才能在冰块上自如地创作出理想的造型，让作品在晶莹剔透的冰体中绽放出独特的艺术魅力，使观众在欣赏冰雕作品的瞬间，便能心领神会地感受到创作者想要表达的深远意境。

四、冰雕制作

1. 冰雕艺术制作的基本工具

冰雕艺术需要特定的工具才能完成，而这些工具的选用对于雕刻的效果至关重要。

冰锯是制作大型冰雕最重要的工具之一，一般是包括油锯和电锯两种，由于在零下环境作业，因此油锯通常使用得比较多。冰锯通常通过缓慢而有力的动作来进行切割，主要用于大形体块面塑造，以保持冰块的稳定，能够均匀地切割表面。电锯是制作大型或复杂冰雕不可或缺的工具，它可以更容易地切割出雕塑的雏形。另外，挖掘机和冰钻也常常用于大型冰雕、冰建的制作。冰钻可以快速切割冰块，挖掘机可以迅速地移动和定位冰块，加快制作的速度，但这两种大型工具在进行单体雕塑创作时并不常见。

在制作冰雕时，需要使用专用刀具进行细节处理。运用雕刻刀和雕刻铲能够有效地制作出细致的雕刻效果，如雕刻出动物毛皮的纹理或人脸的神态。抛光机则可以将冰雕表面加工成光滑的效果，在近年来已经成为了冰雕创作的必备工具。还有一些细小的工具，如锤子、钳子和镊子等，可以辅助进行雕刻和细节处理，以创造出最终理想的雕刻效果，常见的包括以下几种。

① 宽铲，其宽大的铲面犹如一位开路先锋，主要用于铲除大块的冰块，为后续创作奠定基础。在冰雕创作的初始阶段，面对巨大的冰块，宽铲能够迅速去除多余部分，将冰块大致塑造成所需的基本形状，并对表面进行找平处理，使其呈现出相对平整的轮廓，为进一步的精细雕刻做好准备。

② 中号铲，作为冰雕大型雕刻的主力军，在塑造冰雕整体形态方面发挥着关键作用。相较于宽铲，它的操作更为精准，能够在保留冰块大致形状的基础上，进行有针对性的铲削，勾勒出冰雕的主要结构和大型特征，如大型冰雕建筑的框架、人物或动物的大致体态等，赋予冰雕作品初步的神韵。

③ 小号铲，专注于冰雕细节的雕琢。其具有小巧灵活的特点，使艺术家能够深入冰雕的细微之处，对局部进行精雕细琢。比如人物面部的表情刻画、动物毛发的纹理呈现等，小号铲都能凭借其精细的操作，将这些细节栩栩如生地展现出来。

④ V字铲，因具有独特的V形刃口，成为雕刻纹路、羽毛、鳞片等特殊细节的得力工具。在创作中，无论是表现禽类羽毛的轻盈质感，还是鱼类鳞片的细腻排列，V字铲都能通过精准的按压与滑动，在冰块表面刻划出深浅、宽窄适宜的纹路，为冰雕作品增添生动逼真的细节。

⑤ 手锯，是冰雕制作过程中不可或缺的工具。它不仅可以用于将大块的冰块锯开，以获取合适大小的冰材，还能在需要粘连冰块时，对冰块的拼接面进行修整，使两块冰能够紧密贴合。手锯的操作需要掌控一定的技巧和力度，以确保切割面平整、光滑，便于后续的拼接与雕刻。

⑥ 冰夹，是搬运冰块的必备工具。由于冰块体积大、重量重，若无冰夹助力，大块的冰几乎难以移动。冰夹能够紧紧夹住冰块，为搬运过程提供稳固的握持，确保冰块在搬运过程中的安全，使艺术家能够顺利地将冰块运输到合适的创作位置。

⑦ 刻刀，主要用于对冰块表面进行细致雕刻，以创造出各种丰富的细节和纹理。它可以在冰块表面轻轻刻划，留下细腻的线条，用于表现物体的轮廓、装饰图案等。刻刀的刀刃锋利且灵活，艺术家能够凭借对力度和角度的精准把握，在冰块上挥洒创意。

⑧ 雕刻刀，相较于刻刀，其更有助于在冰块上雕刻更为细致入微的图案和纹理。它的刀刃通常更为精细，能够深入冰块内部，雕琢出如人物服饰的精致花纹、器物上的繁复装饰等，为冰雕作品注入细腻而丰富的艺术内涵。

⑨ 雕刻锤，与雕刻凿配合使用，通过有节奏地敲击，在冰块上改变形状并创造更多细节。艺术家根据创作需求，控制敲击的力度和频率，利用雕刻凿在冰块上敲打出独特的凹凸效果，塑造出立体感十足的形态，为冰雕作品增添独特的质感和层次感。

⑩ 雕刻凿，是直接作用于冰块进行雕刻和切削的重要工具。它的形状和尺寸多样，能够满足不同的雕刻需求。无论是深入挖掘冰块内部以塑造立体造型，还是对表面进行切削以调整形状，雕刻凿都能胜任，它是实现艺术家创意构思的关键工具之一。

⑪ 雕刻锉，主要用于对冰块进行粗糙的修整和修饰。在雕刻过程中，当冰块表面出现不平整情况或需要去除一些较粗糙的部分时，雕刻锉可以快速地对其进行打磨，使冰块表面更加平滑，同时也能够对一些细节进行初步的塑形，为后续的精细雕刻做好铺垫。

⑫ 热刀，通过使用高温热源加热刀刃，实现对冰块的精细切割和雕刻。热刀的刀刃在高温下能够迅速融化冰块，从而实现一些常规工具难以完成的精细操作，如切割复杂的曲线、塑造特殊的形状等。其操作需要极高的技巧和对温度的精确控制，以避免对冰块造成过度损伤。

⑬ 冰钻，专门用于在冰块上钻孔。在一些需要构建特殊结构或添加装饰元素的冰雕作品中，冰钻能够钻出大小、深浅合适的孔洞，为后续的组装、镶嵌等操作提供便利。

⑭ 冰锯，主要用于对冰块进行切割和修整。它的锯齿设计能够适应冰块的特性，在切割过程中保持相对稳定的切割轨迹，可用于将冰块切割成不同的形状和尺寸，以满足冰雕作品不同部位的需求。

⑮ 电锯，具有强大的动力，可用于快速切割冰块，大大提高工作效率。在处理大型冰块或需要进行大量切割工作时，电锯能够迅速将冰块切割成所需的大致形状，为后续的精细雕刻节省时间和精力。但由于其切割速度快，因此在操作时需要格外小心，以确保切割的准确性。

⑯ 电动直磨机，可以更换各种磨棒，为制作不规则形状提供了丰富的可能性。艺术家可以根据创作需求，选择不同形状和粗细的磨棒，在冰块上打磨出独特的纹理和不规则的表面效果，使冰雕作品呈现出更加自然、独特的形态。

⑰ 电吹风，在冰雕创作中也有着独特的用途。它既可以用于吹掉雕刻后产生的冰沫，保持工作区域的清洁，使冰雕表面更加清晰地展现出来；还可以通过控制温度和距离，使冰雕表面局部融化，从而达到透明效果，增强冰雕作品的艺术感染力。

⑱ 电熨斗，在冰雕组合过程中发挥着重要作用。当需要将几块冰粘贴在一起时，可用电熨斗加热需要粘贴的部位，使冰块表面微微融化，利用冰融化后重新凝固的特性，将冰块牢固地组合在一起，确保冰雕作品的整体性和稳定性。

冰雕艺术的制作需要应用特定的工具和技巧，这些工具和技巧可以帮助冰雕师创造出独一无二的雕刻作品。

2. 冰雕材料选择

在冰雕制作过程中，材料的选择对于作品的成败至关重要。常用的冰雕材料有天然冰块、人工制冰块等。

天然冰块，作为冰雕艺术传承至今的传统材料，承载着深厚的历史底蕴。其来源广泛，通常采自江河、湖泊等自然水体，这种自然馈赠的冰块，拥有浑然天成的质感与纹理，仿佛自带大自然的鬼斧神工。因其具备良好的透明度与光泽度，在光线的折射下，能营造出如梦如幻的视觉效果，故而尤其适用于塑造大型冰雕作品，如气势恢宏的冰雕城堡、栩栩如生的神话人物群像等。然而，天然冰块并非十全十美，它的质地相对脆弱，在开采、搬运以及雕刻过程中，稍有不慎便可能破碎，前功尽弃。而且，其对温度较为敏感，具有易融化的特性，这使得冰雕作品的保存与展示面临挑战。因此，从制作伊始到保护与运输的各个环节，都需小心翼翼，精心筹备，以确保天然冰块在创作过程中发挥其独特优势。

人工制冰块，则是随着科技发展应运而生的新型冰雕材料。与天然冰块相比，人工制冰块在硬度上具有显著优势，这使得它在雕刻过程中不易破碎，且具备较强的抗融化能力，能够在相对较长的时间内保持作品的完整性。基于这些特性，人工制冰块特别适用于制作中小型冰雕作品，如精致的动物造型、小巧玲珑的景观小品等。人工制冰块的制作方法灵活多样，既可以通过简单的冻水工序，制成规则的方块状冰块，为基础造型提供便利；也能够借助模具，塑造出各种独特形状的冰砖，满足不同创意的需求。不过，人工制冰块也存在一定局限，其通透性较天然冰块略逊一筹，在光线的穿透与反射效果上稍显逊色。

冰粉，作为专业冰雕领域常见的材料，其主要成分是非乳化食品添加剂，具备一些独特的物理属性。冰粉具有良好的延展性与可塑性，能够让艺术家如同在柔软的面团上进行创作，随心所欲地塑造出各种复杂而精细的形状。同时，它还拥有出色的保水性，有助于延长冰雕作品的展示时间。然而，冰粉也并非毫无缺点。其颜色往往偏灰，与人们对冰雕纯净洁白的传统印象有所偏差，而且表面较为光滑，这增加了雕刻的难度，稍不留意，工具便容易滑落。此外，冰粉的质地相对较脆，在雕刻或搬运过程中，容易出现碎裂的情况。鉴于这些特点，冰粉一般不太适合用于制作户外冰雕作品，更多地应用于室内相对稳定的环境中。

冷冻膏，作为一种高科技冰雕材料，在国内的应用尚处于起步阶段，尚未广泛普及。它以独特的性能优势，为冰雕艺术带来了全新的创作可能性。冷冻膏冷却速度快，能够迅速凝固成型，大大缩短了创作周期。更为突出的是，它能够支持3D冰雕创作，艺术家可以借此突破传统平面与简单立体的限制，创造出极具立体感与空间感的冰雕作品。然而，冷冻膏的使用也面临着诸多挑战。一方面，其成本较高，这使得大规模使用受到限制；另一方面，在制作过程中，对技术要求极为严格，艺术家只有具备专业的知识与熟练的操作技巧，才能充分发挥冷冻膏的优势。

在冰雕创作过程中，选择适合的冰雕材料非常重要，需要根据作品的大小、风格、主题等因素慎重考虑。在制作过程中也要注意掌握好不同材料的使用方法，这样才能制作出符合要求的优秀作品。

3. 冰雕艺术制作流程

冰雕艺术的制作流程从任务委托、设计、准备材料、现场粗加工、精加工、细节处理到成品保护依次进行。初步设计工作至关重要。在初步设计阶段，制作者一般会在纸上绘出一个大致形状的轮廓图，也有用酒精和毛笔在冰面上直接绘制轮廓的，以此为基础，逐步将其塑造成最终设计图纸上的形象。

冰雕艺术家需要准备材料，如水、冰、食用染料等。他们会把冷却好的水装进容器里，或是通过制冰机制作冰块，这种方式通常用在小型冰雕创作上，制作大型冰雕时，需要在户外开采冰块，以满足制作需求。

在大轮廓塑造时，艺术家需要把底层块从材料块中凿出，并雕刻出所需的形状。这个过程需要非常仔细地计量，确保每个形状的大小正确，大面积的补冰将是非常困难的操作。随后，艺术家会将每一个细节添加到冰面之上，并继续进行较为烦琐的细节塑造阶段。

在细节塑造时，雕塑家通常使用冰雕刀、直磨机等工具逐渐将冰块雕刻成细致的形状。冰雕艺术是一种带有挑战性的艺术形式，其材质较为脆弱，因此需要艺术家具有出色的技巧和创造性的想象力，才能使雕塑细腻而不失生动。

在细节处理阶段，艺术家会将冰块进行细节加工，如切割冰面和用染料上色等。他们利用各种颜色，表现出寒冷的气氛和复杂的人物表情，确保所有元素效果逼真而完美。

为了保持冰雕的完整性和长久展示，雕刻家需要在制品四周围上保护层，从而避免在展示之前遭到损坏。

制作一件冰雕作品是一个非常耗时、耗费精力的过程，需要充分准备和小心谨慎。在冰雕作品制作的每一个阶段，雕塑家都需要具有持之以恒的精神和巨大的耐心。

4. 冰雕创作的细节处理技巧

冰雕创作所需要的细节处理技巧在现有文献记录中有少量记载，不足以形成有效传承性文件。细节处理的好坏直接影响着作品的质量和审美价值，所以对于冰雕创作的细节处理有必要进行记录和整理。在冰雕艺术中，细节处理包括各个方面，包括雕刻的精度和细腻度、雕刻的深度和广度以及作品展现出来的装饰细节。

雕刻的精度和细腻度取决于冰雕师的作品思路和制作水平。冰雕作品的细节处理要求设计师雕刻时更加精确和细腻，尤其是在刻画霜花和冰纹路时。为了保证肌理的呈现效果，不仅需要技巧娴熟，同时也需要不断地摸索经验，丰富的经验是作品质量的重要保障，比如哈尔滨师范大学创作的小兔子冰雕，其绒毛就是利用喷壶瞬间凝结成冰的原理进行创作的。

雕塑作品的深度和广度也是重要指标。雕刻的深度和广度需要恰到好处。因为冰雕作品一般都是大众喜闻乐见的题材，雕刻的深度有一定的规范和标准，不能够过于晦涩难懂。而雕刻的广度也应该适度，不能过于夸张，要考虑受众群体的年龄跨度，上至老年人下至儿童都应该能与之有所互动。

在冰雕艺术中，装饰细节是非常重要的一环。有很多冰雕作品是装饰性的冰雕，而非具象性冰雕，云纹、雪花、树叶、动物纹样等都是常用的装饰图形，雕刻好装饰细节能够更加完整地呈现出作品所要表达的意境和气氛。在雕刻细节的过程中，艺术家应根据作品的主题和风格来添加不同形式的装饰物，丰富作品的层次感。比如在长白山国际冰雪节中，艺术家就利用水花装饰烘托主题雕塑"波塞冬"的形象。

冰雕艺术的细节处理对于作品的质量和审美价值都有着至关重要的作用。只有从雕刻的精度和细腻度、雕刻的深度和广度以及作品的装饰细节等方面加以完美呈现，才能够创作出符合人们审美需求的高品质冰雕作品。

5. 冰雕保护与展示

随着冰雕制作工艺的提高，艺术家逐渐探索出许多冰雕的保护和展示技术，可以让冰雕更加长久地保存，同时可以将相应的图片、模型保存下来。冰雕的保护技术在冰雕展示中必不可少，因为冰雕本身容易融化，而且材料本身易碎，最基本的保护方式是保持低温，也要避免阳光照射，同时更应避免强风等恶劣天气。除了做好以上措施以外，还需要加强冰雕表面的保护措施。

许多设计师会在冰雕表面喷洒一层凝固剂，使用凝固剂可以加强表面保护，防止冰雕出现裂痕，导致坍塌。在冰雕展示过程中，展示技术也比较重要，冰雕作品展示的角度和在景区的位置、景观观测点，都需要专业设计师进行现场调节。在夜晚，最好能够借助灯光来提升冰雕的视觉效果，通过灯光的加入增强其观赏性。在现场展示过程中，还需要注意冰雕的安全性能，对于大型的、过高的冰雕作品，要避免游客碰撞。在超过三米的冰雕作品周围要设置隔离，这是保证冰雕本身美观度和完整性的必要手段，同时也能避免游客发生危险。

在冰雕的创作过程中，需要加强策划，策划也是展示冰雕的非常重要的工作，通过策划旅游路线、冰雕制作时长、冰雕展示角度、整个园区的划分，以及选择不同的图案和主题来进行冰雕场所的制作，可以增强旅游区游客的观赏体验。

可见，冰雕保护与展示是冰雕制作过程中必不可少的一部分，能够保护冰雕作品的完整性，展示冰雕的美丽与独特之处。在展示冰雕作品时，人们需要注意各方面的安全和细节，确保冰雕作品的完美呈现。

五、冰雕艺术应用

冰雕艺术具有观赏性和实用性，主要应用在围绕旅游业展开的商业展示、庆典活动和建筑艺术等领域。

冰雕艺术不仅能为旅游景点增色添彩，而且能为游客留下美好的回忆。冰雕雪塑节、冰雪艺术博览会、冰雪灯光节等活动已经成为东北城市冬季旅游的最美名片，吸引了大量五湖四海的游客前来观赏。在冰雪旅游的发展中，冰雕艺术也为旅游业提供了重要的支撑，促进了冰雪旅游的不断发展和壮大。黑龙江的冰雪底蕴深厚，这也为全国后来的冰雪艺术创作打下了基础。

在商业展示中，冰雕艺术被广泛应用。商业展示不仅需要具备吸引人的外观，更需要与展示的商品或服务相匹配，以便达到更好的宣传效果。冰雕艺术是一种新颖又独特的展示手段，因此很多南方的城市也会开展室内冰雕活动，从而有效地吸引人们的注意力，通过冰雕展现企业形象、创作特色艺术、展现文化内涵，为企业带来更好的宣传效果和商业价值。

在冰雪旅游区的庆典活动中，冰雕艺术也得到了广泛的应用。各种形式的庆典活动，如冰雪节开幕活动、新年晚会、节日庆典等，都可以利用冰雕艺术来增进喜庆气氛、表达祝福和祝愿，为活动注入更加浓烈的节日气氛，让人们倍感热闹和喜庆。

冰雕艺术在建筑艺术中的应用是近年来冰雪旅游区景观创作的一个重要思路。哈尔滨冰雪大世界每年都会现场制作大量的冰建，满足游客的需求。冰雕艺术的透明性质能赋予建筑物更深刻的内涵和气质。建筑结构的多样性越来越引发人们的深思，冰雕艺术在建筑艺术中的应用也正是顺应了这一趋势。

冰雕艺术在建筑艺术中可以作为一种装饰性的构筑物使用。冰雕艺术作品可以让建筑物的边缘变得更加柔和，不再呈现硬朗的直线和棱角。这种效果能使冬季建筑物变得更加富有魅力，也会更加和谐。在建筑景观环境中运用冰雕作品装点，能够更好地反映出建筑的主题和自然环境风貌。

建筑物中的冰雕装饰艺术可以传达一定的观念和情感。通过雕刻特定的图案、纹饰和色彩，可以在建筑物中传达出独有的情感符号，增添建筑的价值和内涵。在纪念馆中，雕刻具有标志性和象征意义的冰雕纪念碑，可以传达出对于特定历史事件的追忆之情。

在建筑艺术中应用冰雕景观还能够增添视觉上的效果。利用冰雕作品独特的属性，如透明、光滑和反射，可以获得与众不同的视觉效果。在建筑景观环境中应用冰雕艺术，不仅可以使建筑物更加精美，同时也可以吸引人们的目光，获得良好的景观观赏效果。

在建筑艺术中应用冰雕作为景观元素是一种创新的建筑景观创作方式。冰雕艺术通过独特的透明艺术效果，可以为建筑物增添内涵和气氛，使其更特别且更吸引人。冰雕艺术在建筑艺术中的应用越来越受到设计师的青睐，在建筑景观环境中将会出现越来越多的冰雕艺术作品。

冰雕艺术在商业展示、庆典活动和建筑艺术等领域中都得到了广泛的应用。期待未来冰雪旅游景区冰雕艺术的应用能够更加多样化，为冰雪旅游资源利用提供新的思路。

六、国内外冰雕艺术家及其代表作品

随着冰雕技术的不断提升和创新，越来越多的艺术家开始将冰雕作为一种表现方式，创作出许多精美的冰雕艺术品，国内外也涌现出了许多著名的冰雕艺术家。

杨世昌，作为哈尔滨冰雕艺术的创始人之一，在中国冰雕艺术发展史上留下了浓墨重彩的一笔。他创作的《工农兵群像》，堪称中国冰雕艺术的开山之作，这座大型冰雕，以其宏伟的规模、生动的人物塑造，开启了中国冰雕艺术的崭新篇章。杨世昌不仅专注于创作，还致力于将冰雕艺术推向世界。他带领学生们踏上全球之旅，活跃于加拿大、瑞士、日本等国家举办的国际冰雕赛事，凭借卓越技艺屡获金奖，让世界见证了中国冰雕艺术的魅力。他的努力得到了广泛认可，连美国前国务卿基辛格博士都特意向他致信表示感谢。信中，基辛格对杨世昌将冰雪艺术传播到美国，促进中美文化交流表达了诚挚谢意。杨世昌以冰为媒，架起了文化沟通的桥梁，让冰雪艺术在世界舞台上绽放光彩。

哈尔滨师范大学美术学院副教授张鑫同样是中国冰雕艺术领域的杰出人物。他凭借着深厚的艺术功底和对不同历史文化的精准把握，在冰雕创作的舞台上大放异彩。他的作品往往以特定历史时期的文化风貌为切入点，将那些辉煌时代的场景与神韵以冰雕的形式精彩呈现。就像《盛唐颂歌》，张鑫耗时16天精心雕琢，这件作品长7米、宽2米、高4米，使用了100块以上长1米、宽0.5米、高0.25米的冰材。他通过细腻的塑造，将抱着乐器的仕女那优雅的姿态、奔腾骏马的飒爽英姿完美呈现，"马踏飞日月，手可摘星辰"，大唐盛世国泰民安的繁荣景象在冰雕中栩栩如生，仿佛将观者带回了那个辉煌的时代。而那件位于冰雪体验营门口的《战国璧》冰雕作品，高1.6米，用冰量约2立方米，由张鑫携手他的研究生张旭仅历时两个小时便创作完成。创作时，刻刀上下舞动，冰块上飞溅的飞沫随风飘散。现场的围观游客跟随着张鑫的"冰上笔触"，从粗雕的轮廓勾勒，到细雕的细节雕琢，再到整修的精心调整、打磨的细致处理，真切地感受到了冰雪艺术创作所带来的独一无二的魅力，每一刀都仿佛赋予了冰块新的生命与灵魂。

Dorjsuren Lkhagvadorj是蒙古国第一位从事冰雕创作的冰雕艺术家。其作品《水神》在2017第三届长白山国际冰雪雕大赛获得了金奖，展现了极高的艺术水准。在这件作品中，水神的形象栩栩如生，通过冰雕特有的晶莹质感，仿佛能看到水神身上流动的"水韵"。水神的姿态优雅而灵动，衣袂飘飘似随水波舞动，眼神中透着神秘与威严，仿佛掌控着无尽的水域力量。整个作品线条流畅，细节处理精妙，将水神的神韵与冰的自然之美完美融合，让人感受到冰雕艺术与神话主题结合所产生的独特魅力。

美国的Roger Wing是一位富有创意和才华的冰雕艺术家。在2017年，他创作了冰雕作品《光的给予者》。这件作品的灵感源自长白山，其蕴含着深刻的寓意。作品塑造了一个较为高大的形象，阳光且积极向上，这样具有"正能量"意义的形象可以在视觉上给人带来温暖，同时通过阳光的形象，可以传递友善，传递对美好生活的向往。Roger Wing通过精湛的冰雕技艺，将这一美好的寓意完美地呈现在作品之中，赋予了冰块以生命和情感。其作品《卡珊德拉》以卡珊德拉从梦中醒来时的惊恐状态为主题进行创作。在零下20多度的天气下，Roger Wing投入大量时间和精力，雕刻了七八个小时，通过精湛的技艺，将卡珊德拉惊恐的神态生动地展现出来，赋予了作品极大的活力，让观众能够感受到作品所传达的情感和故事。

此外，在国际上，俄罗斯艺术家的冰雕作品常常以宏大的历史场景为主题，如再现古代战争场面或历史名城的冰雕，展现出俄罗斯民族的豪迈与厚重的历史感。在国内，有许多艺术家创作以传统节日为主题的冰雕，如春节的舞龙舞狮、元宵节的花灯等，将节日的欢乐氛围通过冰雕艺术展现得淋漓尽致。

这些著名的冰雕艺术家及其代表作品，犹如一座座灯塔，照亮了现代冰雕艺术在技法与艺术表现方面不断创新突破的道路。他们的创作不仅极大地丰富了艺术的形式与内涵，更为后来者提供了无数宝贵的学习与借鉴机会，激励着更多人投身于冰雕艺术的创作之中，共同推动这一独特艺术形式不断向前发展。

第二节

雪雕艺术

一、雪雕艺术概念

从艺术形式的角度来看，雪雕艺术是雕塑艺术的一种形式。它像其他的雕塑艺术一样，也是一种三维空间雕塑艺术，但它有许多其他雕塑艺术所没有的特殊表现方式。不同于石雕、木雕、铁雕等各种利用常见雕塑材料的雕塑艺术，在创作雪雕艺术作品时，需要借助雪这种特殊材料的特性，如其细腻的纹理、柔软易塑等特性，因此往往需要较高的技巧、经验和耐心。

从表现方式上来看，雪雕艺术与其他雕塑不一样，有其独特的表现方式。在雪雕艺术现场制作初期，通常先是进行最基础的轮廓塑造，然后是雕塑的雕琢和修饰，最后是通过表面的打磨处理形成质感，才能完成雪雕作品的最终形态。在创作过程中，雪雕艺术家需要全神贯注，根据图纸以及现场环境不断调整，才能达到艺术品质良好的目的。

二、雪雕艺术起源和发展历程

雪雕艺术是一种利用雪这种纯自然材料的雕塑艺术，西方雪雕艺术的起源可以追溯到中世纪时期的欧洲，在那时，它被广泛地运用在圣诞节庆祝活动中，用于创造各种雪人造型。

现代雪雕艺术的起源可以追溯至20世纪早期，学术界普遍认为它的发源地是瑞士的戈尔德。在瑞士，一群雕塑艺术家开始用雪来进行雕塑创作，将雪经过一定处理，用手和刀在雪块上刻画出精细的轮廓和纹理。

随着冰雪景观艺术的不断普及和冰雪旅游经济的火热，雪雕艺术开始飞速发展，成为了一种广泛应用于各类冰雪旅游景区、公共场所及冰雪景观乐园的重要艺术形式。纽约的洛克菲勒中心、北京的奥运村都曾经是雪雕艺术展示的舞台，每年冬天在阿尔卑斯山中会举办大规模的世界雪雕艺术节，世界各地的艺术家都会在此展示他们的最新创作。

雪雕艺术的形成，源于人们通过长期对自然雪的观察和认识而进行的独创性的艺术创作，历经了数百年的交流和碰撞，它最终成为了一种艺术形式，成为了当今与旅游经济结合得最好的纯艺术形式。

三、雪雕艺术在世界各地的传播和发展

从北欧到亚洲，从北美到南极洲，雪雕艺术在世界各地有着不同的发展历程和风格特点。在一些寒冷的国家和地区，雪雕比赛和节日已经成为当地的重要文化习俗。各地雪雕艺术在世界范围内的传播和发展，不仅体现了当地的地域文化特色，也为全球文化的交流与互动作出了贡献。

在欧洲国家，尤其是在北欧，雪雕制作工艺的发展得益于良好的传统。在挪威、瑞典、芬兰和冰岛等国，雪雕艺术节已经成为固定节日，每年都会吸引众多的游客。同时，这些国家产生了很多著名雪雕艺术家，使当地的雪雕艺术达到了世界一流的水平。

亚洲也有着独具风格的雪雕艺术。中国、韩国以及日本同样把雪雕作为重要的艺术文化活动。尤其是我国的哈尔滨以及日本的札幌，每年都会举办雪雕比赛，吸引了来自世界各地的顶尖雕刻家前来参加，展现出了不同国家对于雪雕艺术的理解和高深的造诣。

在加拿大，人们会在温哥华等地举办雪雕节活动。作为加拿大传统文化的一部分，雪雕艺术创作已经深入当地人的生活中。美国的雪雕艺术约始于20世纪，在最初的几十年里并不被人所熟知。但是随着雪雕艺术的普及，也由于美国的阿拉斯加州十分适合冰雪景观创作，雪雕节也已经成为美国北部城市艺术创作的重要形式之一。

雪雕艺术作为一种独具特色的立体艺术形式，在世界范围内拥有着广阔的发展空间和深厚的历史渊源。其在不同地域、不同文化背景下的发展和融合，为人类文化的多元与交流注入了新的价值和能量。

四、雪雕艺术制作

雪雕，作为一种独特的艺术形式，以冰雪这一极易融化的自然材料为创作媒介，其制作工艺蕴含着独特的魅力与挑战。在冰雪的世界里，艺术家凭借精湛的技艺，将雪塑造成为一件件令人叹为观止的艺术品。

雪雕创作的起点，在于对材料的精心挑选。并非所有的雪都适合用来雕琢，雪雕的基础材料有着严格的要求。理想的雪应当既松软又密实，具备良好的粘结性。松软的质地便于工具的切入，而密实则保证了雪雕在雕刻过程中不会轻易崩塌。粘结性好能让雪块紧密结合，为后续的造型奠定基础。在实际选材时，要依据制作的具体需求来甄别不同的雪质。若是打造大型的雪雕景观，就需要雪质更为密实、坚固，以支撑起庞大的结构；而创作细腻的小型雪雕作品，则可以选择稍显松软、更易于精细雕琢的雪。这种对材料特性的精准把握，是雪雕成功的基石。

雪雕艺术的实现，离不开各种各样的工具和器材。刻刀、锯子、刨刀、铲子等，它们如同艺术家手中的魔法棒，赋予了雪以生命。刻刀用于勾勒细节，锯子用于切割大块雪体，刨刀用于平整表面，铲子则用于初步的堆雪造型。使用这些工具的熟练程度，直接决定了雪雕作品的精美程度。在使用工具时，用力的技巧和力度的掌握至关重要。例如，使用刻刀时，力度过轻无法深入雪层，难以展现细节；力度过重则可能导致雪块破碎，前功尽弃。只有通过长期的实践，艺术家才能精准地驾驭这些工具，将自己的创意完美呈现。

雪雕景观的现场制作，是一场技巧与耐心的较量。许多经验丰富的艺术家喜欢先制作底座，这一步骤就如同为整座建筑打下坚实的根基。底座不仅要承受整个雪雕的重量，还要确保其在不同环境下的稳定性。完成底座后，再逐层向上雕刻。这种方式可以保证雪雕作品的整体稳定性，尤其是保证最顶部的雕刻不会因底部支撑不足而出现塌陷的危险。同时，艺术家需要熟练掌握雪雕艺术中的多种雕刻技法。切割，能够将雪体按照设计要求被分割成不同的部分；刨刻，可以塑造出雪雕的基本形状和表面质感；镂空，能让雪雕产生通透感，使光影在其中穿梭，增添神秘氛围；仿浮，能使雪雕呈现出类似浮雕的立体感；抠齿，能创造出独特的纹理和细节。通过这些技法的巧妙运用，能为雪雕作品注入灵魂，使其变得更加生动、立体。

然而，雪雕的制作过程并非一帆风顺，调整和修补是必不可少的环节。与冰雕相比，雪雕补材料的难度更大。雪的结构相对松散，填补材料时更难与原雪体完美融合。在补材料时，同样需要运用到各种制作工具和填充技巧。若是大面积缺少材料，往往会造成不可逆的情况，这对雪雕作品来说可能是致命的打击。因此，在前期进行雪雕创作时，仔细确定好图纸就显得尤为重要。一份详尽的图纸，能够帮助艺术家在创作过程中有条不紊地进行，减少失误，从而提高雪雕作品的完整度。

雪雕艺术的制作是技术与艺术的完美融合。雪雕艺术家往往在一线奋斗多年，他们对材料的特性和制作技巧有着深刻的理解。这份理解，源于无数次的实践与探索。他们在严寒中挥洒汗水，用手中的工具在雪的世界里尽情驰骋。通过多年的积累，他们将自己对艺术的感悟与精湛的技艺相结合，创造出生动且富有艺术性的雪雕作品。这些作品，不仅是冰雪的艺术结晶，更是艺术家对生活、对自然的独特表达。它们在短暂的存在时间里，向世人展示着雪雕艺术的独特魅力，成为人们心中难以磨灭的美好记忆。

五、雪雕艺术特点

雪雕艺术作为一种以雪为主要材料、以雕刻为创作手段的艺术形式，由于其所使用的主要材料具有独特的特点，所以它在雕塑的艺术领域中是一种独具魅力的雕塑表现形式。

雪雕使用的主要材料就是自然中的雪，当然后期也同样需要对这种材料进行加工。天然的雪是一种季节性的材料，只有在冬季才能够获取。这种材料的特性决定了在其他季节没办法进行雪雕创作，而且在温度升高的时候，也会使雪雕景观丧失其初始的结构。因此，雪雕艺术的特点决定了其制作时间比较短。而且从其本身的性质上来讲，雪本身的特点是比较软，可塑性比较强，但是天然雪容易松散，所以需要经过一定的处理，使其形成有一定强度的雪块，以便雪雕艺术家在创作时能随心所欲地雕刻。此外，雪雕艺术的另一个材料特点在于其易融化性。由于雪在室温下极易融化，需要在制作过程当中保持低温状态，以保证雪雕作品的完整度，所以在制作雪雕作品的过程中，冷库、冰块、风扇等工具成为雕塑家必备的制作工具。

除了材料特点外，雪雕艺术的制作工艺同样是雪雕作品的特点之一。在雪雕制作过程中，艺术家需要了解雪雕的制作要求及其所在位置，进行前期的设计，在这个过程中所展示出的技艺和创意是判定雪雕艺术品质的最直接因素。

雪雕艺术在材料和制作工艺方面都别具特点。雕塑艺术家在制作雪雕作品过程中，既需要融合自己的创意理念，又要选择适合的工具和技艺，以形成自己独特的创作风格。

六、雪雕艺术应用

雪雕艺术在东北城市景观中的应用已经越来越普遍，并成为一道亮丽的风景线。随着城市化建设的快速发展，人们对城市景观的要求越来越高，东北三省尤其是黑龙江和吉林的很多城市都开始利用雪雕艺术来丰富城市景观，例如创作出既梦幻又高大的雪人、栩栩如生的动物、晶莹剔透的建筑等。这些作品不仅美丽、精巧，而且充满了生命力，给北方城市带来生机和特殊的魅力。雪雕艺术在城市景观中的应用越来越受到景观设计师及城市规划部门的重视。

雪雕艺术在北方商业街中也有着重要的应用。通常，商业街举办的活动是人们娱乐生活中不可或缺的一部分，而雪雕艺术正是这些活动中的重要组成部分之一。无论是在春节、元宵节还是在冰雪节等各种节庆活动中，雪雕艺术都会出现在人们的视野中。利用雪雕艺术可以创造出各种各样的形态，例如吉祥物、神话故事中的人物、城市地标等，这些作品不仅让人们感受到了节日的气氛，而且充满了寒地城市的文化内涵。

在冰雪旅游景点中，雪雕艺术也被广泛应用。冰雪是东北地区著名的自然景观之一，而雪雕艺术更是将这种景观发挥到了极致。每年冰雪季节，很多旅游景点都会举办雪雕艺术创作比赛和展览，凭借冰雪名片吸引着大量游客前来观赏。这些雪雕作品不仅为城市增添了特色，而且其展现出的精湛的雕琢技巧也让人惊叹不已。在哈尔滨冰雪大世界中还有一些大型的雪雕乐园，有的会选取年轻人喜闻乐见的动漫或者游戏题材进行创作，这些乐园中不仅有着各种各样的雪雕作品，而且还有各种雪雕活动和竞赛，深受游客喜爱。雪雕竞赛是一项高难度的技术展现活动，需要艺术家在寒冷的环境中创造出各种各样的雪雕形态。在国内外各类雪雕竞赛中，许多优秀的雪雕作品纷纷涌现出来，这些作品不仅展现了冰雪艺术的魅力，而且让雪雕艺术得到了交流、借鉴，进而进一步发展。

雪雕艺术在城市景观、寒地城市的商业活动、冰雪旅游景点等领域的应用，证明了雪雕艺术对于城市的商业价值和人文价值。

第五章

国外冰雪旅游景观设计实践

第一节

北欧的冰雪旅游景观设计及冰雪雕艺术

一、北欧的冰雪旅游景观设计案例

北欧地区冰雪资源丰富，有许多冰雪运动强国，其冰雪旅游景观世界闻名，备受瞩目。北欧的冰雪旅游景观设计丰富多样，既融合了自然美景，又注重建筑和艺术的创新，让游客感受到北欧的独特魅力。以下介绍四个典型的北欧冰雪旅游景观设计案例。

1. 尤卡斯耶尔维冰酒店

冰酒店是坐落在瑞典北部尤卡斯耶尔维村（Jukkasjärvi）的一个著名旅游景点。这家酒店全年以雪和冰为主要建筑材料，每年冬季重建，到了夏季酒店就会融化。冰酒店的设计灵感来自当地的萨米文化，酒店的内部装饰也以当地文化为主题，如萨米人织物和芬兰北部艺术品。冰酒店的客房设计既能满足游客对冰雪的好奇心理又不失舒适度，床铺和床上用品都从芬兰进口，为客人提供了非常舒适的睡眠环境。冰酒店还拥有一个冰酒吧，酒吧的桌子、椅子和饮料杯都是用冰雕成的。整个酒店环境宛如童话世界一般。

2. 北极圈冰屋

在挪威北部的北极圈附近，坐落着一处冰屋旅游景观。这些冰屋的设计灵感来源于北极的自然环境，它们通常是由冰块和雪堆建成的。这些冰屋内部具有最基础的设施，如暖气、厕所和床铺等，同时也有大尺寸的观景平台，能让人欣赏寒带自然风光。冰屋的设计非常特别，因为它们需要在极寒的气候条件下建造，所以设计师需要考虑如何在以冰和雪作为建筑材料的同时保持建筑室内的温度。冰屋的设计非常注重细节和创意，它们不仅是重要旅游景点，也是对一种独特建筑方式的探索。

3. 挪威北极雪酒店

挪威北极雪酒店（Arctic Snow Hotel）是挪威北部的一家以冰雪为主题的酒店，每年11月开放，次年4月关闭。酒店建筑由挪威当地的建筑师和冰雪艺术家共同设计，主要以冰块和雪为建筑材料。酒店内部的空间都是由冰雕制成的，其中包括酒吧、客房、餐厅和礼堂等各种场所，甚至装饰品和家具也都是用冰制作的。酒店的设计灵感来自挪威北部的自然景观和传统文化，既保留了冰雪材料视觉上的美感，又能够保证游客的舒适度和实用性。这座雪酒店每年都会吸引无数游客前来参观、住宿和体验北极风情。

4. 芬兰圣诞老人村

芬兰圣诞老人村（Santa Claus Village）位于芬兰北部的拉普兰地区，是一个以圣诞主题为特色的旅游景点。村庄内部设计灵感来自北欧传统建筑和圣诞文化，有红色木屋、灯笼、圣诞树等元素。圣诞老人村内部还有一个圣诞老人的办公室，人们可以在这里与圣诞老人见面、许愿并拍照。旅游景观区内还有圣诞礼品店、雪地主题公园和冰酒店等，吸引了世界各地的大量游客前来观光和体验。整个村庄以圣诞为主题，既有趣味性，又富有北欧文化特色和地域自然风光特色，是值得参考的成功冰雪旅游景观设计案例。

由此可见，北欧冰雪旅游景观的设计案例非常多样化，从冰酒店到冰屋以及圣诞老人村等，每个冰雪旅游景点都有其特色和艺术魅力。除了以上介绍的典型设计案例，北欧还有许多值得借鉴的冰雪旅游景观。例如，芬兰的极光村（Aurora Village）是一个以观赏极光为主题的旅游景点，这里能够为游客提供高品质的住宿环境和极光观赏体验，适合经济收入较高的人群。瑞典的里克斯格兰森（Riksgränsen）雪场被誉为"瑞典最好的滑雪场"，它是世界最北端的滑雪胜地，位于瑞典、芬兰和挪威交界处，拥有大量积雪，垂直落差387米，有29条滑雪道、6架缆车、60座海拔超1200米的山峰。挪威的卑尔根（Bergen）坐落在碧湾之中，背靠高山，面朝大海，风景如画。在这里，游客可以感受到挪威独特的冰雪魅力，也可以领略到这座古老城市的深厚文化底蕴。

这些北欧优秀的冰雪旅游景观设计案例展示了历代设计师的创新思维以及冰雪景观创作与自然和谐共生的实践，为游客们提供了一个个体验北欧冬季文化的场所。这些冰雪旅游景观不仅可以满足游客的观光需求，还能让他们感受到北欧独特的自然环境和文化氛围。这些冰雪旅游景观的设计也为设计师和冰雪雕塑家提供了灵感，有助于他们探索更多新颖、富有创意的设计思路，为冰雪旅游景观的发展作出了贡献。

二、北欧的冰雕艺术

北欧地区的冰雕艺术历史十分悠久，可以追溯到几千年前。古代，北欧人民利用当地丰富的冰雪资源创造了许多精美的冰雕艺术作品，如冰雕塑、冰装饰、冰屋等。到了现代，随着科技的成熟和工艺的不断发展，北欧的冰雕艺术发生了巨大的变化，冰雕作品日益成熟和精湛。北欧已成为国际上冰雕艺术创作的领先阵地，许多冰雕艺术家在北欧地区建立了自己的工作室，创作出了许多著名的冰雕作品。

北欧的冰雕艺术有着独特的艺术特色，体现在以下几个方面。

① 简洁大方：北欧的冰雕艺术注重简洁大方，追求几何形态、极致的线条和形状。北欧的冰雕艺术家通常会选择纯净的天然冰块，通过精湛的切割和雕刻技术，创造出流畅的线条和简洁的形状。这种几何状、简洁的风格，使北欧的冰雕艺术在视觉上更具冲击力，也更容易传达出艺术家的创作意图。比如在哈尔滨国际冰雪节获奖的作品中，欧洲艺术家通常会创作造型多变的冰雕艺术作品。

② 原材料取自自然：在北欧的冰雕艺术中，艺术家通常选择自然的冰雪作为原材料。这种做法不仅可以实现资源的回收利用，也更能体现就地取材的文化传统。冰雕艺术家会根据冰块的质地、形状和大小，选择不同的雕刻工具和技术来创作作品。

③ 文化创意独特：北欧地区的人们常常利用冰雕艺术来表现自己的文化传统、历史和民俗风情。在瑞典的卡尔马城堡（Kalmar Castle）每年举办的冰雕节中，艺术家都会以当地的历史和文化为主题，创作出许多极具瑞典特色的冰雕作品。这种创作模式不仅为北欧的冰雕艺术增加了独特的魅力，也在文化传承方面为北欧地区作出了卓越贡献，值得借鉴。

④ 技艺精湛：北欧的冰雕艺术家们通常经过多年的学习和实践，以师傅带徒弟的形式传承精湛的技艺。在切割和雕刻冰块的过程中，他们需要处理各种细节和问题，包括图纸上造型的呈现，以及冰块的质地、形状、温度等。冰雕艺术家具有高超的技术和创作能力，能够将冰块切割和雕刻成各种流畅且富有变化的形状和线条，为冰雕作品注入更多的艺术感染力。

北欧的冰雕艺术在各个领域都得到了广泛的应用。在北欧的公共场所中，经常可以看到各种精美的冰雕装饰。例如，芬兰的赫尔辛基集市广场（Helsinki Market Square）在冬季会展示许多艺术家创作的冰雕作品，吸引大量游客驻足观赏这些美轮美奂的作品。这些冰雕作品不仅美观，也体现了公共场所的公共文化特征。

北欧的冰雕艺术也常常被应用于艺术展览和博物馆展览中。例如，瑞典的北欧博物馆（Nordic Museum）曾经举办过一场名为"北欧的冰雪"的展览，展示了许多冰雕作品，让游客欣赏到了经典的北欧冰雕艺术。在北欧的相关节庆活动中，冰雕艺术也扮演着重要的角色。每年圣诞节都会有巨大的冰雕作品诞生，例如，瑞典的耶夫勒市每年都会举办一场名为"冰雕节"的庆典，冰雕艺术家报名后便可以在庆典中展示自己的作品，能吸引众多游客前来观赏，体验冰雕文化的乐趣。

北欧的冰雕艺术在发展过程中也面临着一些挑战和困难。其中最大的挑战就是气候变化。因为有洋流的存在，北欧在同纬度地区中属于气温较高的区域，随着全球气候变暖，北欧地区的冬季变得越来越短，冰雪资源也越来越匮乏。对于当地和慕名而来的冰雕艺术家来说，这意味着他们需要更加注重资源的保护和利用，同时，冰雕艺术家也需要开始采用更加环保和可持续的材料和技术，以保证冰雕作品的完整性，在温度适宜的情况下尽量延长冰雕作品的存在时长。

另外，北欧的冰雕艺术在传承和发展过程中，也需要更多的政策和经济支持。政府和相关机构应该制定更加完善的政策和措施，为冰雕艺术家提供更好的创作环境和条件，同时也需要加大对冰雕艺术的宣传和推广力度，让更多的人认识并了解这种独特的艺术形式。

由此可见，北欧的冰雕艺术是一种独特的雕塑艺术，因其普及性高，造就了北欧浓厚的冰雪文化和艺术氛围。冰雕艺术家通过精湛的技艺和创意，创造出许多美轮美奂的冰雕作品，为北欧地区冰雪文化的传承和旅游业的发展作出了重要贡献。但随着气候变化的加剧等原因，北欧的冰雕艺术面临着诸多挑战和困难，需要全社会、全人类的支持和协助，才能够继续发展和传承。

三、北欧的雪雕艺术

北欧地区的雪雕艺术与冰雕艺术一样，都具备世界一流的艺术水准，拥有丰富的群众基础和大批水平高超的艺术家。北欧地区气候寒冷，雪季漫长，雪雕艺术自然而然地成为了当地的一种传统艺术文化。在北欧地区，雪雕艺术被广泛应用于公共装饰、艺术展览、冰雪旅游景观创作等领域。下面将对北欧地区的雪雕艺术进行研究探讨。

北欧地区的雪雕艺术源远流长。在古代，北欧人民利用当地丰富的雪资源创造了许多精美的雪雕作品，例如雪雕城堡、雪屋等。在近现代，北欧的雪雕艺术逐渐成为旅游景观创作的主要组成部分，其雕刻技术也日益成熟和精湛。北欧的雪雕艺术已享誉国际，涌现出了许多著名的雪雕艺术家，创作出了许多著名的雪雕作品。

北欧的雪雕艺术独具艺术特色，体现在以下几个方面。

① 北欧的雪雕艺术与冰雕艺术一样注重简洁大方，富有创意，追求大体块的塑造。雪雕艺术家们通常会选择新鲜、质地柔软的雪，通过精湛的雕刻技术，创造出流畅的线条和简洁的形状。这种做法不仅可减少资源的浪费，同时也更能体现出北欧地区的自然风情和文化传统，使得北欧的雪雕艺术在视觉上极具吸引力。同时，雪雕艺术家更注重理念的传达，简洁的风格也更易传达出艺术家的创作意图。北欧的雪雕艺术家也会根据不同的主题以及场合，运用不同的雪雕技法和风格，让作品更加符合当代的审美情趣。

② 北欧雪雕艺术的文化氛围独树一帜。北欧地区的人们常常利用雪雕艺术来表现其文化传统、历史和民俗风情。芬兰的罗瓦涅米（Rovaniemi）每年举办的圣诞节庆典，就以圣诞节为主题，创作出许多极具圣诞特色的雪雕作品。这种文化氛围不仅为北欧的雪雕艺术增添了地方文化的魅力，同时也为文化传承与发展作出了贡献。

③ 北欧的雪雕艺术家通常具有多年的现场实践创作经验，技艺精湛。在雕刻雪块的过程中，艺术家需要处理各种细节和问题，包括雪块的质地、形状和黏度等。北欧雪雕艺术家通常具备很高的技术和创作能力，能够根据图纸将雪块雕刻成各种独特的形状和线条，通过设计与现场制作为雪雕注入灵魂，增强其艺术感染力。

在北欧的公共场所中，经常可以看到各种精美的雪雕装饰。挪威的特隆赫姆市（Trondheim）在圣诞节时会展示许多经艺术家精心设计的雪雕作品，吸引了全世界众多的游客前来观赏，也为我国的雪雕公共装饰发展提供了实践经验。这些雪雕作品十分美观，给建筑物增添了艺术价值。

北欧的雪雕艺术也常常被应用于艺术创作展览中。北欧地区经常举办大型艺术创作展览，通过展览的方式介绍艺术家及其创作的作品，在这类展览中展示了许多雪雕艺术家独创的雪雕作品，让游客可以更加深入地了解北欧地区的冰雪文化和艺术。

北欧的雪雕艺术在发展过程中也面临着一些挑战和困难。与冰雕一样，其中最大的挑战就是气候变化。全球气候变暖使北欧地区的雪季变得越来越短，虽然现代技术可以解决冰雪材料减少问题，但雪雕艺术家仍需要注重资源的保护和利用，在选择场地时也要注重日光的照射和朝向，避免雪雕细节被阳光腐蚀，以保证雪雕艺术的可持续性发展。

北欧雪雕艺术在传承和发展过程中，也需要更多的政策和经济支持。目前，政府和相关机构已经制定了更加完善的政策和措施，为雪雕艺术家提供了更好的创作环境和条件，同时也加大了对雪雕艺术的宣传和推广力度，以吸引世界各地的游客前来领略北欧雪雕艺术的风情。

由此可见，北欧的雪雕艺术在世界处于领先地位，雪雕艺术家通过精湛的技艺和独特的艺术风格，创造出许多令人惊叹的雪雕作品。但同时，雪雕艺术也面临着诸多挑战和发展瓶颈，需要世界各地的广泛关注和支持，比如我国就以冬奥会为契机，大力发展冰雪创意文化，为雪雕艺术的发展作出了一定贡献。

四、经验总结

北欧的冰雪旅游景观设计展示了北欧独特的文化和自然美景，同时也为其他国家的设计师提供了许多可借鉴的新颖而富有创意的设计思路。这些景观不仅是旅游景点，更是一种艺术形式和文化遗产，值得我们去欣赏和体验。

北欧冰雪旅游景观的设计有着深刻的环境保护意义。北欧地区的自然环境比较单一，气候变化和人类活动对北欧的自然环境造成的影响越来越大。设计师在创作这些冰雪景观时，需要考虑如何最大程度地减少对环境的影响，并确保能够继续进行后续的景观创作。例如，尤卡斯耶尔维冰酒店在每年春天融化后，所用的所有冰雪都被回收和重新利用，以免对环境造成负面影响。此外，许多景点都运用了环保的能源和材料，如使用太阳能板供电、使用可再生材料等，很多公共艺术家在创作雪雕作品时都会利用新能源以及清洁能源进行冰雪景观塑造。

北欧冰雪旅游景观的设计不仅体现了冰雪的美学价值和艺术魅力，也反映了当地文化和自然环境的特色，为游客提供了丰富的旅游体验，同时也创造了经济价值，并且环境保护和可持续发展理念在创意过程中也得到了发扬。

北欧冰雪旅游景观的设计呈现出多样性，这主要是由于当地多元的文化为设计领域带来了灵感和启示。许多冰雪旅游景点充分体现了北欧地区的地域文化和民俗风情，这也是一种文化输出的体现。而在这些冰雪景观的创作中，设计师同样考虑到了环境保护和如何合理利用资源等深刻的环境问题，这些成功的设计案例对于这些问题的解决也起到了积极的作用。北欧冰雪旅游景观是一种就地取材的艺术形式，不仅为世界各地的游客带来了视觉盛宴，同时也为冰雪艺术家提供了展示的场地。

随着旅游业的发展，北欧冰雪旅游景观的设计也需要更加注重游客的体验和需求。游客不再只是单纯地观光，也希望能够参与冰雪景观的设计和创造，感受更多的冰雪文化和艺术魅力。景观设计师应从游客的角度出发，为其打造更加多元、丰富的旅游体验，让游客在游览观光、放松身心的同时，也能够提升文化修养。

北欧冰雪旅游景观的设计案例对我国冰雪旅游景观的发展具有借鉴意义，同样具有冰雪资源的我们，应该珍惜这些宝贵的旅游资源，为更好地保护和利用它们作出努力，让我国的冰雪旅游景观设计更加丰富多彩，并得到可持续性发展。

第二节

加拿大的冰雪旅游景观设计

加拿大是世界著名的冰雪旅游胜地之一，其冰雪旅游景观设计也是全球范围内十分出色的。本部分将对加拿大的冰雪旅游景观设计进行深入研究，探讨其设计的特点、理念、价值、挑战以及代表性的案例作品等。

一、设计特点

1. 环保与可持续性

加拿大的冰雪旅游景观设计注重环保和可持续性。在设计过程中，设计师通常会选用环保材料，并注重设计的可持续性和可再生性。例如，在多伦多的内森·菲利普斯广场（Nathan Phillips Square），设计师利用可回收的塑料桶和水创造出巨大的冰雪雕塑，为游客提供了一个体现环保理念的冰雪旅游场所。

2. 多样性

加拿大的冰雪旅游景观设计非常多元化。从传统的冰雕、雪雕到现代的冰滑梯、冰球场等，加拿大的冰雪旅游景观呈现多元化趋势，让游客们在冰雪王国里有多种选择。在蒙特利尔的冰雪节上，游客们可以参观许多不同种类的冰雕、雪雕作品，同时也可以在冰球场、冰滑梯等设施上尽情玩耍。

3. 景观与冰雪活动相结合

加拿大的冰雪旅游景观设计强调景观与活动相结合。设计师不仅注重景观的美观性和艺术性，同时也注重为游客提供各种有趣的冰雪体验活动，让游客们在玩耍中感受到景观的美妙。在温哥华的葛劳士山（Grouse Mountain）上，游客们可以在山顶的冰场上尽情滑冰，同时可以参加当地开展的各项相关活动。

二、设计理念

加拿大的冰雪旅游景观设计理念是注重体验、互动和创新。设计师在设计过程中，注重为游客提供与景观互动的机会，让游客能在互动中体验到参与的乐趣。在渥太华的冰雪节上，游客们可以参加各种冰雪运动，例如冰壶、滑雪以及自由地在冰上游玩等，同时也可以参观各种不同风格的冰雕、雪雕作品，让游客们在参观和体验中了解加拿大的文化和艺术。

同时，设计师在进行景观设计时也非常注重创新，不断尝试采用新的材料、技术和形式，以创造出更具吸引力的冰雪旅游景观。在魁北克的冰雪旅游景观设计中，设计师尝试使用照明设备和音响系统，为游客们创造出立体生动的冰雪体验环境，丰富旅游层次。

三、应用价值

加拿大的冰雪旅游景观设计不仅具有很高的艺术价值，同时也具有重要的应用价值。它可以为加拿大的旅游业带来更多收益，同时也能为加拿大的文化和艺术宣传作出贡献。

1. 促进旅游业发展

加拿大的冰雪旅游景观设计能吸引大量游客前来观赏和体验，为旅游业带来经济收益。在安大略省的多伦多市每年举办的多伦多冬季灯光节，不仅吸引了大量冰雪艺术家前来参与创作，更是吸引了数百万游客前来观赏和参与，为当地旅游业带来了很大的经济收益。

2. 丰富文化和艺术生活

加拿大的冰雪旅游景观设计也为当地的文化和艺术生活增添了色彩。它不仅可以展示加拿大的文化和艺术，同时也能为当地的艺术家和设计师提供创作和表现的平台，推动当地文化的发展和北美文化的传承。

3. 推广环保理念

加拿大的冰雪旅游景观设计注重环境保护，我国很多冰雪景观的环境保护措施都参照了加拿大冰雪景观的环保体系，并通过冰雪景观作品向社会传递环保理念和可持续发展的重要性。通过采用环保材料和可持续设计理念，能加强人们对环境的保护意识，推动环保事业的发展。

四、面临挑战

加拿大的冰雪旅游景观设计在发展过程中面临着一些挑战和困难。与北欧冰雪旅游景观一样，其中最大的挑战是气候变化。随着全球气候变暖，加拿大的冰雪季节越来越短，但因国土面积庞大，加拿大的情况比北欧好得多，所以近年来很多国际冰雪赛事都转移到了加拿大举办。但设计师仍需要注重资源的保护和利用，可以在前期设计中使用新材料或可再生材料，避免造成浪费和破坏，同时在发展旅游业时要关注人类活动对环境的影响。

加拿大的冰雪旅游景观设计也面临着市场竞争的压力。随着全球冰雪旅游市场的发展和竞争加剧，加拿大需要不断推陈出新，不断创新和完善自己的冰雪旅游景观设计，以保持自身竞争力和优势。加拿大的冰雪旅游景观设计有着自己独特的发展体系和脉络，具有很高的借鉴价值。

五、设计案例

加拿大是全球著名的冰雪旅游胜地之一，其冰雪景观项目设计极具特色和创意。下面将选取加拿大的几个著名的冰雪景观项目进行深入研究。

（1）多伦多冬季灯光节

多伦多冬季灯光节（Toronto Winter Festival of Lights）是加拿大最著名的冰雪景观活动之一，也是多伦多最具特色和影响力的文化节庆之一。多伦多冬季灯光节从每年11月底开始，到次年1月初结束，为期六周。

多伦多冬季灯光节的设计特点在于多样性和互动性。设计师在设计过程中，注重体现多伦多市的文化和特色，同时也注重为游客们提供互动和参与的机会。游客可以在约克维尔欣赏"北部好莱坞"主题冰雕，还可以体验城市空间下的溜冰场，在冬季免费借用溜冰工具，也可以参加安省游乐宫冬季活动。

多伦多冬季灯光节促进了多伦多旅游业的发展，发扬了多伦多市的文化和特色。每年冬季灯光节期间，多伦多市都会吸引大量游客前来观赏和体验，为当地的旅游业带来了经济效益。游客与当地居民的亲切互动，也为本地居民的生活带来了活力。

（2）温哥华冰雕节

温哥华冰雕节（Vancouver Ice Sculpture Festival）是加拿大西海岸最大的冰雕节之一，也是温哥华市最具特色和影响力的文化形式之一。温哥华冰雕节通常在圣诞节前后举行，为期几周。

温哥华冰雕节中冰雪景观的设计特点在于艺术性和创新性。雕塑家在创作过程中，注重体现冰雕、雪雕的形象隐喻和美学特点，同时也注重尝试新的材料、技术和形式，以创造出更具时代意义的冰雪艺术品。在罗伯逊广场的冰雕展区，游客们可以观赏到来自不同国家、不同主题的冰雕作品，例如动物、建筑、人物等主题，每件作品都有相关的设计说明来为游客解读其创作的深层次含义。

温哥华冰雕节的应用价值主要在于丰富了温哥华市民的文化和艺术生活，同时也为游客带来多重旅游选择。每年冰雕节期间，温哥华市都会吸引很多北美地区的游客参观，在创造经济价值的同时也推动了多文化交流。温哥华冰雕节成为了当地代表性文化的一部分，推动了当地文化和艺术的发展和传承。

（3）艾伯塔冰雪节

艾伯塔冰雪节（Alberta Ice and Snow Sculpture Festival）是加拿大艾伯塔省最大型的节日之一，也是该省极具特色和影响力的文化节庆。艾伯塔冰雪节通常在1月中旬举行，为期几周。

艾伯塔冰雪节中冰雪景观的设计特点在于突出自然性和原始性，这使其在众多冰雪节中独树一帜。艺术家在设计过程中以艾伯塔省广袤无垠的自然风貌为灵感源泉，精心雕琢每一处细节，力求完美体现艾伯塔省的自然和原始美感，他们深知这片土地的独特魅力，从落基山脉的壮丽峰峦到广袤森林中的静谧湖泊，都成为了他们的创作素材。

同时，冰雪艺术家尤其注重冰雪景观与自然景观的融合。他们不是简单地将冰雕放置在场地中，而是巧妙地利用周边的山川、树林、河流等自然元素，让冰雕与自然环境相得益彰。在班夫市的冰雕展区，这种融合达到了极致。游客在这里可以参观到各种不同风格和主题的冰雕作品，例如山峰、冰川、动物等。以山峰为主题的冰雕，棱角分明、气势磅礴，与远处的真山相互呼应，仿佛是从山脉中延伸出来的一部分；冰川冰雕则通过细腻的雕刻，展现出独特的纹理和质感，与周围的冰雪大地融为一体；动物冰雕更是栩栩如生，仿佛它们就是这片土地上的原住民，在冰雪世界中自在生活。每件作品都会着重突出自然美和原始感，让游客仿佛置身于一个纯净的原始自然世界，感受到大自然的神奇与伟大，心灵也在这一刻得到了前所未有的宁静与洗礼。

（4）魁北克冬季狂欢节

魁北克冬季狂欢节（Quebec Winter Carnival）是加拿大魁北克省最大的冬季活动之一，是享誉全球且极具特色和影响力的品牌文化活动之一。魁北克冬季狂欢节通常在2月初举行，为期几周。魁北克市中心的老城区和其他地区都会布满各种精美的冰雕、雪雕、照明装置，还会举办音乐表演，开展冬令营的各项活动。

魁北克冬季狂欢节中冰雪景观的设计特点在于历史性和传统性。艺术家在设计过程中，注重体现魁北克省的历史和文化传统，同时更注重为游客们提供参与和互动的机会。游客们不仅可以在老城区的冰雕展区欣赏各种各样的冰雕作品，还可以参加各种有趣的冰雪活动，例如滑雪、雪地足球等。

加拿大的冰雪景观项目设计充分体现了其文化和艺术特色，以及对自然资源的保护和利用。这些设计不仅为游客提供了观赏和体验的机会，还具有不容忽视的实际价值，它们为当地旅游业的发展和经济的增长作出了重大贡献，同时也促进了当地的文化发展以及世界各地的文化交流。

六、代表性的冰雕作品

加拿大是一个拥有丰富冰雪资源和发达冰雕艺术的国家，每年都有各种不同规模的冰雕节庆活动。在这些冰雕节庆活动中，单件的冰雕作品往往是最引人注目的，它们不仅展现了艺术家的创造力和技术水平，也是全世界冰雪景观创作的前沿阵地，为其他有着丰富冰雪资源的国家提供了借鉴的模板。以下是加拿大一些代表性的冰雕作品。

魁北克冰酒店在北美是独一无二的，它坐落在距离魁北克城仅4千米的郊外，占地面积达数千平方米。它犹如冬季里的梦幻奇迹，只在每年寒冷的冬季短暂开放。这座冰酒店堪称冰雪艺术的结晶，从建筑外观到内部的各类物品，几乎全由冰雪精心打造而成，踏入其中，仿若置身于一个晶莹剔透的童话世界。更为特别的是，冰酒店每年都会进行重新设计与装修，并且会邀请众多才华横溢的冰雕设计师参与创作。每一年，冰酒店都会以全新的面貌呈现在世人眼前。因此，无论是前来参观游览还是选择在此留宿的游客，都无须担心会看到千篇一律的景象，更不用担心会出现同款照片到处泛滥的情况，在这里，每一次的体验都是独一无二、不可复制的。

2019年，在加拿大埃德蒙顿的威廉霍雷拉克公园（William Hawrelak Park），一座气势恢宏的巨型冰雕城堡横空出世，瞬间成为众人瞩目的焦点。这座冰雕城堡极为壮观，高度超过了12米。远观之下，它宛如一座浑然天成的自然冰川，散发着冷峻而迷人的气息。这座精美绝伦的冰雕城堡并非大自然的鬼斧神工，而是凝聚了无数心血的人工杰作。它是由数千个形态各异的单独冰柱精心搭建而成的，这些冰柱的制作过程颇为复杂，需要通过喷水，然后让水在低温下自然冰冻成型。从10月开始，工匠们便不辞辛劳地投入到这项工作中，经过两个多月的不懈努力，一直持续到11月底才完成冰柱的制作。在制作过程中，30名技艺精湛的冰雕工匠齐心协力，耗费了大量人力、物力。值得一提的是，这座冰雕城堡不仅外观壮丽，内部还别有洞天，精心设置了滑梯和宝座，为游客们提供了独特的体验。

班夫镇雪豹冰雕位于加拿大艾伯塔省班夫镇，这件冰雕作品的高度达到了4米以上。冰雕艺术家在冰块上雕刻了一只栩栩如生的雪豹，它的细节和肌肉线条都十分精细，让人仿佛看到了一只真实的雪豹。

在温哥华冰雕节期间，参展的艺术家都会创作出许多极具创意和艺术价值的冰雕作品。例如，在一次温哥华冰雕节上，有一位艺术家创作了一个名为《冰之花园》的冰雕作品。这个作品由数百块冰块组成，形成了一个类似于迷宫的结构。在这个冰之花园里，游客们可以穿行其中，感受到冰雕的奇妙和神秘。

加拿大国庆日是加拿大的国家庆典之一，在节日期间，来自各地的艺术家会创作出许多精美的冰雕作品，例如国旗冰雕、枫叶冰雕、著名建筑冰雕等。其中一件特别引人注目的冰雕作品是加拿大国旗冰雕。这个冰雕作品由大块冰雕刻而成，展现了加拿大国旗的红白配色和枫叶图案。

第三节

俄罗斯冰雪文化及冰雪旅游景观设计

一、俄罗斯冰雪文化

俄罗斯是一个冰雪旅游资源丰富的国家，其冰雪文化历史十分悠久，且在当今世界冰雪艺术创作中占据重要的地位。以下是关于俄罗斯冰雪文化的一些介绍。

1. 冰雪运动

俄罗斯拥有丰富的冰雪运动资源，是世界上著名的冰雪运动强国，冰球、滑冰、雪橇、越野滑雪等运动都深受民众喜爱，这些运动在俄罗斯广泛普及和发展，并形成了独特的俄罗斯风格。俄罗斯在奥运会上也一直是冰雪项目的强国之一，其优势项目如花样滑冰，在奥运会中展现了强劲的实力。

2. 雪地交通工具

俄罗斯人在长期的冬季生活中习惯了使用各种雪地交通工具，如雪橇、雪车等。这些交通工具在俄罗斯，特别是在远东地区被广泛使用。

3. 冰雪活动

俄罗斯拥有许多著名的冰雪活动，如在圣彼得堡举办的冰雪节、在莫斯科举办的雪雕节、在西伯利亚举办的冰雪艺术节等。这些活动吸引了来自世界各地的艺术家前来创作，也成为了俄罗斯冬季旅游的一大亮点，吸引大量游客前来消费、体验。

4. 冰雪建筑

在俄罗斯，冰雪建筑被广泛应用于各种场合，如冰雪酒店、展览馆、艺术装置等。冰雪建筑不仅有着独特的视觉效果，还是一种环保的建筑形式。

5. 冰雪艺术

俄罗斯拥有许多著名的冰雪艺术家，他们用雪、冰制作出各种精美的艺术品，如雕塑、壁画等。这些艺术品被广泛地应用于各种场合，展现俄罗斯独有的斯拉夫文化特色。

俄罗斯的冰雪文化在历史长河中形成了自己的特色和魅力，源自西方，融汇东方，在当今也得到了广泛的关注和发展。它不仅是俄罗斯文化的重要组成部分，也是人类文化宝库中的珍贵宝藏。

二、俄罗斯冰雪旅游景观设计案例

俄罗斯拥有丰富的冰雪资源和独特的艺术文化传统，其冰雪旅游景观设计以独特的艺术表现形式、巧妙的构思和富有创意的设计理念，成为世界冰雪艺术中璀璨的明珠。虽然俄罗斯冰雪景观目前并没有创造出更多的冰雪经济价值，但俄罗斯冰雪景观设计案例同样值得我国借鉴。

1. 圣彼得堡冰雪节

圣彼得堡冰雪节是俄罗斯最为重要的冰雪活动之一，每年的12月至次年2月期间，在圣彼得堡市的多个景观规划区内举行。该冰雪节已经成为了圣彼得堡冬季旅游的重要宣传名片，成为俄罗斯冰雪艺术的重要代表，其景观创作独具俄罗斯风情和特色。

圣彼得堡冰雪节的起源可以追溯到20世纪初，当时是为了庆祝城市的建立和发展而举办的冰雪艺术活动。随着越来越多的艺术家的加入，圣彼得堡冰雪节逐渐发展为一项世界级的冰雪文化盛会，展示出俄罗斯冰雪文化在全世界的重要地位。

圣彼得堡冰雪节的特色在于其开放包容的艺术理念和巧妙构思。冰雪景观设计师通过对场地的细致观察和分析，结合本身想表达的文化和艺术理念，将冰雪和艺术完美地融合在一起，打造出不同主题的冰雪景观，如童话世界、历史传承、科技创新等，通过主题的变换，让游客有不同的体验和感受，能够置身冰雪世界、感受寒地风光。这些景观不仅能让游客进行观赏，更能让游客深入了解世界各地的优秀文化和历史，增进文化沟通和理解。

圣彼得堡冰雪节的另一个特色是丰富的文化活动和体育赛事。节庆期间会举办各种舞蹈表演、文化展览、冰上音乐会、冰上运动等活动，通过各种各样的活动丰富游客的旅行体验。还有一些冰雪运动项目，如滑翔、滑雪、滑板等，这些都为游客提供了更加丰富而刺激的体验。

除了能使游客的观赏和参与，圣彼得堡冰雪节还对当地经济和文化的发展作出了积极贡献。它吸引了大量游客前来观赏和参与，推动了当地旅游和餐饮等行业的发展，同时，还促进了当地的文化交流和艺术创作，提高了当地文化产业的影响力和市场竞争力。

圣彼得堡冰雪节是一个充满艺术、文化和历史气息的冰雪盛会，其冰雪景观结合了当地自然和人文环境，有助于游客深入了解圣彼得堡的文化和历史，并且积极倡导环境保护理念，推动了当地经济和文化发展，为圣彼得堡的冬季旅游增添了景观魅力。

2. 莫斯科红场雪雕节

莫斯科红场是俄罗斯重要的历史文化象征，也是俄罗斯最著名的旅游景点之一。每年的冰雪季，红场都会举办雪雕节，展示雪雕和冰雕作品。莫斯科红场雪雕节是世界重要的冰雪盛宴之一，被人们称作"雪花王国""雪雕狂欢"等。

莫斯科红场雪雕节每年都会采用多种艺术形式，如雕塑、灯光、音乐等，创造出与红场环境相适应的冰雪景观。莫斯科红场雪雕节的景观主要分布在红场和周边的公园内，每年的雪雕主题不同，如圣诞节主题、新年主题、历史文化主题等。雕塑家通过对场地进行细致观察和分析，结合自身对于主题活动的理解，打造出各种独特的雪雕艺术，使游客获得更好的观赏体验。这些雪雕不仅造型精美，而且伴随着主题还有着独特的文化含义。其中最著名的雕塑作品是一只身长30米、高达10米的冰鸟，栩栩如生，令人震撼。

此外，莫斯科红场雪雕节还会举办花样冰雪舞蹈表演、冰雪音乐会、冰雪文化展览、冰上运动等活动，丰富了游客的旅行体验。在周边，游客也可以体验俄罗斯的冰雪运动。并且，莫斯科红场雪雕节还会将大量使用过的雪块回收利用，减少浪费和对环境的污染，这也契合全球的环境保护理念。

同时，莫斯科红场雪雕节还对当地经济和文化发展作出了一定的贡献。虽然红场雪雕节不以营利为目的，但其吸引了大量游客前来观赏和参与，进而推动了当地旅游和餐饮等行业的发展，促进了当地文化与世界文化的交融，提高了当地文化产业的影响力和市场竞争力。莫斯科红场雪雕节是一个充满艺术、文化和历史气息的冰雪盛会，其冰雪景观的创作无疑为当地的冬季旅游增添了无限魅力。

3. 西伯利亚冰雪节

西伯利亚地区的冰雪节规模宏大，涵盖多个城市和区域，每年吸引数百万游客。这个冰雪节的主题是"冰雪世界的奇观"，旨在展示西伯利亚地区丰富多彩的冰雪文化和传统。

西伯利亚冰雪节的设计理念是以自然为基础，将各种自然元素与人工艺术相结合，打造独特的冰雪景观。其中最著名的景点是西伯利亚冰屋，这是一个由数百个冰块组成的建筑，里面摆放着各种艺术作品，吸引了大量游客前来观赏。

4. 符拉迪沃斯托克（海参崴）冰雕节

符拉迪沃斯托克（海参崴）是俄罗斯远东地区最大也是最著名的城市之一，其冰雕节已经成为该地区的重要文化活动。

在符拉迪沃斯托克（海参崴）冰雕节中，冰雪景观的设计灵感来自该地区丰富多彩的冰雪文化和传统。由于符拉迪沃斯托克（海参崴）地处远东，因此其地方文化受到亚洲文化的影响，冰雪艺术表现形式充分展现了远东地区独特的融合文化。这些冰雪景观设计不仅广泛吸引着国际游客，同时也促进了世界文化的交融。

从俄罗斯冰雪旅游景观设计的案例中可知,其成功不仅在于艺术表现形式,更在于表达的主题和创作理念。俄罗斯的冰雪艺术家通过长年累月的经验积累和对历史文化的理解,打造出各种独特的冰雪景观。这些景观不仅具有观赏性,更能引发人们的情感共鸣,体现艺术家独特的创新思维。

随着冰雪旅游行业的不断发展,俄罗斯的冰雪旅游产业带动了相关产业的发展和壮大,如冰雪景区建设、冰雪运动设施、冰雪艺术展览等。这些产业的发展,为冰雪旅游景观设计提供了更广阔的发展空间和市场需求。但是气候变化、环境污染、自然灾害等问题,都可能对景区的建设和维护带来不利影响。冰雪旅游景观设计还需要考虑游客的安全问题。冰雪景区的环境条件复杂,存在一定的安全隐患。因此,在景区建设和管理中,需要制定相应的安全措施,确保游客的安全。每年的冰雪旅游都有游客受伤的报道,在这方面世界各国都有自己相应的应对体系。

俄罗斯的冰雪旅游景观设计将会越来越多元化和创新化,为游客带来更加丰富和多彩的冰雪旅游体验。同时,远东的冰雪旅游发展也会与我国东北的冰雪旅游形成呼应,为亚洲冰雪旅游的繁荣贡献力量。

第六章

国内冰雪旅游
景观设计实践——
以黑龙江为例

第一节

黑龙江冰雪旅游线路和景观主题区设计

一、黑龙江冰雪旅游线路

随着冬季旅游的持续升温，越来越多的人开始关注冰雪旅游景观。作为我国冰雪资源最为丰富的地区之一，黑龙江省吸引了大量的游客。本部分将针对黑龙江冰雪旅游景观设计中的旅游线路和景观主题区设计进行全面的分析与研究，以期为冰雪旅游业的发展提供参考。

1. 哈尔滨市冰雪文化之旅

哈尔滨市冰雪文化之旅是一条专为对冰雪文化感兴趣的游客设计的旅游线路。此线路旨在让游客深入体验哈尔滨这座冰雪之城的魅力，欣赏冰雪艺术与建筑之美。以下是一般的旅游线路安排。

（1）第一天：抵达哈尔滨

抵达哈尔滨后，入住酒店休整。晚上，前往哈尔滨冰雪大世界，游览冰雪景观，欣赏五彩斑斓的冰灯、冰雕作品，同时体验冰雪大世界超长冰滑梯和冰雪游乐设施等，感受冰雪世界的奇妙。

（2）第二天：哈尔滨市区游

上午，参观圣索菲亚大教堂，欣赏这座拜占庭式东正教建筑的宏伟与优美。中午，在中央大街品尝地道的哈尔滨美食，如马迭尔冰棍、秋林红肠、东北锅包肉等。下午，游览太阳岛雪博会，观赏各种大型雪雕作品，感受雪的艺术之美，之后回酒店休息调整。晚上，前往哈尔滨音乐厅欣赏一场冰雪音乐会，体验音乐与冰雪的完美融合。

（3）第三天：哈尔滨周边游

上午，乘车前往松花江畔的松花江雪雕艺术博览会，感受雪雕艺术的魅力。下午，参观雪谷，了解雪的形成与雪谷地貌特征，感受冰雪的自然之美。

（4）第四天：哈尔滨市区游

上午，迎着哈尔滨冬日的凛冽寒风，开启一场与历史文化的深度对话。走进哈尔滨市博物馆，参观馆内丰富的藏品与翔实的史料，了解哈尔滨在冰雪环境中孕育出的独特历史文化。古老的渔猎文明在冰天雪地中的起源，近代哈尔滨在冰雪贸易与交流中的发展，这片土地的每一段故事都与冰雪紧密相连。

下午，踏入银装素裹的东北虎林园。在这冰天雪地的世界里，东北虎的身影显得愈发矫健。园中的东北虎在皑皑白雪的环绕下，尽显王者风范。雄性东北虎体重基本在250千克左右，体格比野生东北虎更为强壮。在这里，不仅能近距离观察这些猛兽在冰雪间穿梭、休憩，感受东北虎在冰雪天地中捕猎的力量与速度，还能参与刺激的投喂活动，体验大自然与冰雪共同谱写的生命赞歌。

（5）第五天：离开哈尔滨

按照预定的交通工具离开哈尔滨，结束愉快的哈尔滨市冰雪文化之旅。

这条线路充分展示了哈尔滨作为冰雪之城的魅力，让游客深入了解冰雪文化，欣赏冰雪景观之美。

2. 滑雪度假休闲之旅

黑龙江是中国最适合进行滑雪度假休闲的地区之一。以下是一个黑龙江滑雪度假休闲之旅的旅游线路。

（1）第一天：哈尔滨

抵达哈尔滨后，可以去中央大街散步，中央大街有70多座具有欧陆风情的建筑，在这里可以欣赏那些具有西方特色的建筑。晚上，可以去松花江畔的商场品尝当地美食。

（2）第二天：雪乡

在第二天早上，乘坐早班车前往黑龙江著名的雪乡，这是一座位于牡丹江的美丽乡村，它被誉为中国最美的乡村之一。在雪乡，可以欣赏纯粹的冰雪风光，品尝当地美食和参加各种滑雪和冰雕活动。

（3）第三天：大兴安岭

前往大兴安岭，这是中国最具有特色的山脉之一，也是中国著名的滑雪胜地。在这里不仅可以欣赏大兴安岭的风景，还可以体验滑雪和滑雪板等各种冬季运动。

（4）第四天：温泉休闲

在第四天，可以在哈尔滨休息一天，享受温泉和按摩。可以体验东北特色洗浴文化，还可以在当地购物中心购买一些特色的纪念品和礼物。

（5）第五天：结束行程

在第五天，离开哈尔滨，结束黑龙江滑雪度假休闲之旅。

3. 探险体验之旅

适合喜欢冒险与挑战的游客。游览北极村、中国雪谷、漠河等地，体验狗拉雪橇、雪地摩托等冰雪运动，领略极地风光。

4. 冰雪温泉之旅

适合追求身心放松的游客。游览并体验五大连池温泉，享受冰雪世界中的温暖与舒适。

5. 冰雪自然风光之旅

适合喜欢欣赏自然风光的游客。游览雪乡、黑龙江国家森林公园等地，领略冬日自然之美。

二、旅游线路优化与提升

黑龙江为了提高旅游线路的吸引力，对旅游线路进行了优化与提升。具体措施如下。

① 提升景区基础设施：加强景区基础设施的建设与维护，提供足够的停车位、餐饮服务、住宿设施等，保障游客的基本需求。例如哈尔滨冰雪大世界就在景区外设计了数千个停车位，供游客使用。

② 提高旅游产品质量：丰富旅游产品类型，开发具有特色的冰雪旅游项目，如冰雪主题文化体验、冰雪雕展览等，提升游客的旅游体验。

③ 加强旅游宣传推广：利用自媒体、电视、旅游展会等多种途径，加强对冰雪旅游景观的宣传推广，黑龙江近年来在这方面做得非常成功，收益巨大。

④ 加强旅游服务质量：提高旅游服务人员的素质，加强对景区工作人员的培训，提高服务质量，让游客感受到宾至如归的氛围。哈尔滨为游客提供了多种优惠措施和便利服务，很好地体现了哈尔滨这座冰雪旅游城市对游客的重视。

黑龙江省拥有丰富的冰雪旅游资源，通过对旅游线路的优化与提升，可以为游客提供更多样化的旅游选择，同时，也有助于提高黑龙江冰雪旅游业的竞争力，促进地区旅游经济的发展。

三、黑龙江冰雪旅游景观主题区设计

黑龙江冰雪旅游景观中的主题区设计是一个关键环节，能为游客提供独特的旅游体验。首先，主题区的设计应该符合黑龙江的地域特色，充分利用当地的自然和文化资源，如利用黑龙江的冰雪和原始森林等元素来构建主题区。其次，主题区的设计应该具有时代感，黑龙江每年的冰雪大世界设计都充满现代元素，让游客耳目一新。利用先进的技术和材料，将主题区设计得更加现代化和高科技化，能为游客带来更加丰富多彩的互动体验。最后，主题区的设计应该考虑游客的需求，比如生理需求、心理需求等。可以通过市场调研等方式，了解游客的兴趣爱好和具体需求，以此来确定主题区的设计方向和内容。主题区的设计是黑龙江冰雪旅游景观设计中不可或缺的一部分，符合地域特色、具有时代感和考虑游客需求的设计，才能为游客带来更加独特和难忘的旅游体验。

1. 主题区设计的考虑因素

① 融合文化元素：黑龙江有着丰富的民俗文化和历史遗产，可以通过梳理当地文化资源，邀请著名文化学者参与研究，将这些元素融入主题区设计中，让游客更好地了解当地的文化和历史。

② 体现可持续性：冰雪旅游对环境的影响较大，主题区的设计应该考虑可持续性，让游客在游览参观时，不会产生相应的心理负担，避免对环境造成过大的负面影响。

③ 安全保障：冰雪旅游存在一定的风险，尤其是很多冰雪主题区中建有高大的冰雪建筑和雕塑。因此，设计应该考虑游客的安全问题，保障游客的人身安全。

④ 提供多样化的体验：主题区的设计应该尽量丰富多彩，为游客提供多样化的体验，满足不同游客的需求和兴趣。

主题区设计是黑龙江冰雪旅游景观设计的亮点，其设计应符合地域特色、具有时代感，同时也应充分考虑游客需求，融合现代和外来文化元素，体现可持续性，并为游客提供安全保障和多样化的体验。黑龙江冰雪景区通过综合考虑这些方面进行主题区设计，为游客带来了丰富多彩的旅游体验，在保护环境的同时保障了游客的安全，使其留下美好的游玩记忆。

2. 黑龙江主要冰雪景区的主题区设计

（1）黑龙江冰雪大世界主题区设计

① 冰雕主题区：冰雕主题区是黑龙江冰雪大世界的核心景区之一。这个主题区中有大量的冰雕作品，包括雪人、城堡、动物、飞行器等各种造型，游客可以在这里欣赏到各种精美的冰雕作品。同时，冰雕景区每年都会设置比赛赛区，比如国际冰雪雕比赛、全国专业冰雪雕比赛、全国大学生冰雕比赛等比赛的赛区。在这个主题区，游客也可以尝试参加制作冰雕的活动，从而深入了解冰雕制作的技巧和过程。

② 雪雕主题区：雪雕主题区是黑龙江冰雪大世界的另一个核心景区。在雪雕主题区中，游客可以欣赏到各种精美的雪雕作品，包括各种动物、雕塑和建筑等主题的雪雕。雪雕一般都布置在景区游览路线的观赏区域，由于其材料特性，雪雕往往会被制作成大型的雕塑作品。在雪雕主题区，游客可以欣赏到冰雪艺术家制作的精美雪雕，体验制作雪雕带来的快乐。

③ 冰灯主题区：冰灯主题区是黑龙江冰雪大世界的传统景区。冰雪大世界在创立之初就开展了冰灯展示活动。在冰灯主题区中，游客可以欣赏到越来越具科技感的作品。这些冰灯作品配以不同的灯光和音乐，营造出独特的氛围和视觉效果，声、光、电系统在冰灯展示中占据越来越重要的地位，很多冰灯都依靠电脑程序控制，呈现出多元化的展示效果。

④ 冰上运动主题区：冰上运动主题区是黑龙江冰雪大世界比较受欢迎的景区之一。在这个主题区中，游客可以尝试各种冰上运动，如滑冰、滑雪等。这个主题区中有一些专业教练，可以为游客提供专业的指导和培训。

⑤ 儿童主题区：儿童主题区是黑龙江冰雪大世界专门为儿童设计的景区。在儿童主题区中，为了吸引孩子们的注意力，设置有各种适合儿童玩耍的冰上滑梯、冰爬犁、冰上骑马活动设施，还有冰球、飞碟等运动项目。在这个主题区中，孩子们可以充分释放天性，畅快地游玩。

黑龙江冰雪大世界的主题区设计非常多元化，体现了设计师丰富的规划经验，为游客提供了各种精彩的冰雪体验和活动。在这个全球最大的冰雪乐园中，游客不仅可以欣赏到冰雪世界的美景，以及各种精美的冰雕、雪雕和冰灯作品，同时也可以参加各种冰上运动和游乐项目，亲身体验冰雪运动的乐趣和刺激，以及参与制作冰雕和雪雕的活动，体验冰雪艺术制作的乐趣。

（2）黑龙江雪乡主题区设计

① 雪景区：黑龙江雪乡的主要景观是冬季的雪景。景区内雪景区域较广，主要景观包括白雪覆盖的松树、雪地、山谷等。雪景区有大量雪雕，其中许多是代表性的人物、历史事件、动植物造型等。雪景区还有一些雪景建筑，如雪屋、雪房等，这些雪景建筑独具黑龙江特色，是雪乡最具代表性的景色。

② 冰灯区：黑龙江雪乡的冰灯区是该景区的又一个亮点。这个主题区主要有各种形状和尺寸的冰灯、冰塑像和雕塑等。与哈尔滨冰雪大世界不同，雪乡冰灯区内的冰灯以精美点缀为主，营造了一种宁静祥和的氛围。到了晚上，冰灯区会被点亮，形成独特的冰灯夜景。

③ 冰雪游乐区：黑龙江雪乡的冰雪游乐区是该景区的特色之一。这个主题区中有各种冰雪运动和游乐项目，如冰上垂钓、滑冰、滑雪、冰壶等。此外，游客还可以体验冰块风景车、冰屋滑梯、冰球等游乐项目，从而获得更真实、丰富、深入的雪乡旅游体验。

④ 美食区：黑龙江雪乡的美食区是游客不容错过的地方。在这个主题区内，游客可以品尝到各种传统的黑龙江美食，如腌菜、红肠、火腿等。此外，美食区内还有一些当地小吃和餐饮店，能为游客提供不同风味的美食选择。

⑤ 民俗文化区：黑龙江雪乡的民俗文化区是景区的又一特色。在这个主题区内，游客可以了解当地的民俗文化和历史，如黑龙江的民间舞蹈、民间音乐，欣赏黑龙江少数民族的桦树皮画、鱼皮画等传统手工艺。游客还可以在雪乡参与传统的滑雪、滑板等运动项目，通过融入参与的方式游览，这样既能放松身心又能体验冰雪乐趣。

黑龙江雪乡的主题区是基于自然景观和人文景观的融合来设计的。在主题区的设计中，自然景观和人文景观相互融合，呈现出充满特色和个性的景观形态。游客在雪乡可以欣赏自然风光和美丽雪景，同时通过参与互动也能了解当地文化和历史，体验当地民俗风情。黑龙江雪乡的主题区为游客提供了各种不同的冰上运动，如滑雪、滑板、滑冰、滑橇、冰壶、雪地足球等。在黑龙江雪乡的主题区中，为游客提供了便利的设施和服务，如住宿设施、餐饮设施、旅游交通等，这些设施和服务为游客提供了舒适便捷的旅游体验，从而保障了游客的安全和旅游享受。

3. 黑龙江冰雪景区主题区设计方案构思

（1）漠河北极村冰雪与极光主题区设计

秉持"极地风光，梦幻冰雪"的理念，将极光这一神秘天象与冰雪的纯净洁白相融合，深度挖掘漠河北极村的地域特色，致力于为游客带来沉浸式的极地冰雪体验，打造一个独具魅力的旅游胜地。

在景区地势最高处搭建多层开放式观景台，配备专业的极光观测设备，如高倍望远镜、夜视仪等，为游客提供绝佳的极光观赏视角。周边设置科普展板，介绍极光形成原理及观赏小知识。

建造数座北欧风格的极光小屋，屋内有大面积透明玻璃屋顶，游客可躺在温暖的床上，足不出户欣赏绚烂极光。屋内配备智能极光预报系统，实时告知最佳观赏时机。

利用大型冰块打造高低错落、造型各异的冰雪滑梯，有螺旋式、波浪式等，满足不同年龄段游客的需求。滑梯周边设置防护栏及专业安全员，保障游客安全。

规划出一条蜿蜒曲折的雪地摩托赛道，游客可以驾驶雪地摩托在冰天雪地中尽情驰骋，感受速度与激情。赛道旁设置休息区，提供热饮服务。

邀请国内外知名冰雕艺术家，创作以极光、极地动物、神话传说等为主题的冰雕作品，打造冰雕艺术长廊。每隔一段距离设置灯光特效，让冰雕在夜晚焕发出五彩斑斓的光芒，与极光相互映衬。

在开阔广场上堆砌大型雪雕作品，如北极村全景、梦幻城堡等，游客可以在此拍照打卡，感受冰雪艺术的魅力。同时，设置雪雕DIY区域，让游客亲自动手创作属于自己的雪雕作品。

（2）镜泊湖冰瀑主题区设计

以"冰瀑奇观，自然胜景"为核心设计理念，充分利用镜泊湖冬季特有的冰瀑景观，将自然之美与人文体验深度融合，打造一个集观赏、娱乐、科普、休闲于一体的特色旅游景区，让游客在领略冰瀑壮美景色的同时，深入感受大自然的神奇魅力与冬季旅游的独特乐趣。

沿着镜泊湖冰瀑边缘，搭建多个不同高度和角度的观景平台，采用防滑材料铺设，安装坚固的防护栏。平台上设置观景望远镜，方便游客近距离观赏冰瀑的细节，如冰柱的形态、冰层的纹理等。同时，配备专业的讲解人员，定时为游客介绍冰瀑的形成过程、地质特点等知识。

修建一条环绕冰瀑的木质栈道，栈道上设置多个观景驻足点，让游客可以从不同角度欣赏冰瀑的全景。在栈道沿途设置科普展板，展示镜泊湖的地质变迁、冰瀑的形成原理以及相关的生态知识。

在镜泊湖的冰面上开辟出大型滑冰场，提供滑冰鞋租赁服务，设置初学者练习区和专业滑冰区，满足不同水平游客的需求。同时，安排专业的滑冰教练，为游客提供滑冰技巧指导。打造冰上碰碰车游乐区域，配备色彩鲜艳的碰碰车，周围设置防护气垫，确保游客的安全。让游客在冰面上尽情享受碰撞的乐趣，感受冰上运动的刺激。

（3）雪谷冰雪温泉主题区设计

充分利用雪谷得天独厚的冰雪资源与地下温泉资源，秉持"冰火交融，自然康养"的设计理念，将银装素裹的冰雪世界与温暖惬意的温泉养生完美结合，致力于打造一个集冰雪观光、温泉体验、休闲度假、亲子游乐为一体的综合性特色景区，让游客在冰天雪地中感受温暖与舒适，在温泉滋养下放松身心，享受独特的冬日之旅。

沿着雪谷的自然地势设计一条蜿蜒曲折的木质漫步道，在道旁堆砌各种造型的雪人、雪蘑菇等，营造出童话般的雪乡氛围。漫步道沿途设置拍照打卡点，配备专业摄影师，为游客提供拍照服务，留下美好的回忆。

同时打造初级、中级、高级等不同难度级别的滑雪道，满足不同水平滑雪爱好者的需求。配备专业的滑雪教练，为初学者提供滑雪技巧培训。雪道旁设置魔毯和缆车，方便游客快速到达雪道顶端。同时，提供滑雪装备租赁服务，包括滑雪板、滑雪服、头盔等。

划分出专门的亲子游乐区域，设置雪圈滑道、雪地拔河、雪地足球等亲子互动项目。配备专业的亲子活动教练，组织各种亲子游戏，帮助游客增进亲子关系。乐园内设置休息区，提供热饮和小吃，让家长和孩子在游玩之余能够及时补充能量。

在雪谷的山林间错落分布多个露天温泉泡池，每个泡池的水温、水质和功效各不相同，有牛奶池、中药池、玫瑰池等。泡池周围用天然石材和木材装饰，与周围的雪景融为一体。在泡池边设置遮阳伞和躺椅，游客可以在泡温泉的同时欣赏雪景，感受冰火两重天的奇妙体验。

在景区入口处设置大型停车场，划分不同车型的停车区域，方便自驾游客停车。景区内开通观光电瓶车线路，连接各个功能分区，每隔一段时间定时发车，方便游客出行。同时，提供雪地摩托租赁服务，让游客能够快速穿梭在景区内，感受风驰电掣的乐趣。在景区内开设多家特色餐厅，提供东北特色美食，如铁锅炖、杀猪菜、粘豆包等，同时也有西餐、快餐等不同类型的餐饮可供选择，满足不同游客的口味需求。设置小吃摊位，供应烤地瓜、糖葫芦、热奶茶等小吃和热饮，方便游客在游玩过程中随时补充能量。同时建设多种类型的住宿设施，包括雪屋酒店、木屋别墅、度假公寓等。雪屋酒店内部装饰以冰雪元素为主，配备保暖设施，让游客在体验冰雪风情的同时也能保持温暖舒适。木屋别墅采用木质结构，内部装修豪华，配备私人温泉泡池，为游客提供高端的度假体验。

第二节

黑龙江冰雪旅游景观的公共空间设计

黑龙江以其得天独厚的冰雪资源，成为我国冰雪旅游的胜地。在冰雪旅游蓬勃发展的当下，冰雪旅游景观的公共空间设计显得尤为重要，它不仅关系到游客的旅游体验，更对黑龙江冰雪旅游产业的可持续发展有着深远影响。一个设计精良的公共空间，能将黑龙江的冰雪文化、地域特色与游客的需求完美融合，打造出独具魅力的冰雪旅游胜地。

一、黑龙江冰雪旅游景观公共空间的特征

1. 季节性与时效性显著

冬季是黑龙江冰雪旅游的黄金季，冰雪旅游景观的公共空间围绕冰雪资源打造。冰雕、雪雕等景观在低温下才能长期保存，各类冰雪游乐设施也依赖寒冷气候，这使得空间利用集中在冬季，形成鲜明的季节性特征。一旦气温回升，景观和设施便难以存续，须及时拆除或改造，时效性明显。

2. 功能复合性强

为满足游客的多样化需求，其公共空间具备多种功能。交通上，设置了适合冰雪路况的车道与防滑步行道，方便游客前往各景点。休息区配备取暖设备并供应热饮，解决游客保暖和能量补充问题。娱乐区则提供滑雪、滑冰等项目，满足游客的游乐需求，从出行到休闲娱乐，功能高度复合。

3. 文化性突出

空间设计深度融合黑龙江地域文化。建筑风格多采用东北传统样式，如尖顶木屋，不仅利于积雪滑落，而且外观古朴亲切。冰雕、雪雕作品常以赫哲族、鄂伦春族等少数民族文化为蓝本，展现狩猎、渔猎等传统生活场景，游客置身其中，能充分感受地域文化魅力。

4. 体验互动性丰富

注重游客参与感，设置了丰富的互动体验项目。游客不仅能欣赏冰雕、雪雕，还能亲自参与制作。在滑雪场，聘请专业教练指导滑雪，让游客在体验冰雪运动乐趣的同时也能提升技能，这种互动项目极大地增强了游客的旅游体验。

二、黑龙江冰雪旅游景观公共空间的设计要点

1. 功能性设计

公共空间需要满足游客的多种需求。在交通方面，设置清晰的标识引导系统，连接各个景点，确保游客在冰雪环境下安全、便捷地通行。例如在雪乡，合理规划步行道和观光车道，防止人车混行。同时，配备足够的停车场，满足自驾游客的需求。休息区域也是必不可少的，在寒冷的冰雪环境中，设置温暖的休息站，提供热饮、小吃，让游客能够及时取暖、补充能量。在大型冰雪景区，如哈尔滨冰雪大世界，每隔一段距离就设置休息亭，亭内设有暖气和座椅。

2. 文化性设计

深入挖掘黑龙江的冰雪文化和民俗文化，并将其融入公共空间设计中。以冰雕、雪雕为载体，展现黑龙江的历史故事、民间传说和地域特色。在哈尔滨的冰雕节上，常常能看到以赫哲族渔猎文化、鄂伦春族狩猎文化为主题的冰雕作品，让游客在欣赏艺术之美的同时能了解当地文化。建筑风格也可体现地域特色，像雪谷的木屋、雪屋，不仅具有实用性，还成为独特的景观元素，体现着东北民俗风情。

3. 体验性设计

设计各类冰雪娱乐项目，如滑雪、滑冰、冰上摩托、雪圈等，增加游客的参与感。在亚布力滑雪场，设有不同难度级别的雪道，能满足专业滑雪者和初学者的需求，此外还提供滑雪培训课程。设置冰雪文化体验区，让游客参与制作冰灯、雪雕，学习东北传统的冰雪游戏，如抽冰尜、打出溜滑等，深度感受冰雪文化的魅力。

三、黑龙江冰雪旅游景观公共空间的管理和规划

从规划角度来看，首先要做好空间布局规划。根据不同的功能需求，划分出清晰的区域，如观赏区、娱乐区、休息区和餐饮区等。例如在哈尔滨冰雪大世界，将大型冰雕展示区设置在中心位置，方便游客集中观赏；把滑雪、滑冰等娱乐项目安排在相对开阔、地势适宜的区域；休息区和餐饮区则分布在各个功能区的周边，方便游客快速到达。同时，要充分考虑到不同区域之间的衔接，设置便捷的通道，确保游客能够顺畅地在景区内活动。

在设施规划上，要根据景区的定位和游客的需求，配备完善的基础设施。道路要做好防滑处理，安装足够的照明设施，保障游客夜间出行安全。休息区内配备舒适的座椅、取暖设备以及垃圾桶，保持环境整洁。要定期检查维护娱乐设施，确保其安全性和稳定性。

在管理方面，运营时间管理不容忽视。由于冰雪景区的季节性，因此要合理安排开放时间。在旺季，适当延长营业时间，满足游客的游玩需求；淡季则可以进行设施维护和景区升级改造。

人流管理也至关重要。在旅游高峰期，通过设置限流措施、引导标识和增加工作人员，合理疏导游客，避免出现拥挤踩踏等安全事故。同时，利用信息化手段，如实时监控系统和线上预约平台，提前掌握游客流量，及时调整管理策略。

景区还要加强对公共空间的卫生管理和环境维护。及时清理垃圾，保持景区整洁。对冰雪景观进行定期维护，确保其美观和安全性。通过科学合理的规划和有效的管理，黑龙江冰雪旅游景区的公共空间能够更好地服务游客，推动冰雪旅游产业的发展。

第三节

黑龙江冰雪旅游景观中的商业场所和休闲场所设计

黑龙江作为一个冰雪资源丰富的省份，以其优美的冰雪景观和独特的文化风情而闻名全世界，吸引了大批国内外游客前来领略。在以冰雪资源为基础发展冰雪旅游进而促进冰雪经济的背景下，冰雪旅游景观的商业场所和休闲场所设计成为了非常重要的一个环节。

一、黑龙江冰雪旅游景观的商业场所设计

1. 黑龙江冰雪旅游景观商业场所的现状

黑龙江是中国北方最具冰雪特色的省份，拥有丰富的自然资源和非物质文化遗产。冰雪旅游占据黑龙江旅游经济的半壁江山，也是黑龙江重要的经济支柱产业。

随着我国旅游经济的快速发展和旅游市场的不断扩大，黑龙江的相关旅游商业产业现状也在不断变化。在冰雪旅游方面，黑龙江已成为全国最热门的冰雪旅游目的地之一，每年吸引大量的游客前来观光、滑雪、泡温泉、滑冰等。

在贸易领域，黑龙江也在不断发展壮大。随着中国和俄罗斯之间经贸合作的加强和黑龙江对外开放的深入，黑龙江的商业和贸易迅速发展。黑龙江的进出口贸易已占中国对俄罗斯进出口贸易总额的近三分之一，成为中国对俄经贸合作的重要枢纽。黑龙江也在加强自身的经济转型和升级，积极推进科技创新和服务业发展，加快实现从传统资源型支柱产业向现代化产业的转型。

由此可见，黑龙江在旅游和商业领域都有着广阔的发展空间和潜力。黑龙江的冰雪旅游景观中的商业场所已经在不断发展壮大。随着冰雪旅游产业的快速发展，景区内的商业设施根据游客的需求也在逐渐完善和多元化。

黑龙江冰雪旅游景观中的商业场所主要集中在哈尔滨市和重要的景区，如雪乡、五大连池等地。随着管理的日益改进，这些商业场所提供的服务种类丰富多样，包括酒店、度假村、冰雪乐园、冰雪主题公园等。

其中，哈尔滨市的冰雪乐园、冰雪大世界等景区以其规模宏大、设施先进、节目精彩而备受瞩目，是黑龙江重要的旅游名片。在哈尔滨市中央大街，游客可以看到很多具有欧式风情的商业建筑，不出国门便能领略异国风情。同时街上还分布有一些街头摊位，使整个中央大街成为了一个集成性的商业场所，为游客提供各种特色商品、美食等。在哈尔滨冰雪大世界等景区，也有许多商业设施，这些设施能够为游客提供更加便利的服务，如滑雪用品租赁、热饮品售卖、日用品售卖等，在推动旅游经济发展的同时也能够带动周边商业发展。

在哈尔滨市外，黑龙江的其他冰雪景区商业场所的相关服务及配套也愈发成熟。在雪乡景区，游客在旅游时可以购买各种纪念品、特产，参加冰雪活动，观赏冰雪雕等，雪乡景区也有许多商铺和小吃摊位供游客购物和休息，游客可以在滑雪场内一边运动一边品尝各种美食。

黑龙江冰雪旅游景观中的商业场所已经成为景区内不可或缺的一部分，不仅能为游客提供服务，同时也是旅游经济的一部分。随着冰雪旅游市场的不断扩大和游客需求的不断升级，未来的商业场所也会更加多元化和个性化，为来黑龙江旅游的游客提供更加丰富且有特色的服务和体验。

同时，也有一些商业场所存在着一些问题，如设施陈旧、人性化缺失、服务不到位等。这些问题可能会影响游客的旅游体验，从而降低他们对景点的满意度和回头率，而这也是影响旅游经济长效发展的重要因素之一。冰雪旅游景观商业场所的设计必须要注意到这些问题，尽可能地为游客提供更好的旅游环境。

2. 黑龙江冰雪旅游景观商业场所的设计原则

黑龙江冰雪旅游景观商业场所的设计需要遵循一些基本原则，以保障游客的旅游安全和旅行健康，提高游客的体验和满意度。

① 环境融合原则：景区商业场所区别于其他商业场所，应该与周围的自然环境和文化背景相融合。商业街的景观设计师应该尊重并保护景区内的自然景观和文物古迹，采用符合环境要求的环保材料和造型，打造出具有地域特色和文化内涵同时又不失环保性的商业场所。

② 多样化原则：景区商业场所需要尽可能多地提供服务，让游客体验到宾至如归的感觉，满足游客不同的需求和偏好。例如，可以设置滑雪用品租赁处、旅游纪念品销售区、美食餐厅、休息区等，让游客能够获得更加全面和丰富的旅游体验。

③ 安全原则：景区商业场所的设计应该考虑游客的安全和健康，这是尤为重要的。比如在儿童游乐区设计中，要着重注意儿童的安全和健康，在设计造型和选用材料时就得多用心推敲。可以在场所内设置安全隔离设施、灭火设备等，在预防细菌滋生方面，加强消毒和清洁工作，确保游客的安全和健康。

④ 人性化原则：景区商业场所设计应该考虑游客的生理需求以及心理感受，为其提供更加人性化的服务。可以在商业场所内增设便利设施和服务等，如充电宝、免费Wi-Fi、儿童游乐设施、母婴休息室、无障碍设施等，为游客提供更加便利和舒适的服务。

⑤ 可持续性原则：景区商业场所设计应考虑可持续性的发展，运用可持续的设计理念，为景区的长期发展和环境保护做出规划。采用可再生能源、环保材料、回收利用材料，并充分规划商业区的承载能力，提出适度性原则，加强景区内资源管理。

⑥ 科技创新原则：景区商业场所应该充分运用现代科技进行设计，以提高安全性和游客体验。例如，可以设置智能导览系统、语音导览系统、智能客服等，为游客提供更加便利和个性化的服务，应用这些高科技手段也可以提高景区的管理效率和安全水平。

⑦ 经济效益原则：经济效益是商业景区最重要的指标，商业场所的设计应该兼顾经济效益和社会效益，既要提高景区的竞争力和吸引力，也要在创收的同时兼顾游客的感受，创造正能量的价值体系。

⑧ 智能化原则：在当今信息技术高速发展的背景下，景区商业场所的设计也要朝着智能化方向进行。应在冰雪景观区的商业场所中添加智能化设备和工具，提高信息管理效率和物流效率，加强资源利用和节约成本。这些智能化的手段将大大减少人力、物力成本，创造最优化环境。

⑨ 文化传承原则：黑龙江是一个拥有深厚文化底蕴的省份，冰雪文化是黑龙江重要的文化之一，因此，冰雪旅游景观商业场所的设计也应该注重文化的传承和发展。在商业场所中融入黑龙江当地的文化元素，创造商业特色，如少数民族传统手工艺品、民俗风情雕塑等，不仅可以满足游客对文化游览体验的需求，也能促进当地文化的发展和传承。

⑩ 客户至上原则：商业场所设计的最终目的是为游客提供更加满意和愉悦的旅游服务空间，因此客户至上原则应该贯穿整个景区商业场所规划设计的过程。可以在商业场所内增设舒适的休息区，提供贴心的热水服务，为儿童增添童趣互动等，以提升游客的体验感和满意度。

3. 黑龙江冰雪旅游景观商业场所的设计要点

黑龙江冰雪旅游景观中的商业场所的设计除了旅游消费外，应该兼顾多方面的考虑，包括环保、人性化、安全、可持续性、经济效益、文化传承等多个方面，主要目的是提升景区的吸引力和竞争力，为以体验冰雪文化为目的的游客提供更加全面、贴心的服务。

首先，冰雪旅游景观区中商业场所的设计应该充分考虑景观和环境的特点，与周围的景观和环境相协调，不能破坏旅游景观的氛围，要使其更好地融入自然环境中，同时又能突出其独特性和魅力。其次，冰雪旅游景观商业场所的设计应该考虑到来自各地的不同游客的需求和兴趣，精心安排，为其提供多样化的服务和活动，提高人性化水平和舒适度。不仅应该充分考虑到游客的商业活动需求，提供良好的环境和设施，同时还要注重环境细节的处理，如增加座椅、休息区、卫生间等，这些都能够为旅游区的服务水平加分。再次，冰雪旅游景观商业场所的设计应该运用现代科技，如VR、AR等技术，让游客能够利用虚拟技术了解更多的景区信息，增强游客的互动性和参与感。通过科技手段，能让游客更好地了解景点的历史、文化和科技，同时提高游客的学习兴趣和娱乐体验。最后，安全性和可持续性也是冰雪旅游景观商业场所的设计需要考量的内容之一，可以通过建立安全检测机制、采取减少环境污染的措施等，保障游客的安全和健康，同时也为景区的长期发展打下良好的基础。

比如由冰雪艺术家和雕塑家设计和建造的哈尔滨冰雪大世界，其中的冰雕、雪雕、滑冰、滑雪等元素都会在其配套的商业区中呈现。景区的商业配套不仅规模较大，而且设施先进、服务周到，成就了一个极具特色和魅力的冰雪旅游景点。在设计方面，冰雪大世界充分考虑了环境和景观的特点，将自然环境和冰雪艺术相结合，创造出了独特的冰雪景观，同时还提供了多样化的活动和服务，在商业服务区中还有各地的美食，能满足不同游客的味蕾，比如东北的锅包肉、云南的过桥米线等。

黑龙江雪乡也是一个商业设计较为成熟的旅游景区，不仅拥有众多的雪景和冰雕艺术作品，同时也具备商业接待能力，吸引了大量游客前来观赏和体验。其在商业区设计方面注重了人性化和舒适度，为游客提供了多个商业观景平台、休息区和卫生间，同时还增设了商业区扶手，方便游客出行和观赏。雪乡还在商业区中引入了一些现代科技，如智能导览系统、VR体验等，提升了景观的互动性，增强了游客的参与感。商业区还注重环境保护和可持续发展，采取了一些措施，如商业活动垃圾的回收利用等。

黑龙江作为一个拥有丰富冰雪旅游资源的省份，其冰雪旅游景观商业场所设计对于提高游客体验、保障游客安全和景区可持续发展至关重要。在商业场所的设计中，应该充分考虑景区的环境、特点及景区的定位，为游客提供相对全面的服务，但要注重适配原则，提高人性化和舒适度，并运用现代科技手段，提高景区安全性和顾客的便利性等，让游客在旅游中随时都能感受到景区的关怀。在设计商业场所的过程中，也需要注意一些问题，如人流量控制、交通安排、卫生清洁等，以保障整体景观区的井然有序。黑龙江冰雪旅游景观商业场所的设计需要各方共同努力，充分发挥景观设计师、建筑师、景区管理方等的智慧和创新力。在这个过程中，各方都需要做好充分的沟通和合作，共同打造一个美观、实用、安全、可持续的商业场所。黑龙江冰雪旅游景观商业场所设计具有很高的实践意义和研究价值，通过不断地积累经验，同时借鉴世界各国的冰雪旅游景观体系，黑龙江的冰雪旅游景观商业场所一定能持续优化，得到可持续性发展。

二、黑龙江冰雪旅游景观的休闲场所设计

1. 黑龙江冰雪旅游景观休闲场所的现状

（1）设施建设和配套服务不断升级

近年来，黑龙江冰雪旅游景观的休闲场所设施建设和配套服务不断升级，如亚布力滑雪度假区、雪乡等旅游景区，逐渐完善了滑雪场、温泉、酒店等配套设施，为游客提供了更加舒适和全面的服务。

（2）强调文脉的传承和创新发展

黑龙江冰雪旅游景观的休闲场所在文化传承和创新方面也做了一些尝试，如雪乡的休闲场所就通过展示当地的民俗文化、举办冰灯展览等方式，为游客呈现了当地的文化魅力和特色。

（3）加强科技应用和数字化服务

黑龙江冰雪旅游景观的休闲场所也加强了科技应用和数字化服务，如雪乡和亚布力滑雪度假区等旅游景区的休闲场地，引入了智能门禁、自助服务机、数字导览等技术，为游客提供了便捷性服务和智能化体验。

（4）加强管理和监督

黑龙江冰雪旅游景观的休闲场所在管理和监督方面也有所加强，如雪乡对游客的安全进行严格把关，严禁游客离开指定区域等。同时，也加强了对场所环境和设施的维护和管理，保证了游客的舒适和安全。

黑龙江冰雪旅游景观休闲场所的现状是在不断改进和完善，但也还存在着一些问题，如休闲场所由于设施老旧导致服务不完善等。需要进一步加强管理和创新，提高服务水平和游客体验，促进旅游业的可持续发展和经济发展。

2. 黑龙江冰雪旅游景观休闲场所的设计原则

① 自然性原则：休闲场所应该与黑龙江的自然环境相融合，创造出一种舒适自然的环境氛围。在室内设计中可采用暖色调的灯光和木质材料，给人带来一种温馨自然的感觉。

② 功能性原则：休闲场所的设计需要考虑不同场所的使用功能，包括空间大小、空间功能和流线等。可将一个小型的咖啡馆设计为小而温馨的空间，为游客提供一个安静放松的环境；可将一个大型的休闲场所设计为开放式空间，以容纳更多的人群和设施，供人们在此进行社交活动。

③ 舒适性原则：设计需要注重舒适性，让游客感到放松和愉悦。例如，在室内设计中可使用柔和的色调、柔软的家具和绿植等，增加空间的温暖感和亲近感。休闲场所应该提供多种多样的服务和体验，以满足不同游客的需求和偏好，使其感到更加舒适。例如，在休闲场所内可提供进行各种活动的空间，如阅读区、电影区、游戏区、品茶区等，为游客带来更加多元化的舒适体验。

④ 互动性原则：设计需要注重游客的参与感，提升互动性。在休闲场所中可设置互动游戏区、DIY工作坊等，让游客在休闲时有更多的选择。

⑤ 可持续性原则：同时应该注重场所的可持续性，采用环保和可持续的设计理念和材料，在设计中可采用可再生能源、回收利用材料等，同时要计算场所的投入产出比，以保证持续运营。

⑥ 科技创新原则：休闲场所的设计也要充分运用现代科技，提高游客的体验感和便利度。在设计中可设置智能导览系统、智能客服等，为休闲场所的游客提供更加新颖、便捷和个性化的服务。

⑦ 文化传承原则：休闲场所的设计也应该注重文化的传承，通过将黑龙江的地方文化元素融入休闲场所的设计中，为游客带来全新的文化体验。例如，在休闲场所中增设黑龙江当地的传统文化展示区，或者邀请当地民间艺术家进行表演，让游客在休闲之余也能够体验传统文化。

⑧ 客户至上原则：休闲场所设计的最终目的是为游客提供更加满意和愉悦的体验，因此客户至上原则应该贯穿整个设计过程。可通过在休闲场所内增设舒适的座位，提供贴心的医疗保障和相关的后勤服务，增加互动游戏等，提升游客的体验感和满意度。

黑龙江冰雪旅游景观的休闲场所应该是注重环境、人性化和体验的综合体验场所，兼顾多方面的考虑，包括自然性、功能性、舒适性、互动性、可持续性、科技创新、文化传承等方面。通过合理的设计和运营，休闲场所可以成为吸引游客的重要因素，为游客提供更加舒适、愉悦和有意义的体验。

3. 黑龙江冰雪旅游景观休闲场所的分类

（1）咖啡馆和茶室

咖啡馆和茶室通常被认为是最适合休闲和放松的场所之一。冰雪旅游景区也会有咖啡馆和茶室的设计，设计中可考虑采用柔和的色调、舒适的座位和温馨的灯光，增加游客的放松感和舒适感。另外，可提供小食品和饮品等，为游客提供更多的选择和体验。

（2）图书馆和阅读室

图书馆和阅读室通常被视为安静和沉思的场所，冰雪旅游景区也可为特定的客户群体提供阅读服务，提供各种书籍和杂志供游客阅读。在设计中，可采用安静的色调、舒适的座位和良好的照明等，创造一个安静和舒适的环境。另外，可设置良好的空气循环设备和静音设备，避免噪声和气味等影响游客的阅读休闲活动。

（3）休闲游戏区

休闲游戏区通常是年轻人和儿童的首选休闲场所。在设计中，可采用明亮的色调、多功能座位和灵活的空间布局等，提供更加多样化的游戏和娱乐体验。另外，可设置大型电视、游戏机和互动游戏等，提升游客的参与感。

（4）健身房和瑜伽室

健身房和瑜伽室通常是关注身体健康的人士的首选休闲场所。在设计中，可采用明亮的色调、舒适的座位和良好的空气循环设施等，创造一个舒适和健康的环境。同时可提供先进的健身器材和高质量的瑜伽垫等，为游客提供更加专业和全面的健身体验。

需要根据不同场所的特点和游客的个性需求进行休闲场所的精细化设计。通过创造舒适的、多元的、有意义的环境和体验，休闲场所可成为便于游客放松、娱乐和促进健康的重要场所，成为冰雪旅游景观中理想的舒适空间。

4. 黑龙江冰雪旅游景观休闲场所的设计要点

（1）设计宜融入地方文化元素

① 植入黑龙江当地的传统文化元素。如传统的壁画、雕塑、农民画、手工艺品等，为游客带来更地道的文化体验。在休闲场所的墙面上增设具有黑龙江少数民族特色的图案，向游客展示黑龙江的历史和文化底蕴。在休闲场所的展示区内，可展示黑龙江当地的冰雪文化、民俗文化和传统手工艺品。

② 增加各种与黑龙江传统文化相关的活动。如黑龙江音乐会、民俗文化活动等，通过这些活动，不仅能增进游客对黑龙江文化的了解，还能为黑龙江的文化输出贡献力量。

③ 采用主题化设计。将空间布置成具有黑龙江特色的主题场所，如"黑土地的冰雪王国""味道龙江"等。通过主题化设计，能为游客带来更鲜明的体验，宣传黑龙江文化的品牌形象，增强景观吸引力和影响力。

④ 在前期设计时融入黑龙江的民俗文化。可在休闲场所中增设黑龙江民俗文化体验区，让游客亲身参与民俗文化活动，了解和感受黑龙江独特的民俗文化。

黑龙江冰雪旅游景观的休闲场所设计应注重文化的传承与发展，通过融入文化元素、开展文化活动、设计主题化空间等，为游客提供更全面、深入且有意义的文化体验，成为游客与黑龙江文化沟通的桥梁。

（2）以人性化观念引领设计方向

① 关注游客需求。在休闲场所的设计和运营过程中，应重视游客的需求和偏好，提供符合其需求和期望的服务和体验。在休闲场所中可设置服务台和问询处，为游客提供咨询与解答。隔音、调光等设备也应纳入设计范畴，以提供更个性化、舒适的环境体验。

② 体现人性化服务。休闲场所的服务应注重人性化，可提供礼宾服务、免费Wi-Fi、充电站等，为游客提供便捷、舒适、安心的服务。同时，在休闲场所的管理和维护中，也应关注游客的感受和需求，避免影响游客的游览和观光体验。

③ 提高员工的基本素质。在休闲场所的运营中，员工的服务水平和基本素养对游客体验至关重要。要重视员工的培训和教育，提高其整体服务水平和素质，为游客提供更专业、贴心的服务。

④ 加强管理和监督。休闲场所应加强对场所的管理和监督，保障场所的卫生、秩序和安全。同时，也应重视游客的反馈和建议，及时改进和优化服务与环境，提高游客的满意度和忠诚度。

人性化设计和服务是黑龙江冰雪旅游景观的休闲场所设计需关注的核心。通过关注游客需求、提高员工素质、加强管理和监督等策略，为游客提供更舒适、安心、满意的服务，这也为整个景区提供了完善的后勤保障。

第四节

黑龙江冰雪旅游景观的自然现状和生态旅游区 设计

一、黑龙江省的自然保护现状

黑龙江省是我国重要的生态保护区域之一，拥有独特的自然环境和丰富的自然资源，如松花江、黑龙江等重要河流，松嫩平原、小兴安岭、大兴安岭等地理景观，还有珍稀动植物资源等。然而，长期的人类活动以及经济的快速发展，使黑龙江省的自然保护状况面临很大挑战。

1. 黑龙江省自然环境保护的积极措施

（1）自然保护区的建设

黑龙江省已建设包括国家级、省级等多个级别的自然保护区。目前，黑龙江省自然保护区总面积达636万公顷。这些自然保护区的建设，不仅保护了许多重要的动植物资源，还保护了一些重要的生态系统，对整个黑龙江的气候环境起到了调节作用。

（2）生态环境的改善

黑龙江省在生态环境保护方面取得了显著成效。政府加大了对环境保护的投入和监管力度，采取了行之有效的措施，加强了对重点污染企业的监管，并强化水资源保护。同时，政府加大了对森林资源的保护力度，加强森林防火和对乱砍滥伐行为的治理，使森林资源得到了有效保护。

（3）生物多样性的保护

黑龙江省拥有众多珍稀动物资源，如东北虎、丹顶鹤、东北豹、狍子等。政府加强了对这些珍稀物种的保护力度，建设了一些野生动物保护区，严厉打击非法狩猎和过度捕捞行为。政府还加强了对生态系统保护和修复，对许多湿地、湖泊等水生生态系统进行重建，保障了黑龙江的生物多样性，提高了生态系统的稳定性。

（4）污染的治理

随着城市化加速和经济发展，黑龙江省的环境污染问题日益严重。因此，政府加大了环境污染治理力度，建设了一些污水处理厂和垃圾处理中心，并通过一系列措施加强了对污染企业的监管。政府还高度重视水资源保护，对所有大小河流进行水质监测，加大水污染治理投入。

（5）气候变化的应对

黑龙江省气候变化带来的问题越来越突出。政府采取了一系列措施应对气候变化，如加强森林资源保护和修复、建设人工林，以减少碳排放量。黑龙江是农业大省，加强农业生产的科学管理，提高农业适应气候变化的能力对黑龙江省至关重要。政府还加强了气象监测和气候预警工作，以提高灾害防范和减灾能力。

2. 存在的问题与挑战

（1）经济发展与环境保护的矛盾

黑龙江省的经济发展与环境保护之间存在一定矛盾。近年来经济增长乏力，一方面，政府应大力发展经济，推动产业升级和转型，提高地区经济竞争力；另一方面，应努力加强环境保护，保护本地生态环境和生物多样性。如何在经济发展和环境保护之间取得平衡，是黑龙江省未来发展的关键问题。

（2）生态环境保护能力不足

尽管黑龙江省在生态环境保护方面取得了显著成效，但仍有很多不足需深入研究。政府在环境保护方面投入不足，对环境问题的重视程度有待提高，环境污染和生物多样性丧失问题仍然存在，自然生态系统经多年破坏已十分脆弱。

（3）气候变化和自然灾害的影响

随着气候变化加剧，黑龙江省的自然灾害问题愈发突出。洪涝、干旱等自然灾害的发生，加之人们对自然灾害的预防准备不足，给黑龙江省的生态环境和经济发展带来了重大影响。如何应对气候变化和自然灾害，保护本地生态环境和人民生命财产安全，是黑龙江省在未来发展中应重点研究的问题。

（4）环境治理与管理体系需要完善

黑龙江省的环境治理与管理体系仍需进一步完善。社会各界应加大对环境治理和管理的投入，加强对环境污染和生态系统破坏的监管力度。同时，政府需要加强与公众及企业的合作，形成多方参与的环境治理和管理体系。

3. 未来的发展方向

黑龙江省的自然保护现状虽存在一些问题和挑战，但政府和社会各界已开始意识到相关问题，并采取相应措施，取得了一些积极成效。今后应继续加强生态环境保护，持续监测生物多样性，同时针对环境可持续性、地区生态品质改善采取一些措施。

加大环境保护和治理力度，加强生态系统修复，治理环境污染，保护珍稀动植物资源，建设野生动物保护区和植物自然保护区，维护物种丰富性。加强与企业、公众的合作，形成多方参与的环境治理和管理体系，共同推动生态文明建设与可持续发展。加强气候变化监测，并开展自然灾害防范工作，提高地区的应对和适应能力。加强环境管理与监督力度，提高环境保护和治理效能。提高公众的环境保护意识和环保知识水平，营造全民参与生态文明建设的氛围。

黑龙江省自然保护形势虽严峻，但只要政府和社会各界共同努力，加强生态环境保护和治理，推动可持续发展，就一定能保护好本地生态环境和生物多样性，为建设更好的冰雪旅游景观奠定基础。

二、黑龙江冰雪旅游景观的自然资源现状

黑龙江，在中国的版图上宛如一颗璀璨的冰雪明珠，闪耀在最北端。作为首屈一指的冰雪旅游胜地，这里有着数不胜数的美丽冰雪景观，它们宛如大自然精心雕琢的艺术品，每一处都散发着迷人的魅力。而保护这些景观，让它们的天然之美得以延续、生态完整性得以维护，是我们义不容辞的责任。

黑龙江所处的独特地理位置赋予了它丰富得令人惊叹的自然冰雪资源。这里在冬季就成为了冰雪的王国，寒冷的气候如同一位神奇的魔法师，施展着它的魔力。长达数月的雪期，使得大地被厚厚的白雪覆盖，像是披上了一层洁白无瑕的盛装。在这样的环境下，各种各样的冰雪景观如同雨后春笋般涌现出来，成为了大自然赋予人类最壮丽的视觉盛宴。

雪乡，这颗黑龙江冰雪旅游皇冠上的耀眼明珠，以其如梦如幻的雪景而闻名遐迩。当游客踏入雪乡，就仿佛进入了一个童话世界。雪花纷纷扬扬地飘落，如同精灵在空中翩翩起舞。这里的每一片雪花都像是大自然派出的使者，它们齐心协力，将整个世界变成了白色的海洋。那些独具特色的民居错落有致地分布在这片白色世界中，屋顶上厚厚的积雪像是松软的棉花糖，有的形状如同蘑菇，可爱至极。烟囱中袅袅升起的炊烟，在寒冷的空气中缓缓飘散，与冰雪相互交融，勾勒出一幅充满生活气息又宛如仙境的天然冰雪画卷。夜晚的雪乡更是美得令人窒息，五彩斑斓的灯光映照在雪地上，折射出梦幻般的色彩，每一个角落都像是被施了魔法，让人流连忘返。在这里，游客们可以尽情地享受滑雪、打雪仗、坐雪橇等娱乐活动，与冰雪来一次亲密接触，感受大自然的馈赠。

而松花江冰瀑，则是黑龙江省大自然创造的又一伟大杰作。它位于松花江上游，这条长达约40千米的冰瀑带，宛如一条银色的巨龙横卧在大地之上。每年12月至次年2月，当寒冷的气温将奔腾的江水定格时，水流便凝固成一片片冰瀑，其壮观程度难以用言语形容。有的冰瀑如同一排排利剑，直插云霄，在阳光的照耀下闪烁着寒光，彰显出大自然的雄浑与力量；有的冰瀑则像是巨大的珠帘，层层叠叠，晶莹剔透，仿佛在诉说着松花江的柔情与细腻。冰瀑周围的树木也被冰雪包裹，树枝上形成了各种奇特的冰挂，有的像珊瑚，有的像鹿角，与冰瀑相互映衬，构成了一道道令人叹为观止的自然景观。游客们可以沿着冰瀑漫步，近距离感受它的雄伟与壮丽，也可以在这里拍摄下这震撼人心的画面，将这大自然的神奇美景永远留存。

除了雪乡和松花江冰瀑，黑龙江还有许多值得一去的冰雪景点。比如亚布力滑雪场，它是亚洲著名的滑雪胜地，拥有优质的雪道和完善的滑雪设施。无论是初学者还是专业滑雪者，都能在这里找到适合自己的滑道，在雪地上风驰电掣，体验滑雪的刺激与乐趣。还有漠河北极村，这里是中国最北的村庄，独特的地理位置使得它拥有极昼和极夜现象。在冰雪覆盖的季节里，游客可以在这里观赏到美丽的北极光，那绚烂多彩的光芒在夜空中舞动，与冰雪世界相互辉映，为游客带来一场视觉上的饕餮盛宴。

黑龙江的这些自然冰雪景观，不仅是旅游资源，更是大自然赋予人类的宝贵财富。我们应该采取积极有效的措施，加强对这些自然景观资源的保护。一方面，要合理进行旅游开发，避免过度开发对生态环境造成破坏；另一方面，要加强对游客的环保教育，提高游客的环保意识，让每一个来到这里的人都成为自然冰雪景观的守护者，使黑龙江的冰雪之美能够永远延续下去，为子孙后代留下这片纯净而美丽的冰雪世界。

三、黑龙江冰雪旅游景观生态旅游区设计

黑龙江省地域辽阔，气候严寒，资源丰富，生态独特，拥有得天独厚的自然条件。近年来，随着国家对生态文明建设的高度重视，生态旅游作为一种新型的旅游形式，逐渐受到人们的青睐。本小节以黑龙江省为例，探讨如何规划与设计生态旅游区，使其成为一个可持续发展、具有国际竞争力的旅游品牌。

1. 黑龙江省生态旅游资源

① 丰富的生态资源：黑龙江省拥有大量的生态资源，植物种类虽不是很多，但也有2400余种，鸟类有300余种，典型的动植物有东北虎、东北豹、红松、白桦等。

② 特色的自然景观：黑龙江省有大兴安岭、小兴安岭、漠河北极村、五大连池等独特的自然景观，吸引了大量游客。

③ 独特的民族文化：黑龙江省是多民族聚居地区，拥有丰富的民族文化资源，如赫哲族、鄂温克族、鄂伦春族等，他们的生活方式、宗教信仰、民间艺术等为生态旅游增色不少。

2. 黑龙江省冰雪生态旅游区规划与设计方法

在进行黑龙江冰雪旅游景观中生态旅游区的规划与设计时，首先应开展资源调查与分析工作，具体调查内容如下。

生态资源调查：对黑龙江省的生态环境、动植物资源、自然景观等进行详细调查与研究，了解各种生态资源的分布、特点和价值，为生态旅游区设计提供基础数据。

文化资源调查：深入挖掘黑龙江省的民族文化、历史文化、非物质文化遗产等资源，为生态旅游区设计提供丰富文化支持。

旅游市场调查：开发主管部门需要了解目标游客的需求、消费习惯和旅游行为特点，这一点尤为重要，以便在生态旅游区设计中满足游客需求。

其次，应在设计中严格遵循设计原则。充分考虑生态保护，尽量减少对自然环境的破坏，实现人与自然和谐共生，这属于生态优先原则；注重民族文化的传承与发展，使游客在享受自然风光的同时，也能了解和体验当地民族文化，这属于文化性原则；应以科学的方法和技术为基础，充分调查和研究生态系统，保证生态旅游区的可持续发展，这属于科学规划原则；应注重创新，结合当地特色，不断开发新的旅游项目，提高生态旅游区的竞争力，这属于创新设计原则。

最后，在设计生态旅游区时要明确设计目标，运用科学、合理的设计策略与手段，以下是在设计中应注意的要点。

生态旅游区设计的核心在于保护生态环境，确保自然资源的可持续性。这意味着在设计过程中，要将对自然生态系统的影响降至最低限度。对生态敏感区域要进行严格保护，限制游客数量和活动范围，避免过度开发和破坏。此外，要加强对野生动植物的保护，制定相关保护措施和规定，禁止非法捕猎、采集等行为。要尊重自然的规律和特点，不强行改变自然景观和生态过程。在规划旅游线路和项目时，要充分考虑自然环境的承载能力，避免对生态系统造成不可逆转的损害。要尊重当地的气候、地形、土壤等自然条件，选择合适的开发方式和项目类型。

在冰雪旅游景观中，生态旅游区的发展离不开当地社区的支持和参与。要积极与当地社区沟通和合作，让他们参与到旅游规划、开发和管理的过程中来。可以通过提供就业机会、培训和经济利益分享等方式，提高社区居民对生态旅游的认同感和积极性，促进社区的可持续发展。

许多生态旅游区都拥有独特的文化遗产，这些文化遗产是人类文明的瑰宝。在设计生态旅游区时，要注重对当地文化的保护和传承，避免文化的商业化和庸俗化。要尊重当地的风俗习惯、宗教信仰和传统技艺，通过文化展示、体验等方式，让游客更好地了解和感受当地文化的魅力。

在冰雪旅游景观中建设生态旅游区的最终目标是实现可持续发展，即经济、社会和环境的协调发展。因此在设计过程中，要综合考虑旅游开发的经济效益、社会效益和环境效益，寻求三者之间的平衡。要注重旅游资源的长期利用和保护，避免短期行为对生态旅游区造成负面影响。可以通过导游讲解、设立标识牌等方式，向游客传递生态环境保护和文化保护的知识和理念，提高游客的环保意识和文化素养，引导游客养成良好的旅游行为习惯，减少对环境的破坏。

科学合理的规划是生态旅游区设计的重点。应充分利用地理信息系统、遥感等现代技术手段，对冰雪旅游目的地的自然环境、文化遗产等进行全面调查与分析。依据调查结果制定详细的生态旅游区规划方案，涵盖旅游线路、景点布局、服务设施等方面，确保规划科学且可行。

为满足不同游客的需求与兴趣，生态旅游区的设计应注重体验的多样性。通过提供丰富多样的旅游项目和活动，如徒步、观鸟、野营、文化体验等，让游客充分感受生态自然的魅力。同时，要重视游客的个性化需求，提供定制化旅游服务。

有效的管理是可持续发展的保障。应在冰雪旅游景区中建立健全的生态旅游管理体制和机制，明确各部门及人员的职责与权限，加强对从业人员的管理与监督，确保其遵守相关法律法规和规章制度。同时，建立游客投诉处理机制，及时解决游客反映的问题。

在生态旅游区的设计中，还需要政府、企业等各方的共同努力与合作。应加强各方之间的沟通与协调，建立良好合作关系，通过合作，实现资源共享、优势互补，达成合作共赢的局面。

3. 黑龙江省冰雪生态旅游区设计案例

（1）亚布力滑雪旅游度假区

亚布力滑雪旅游度假区在设计中极为注重生态性，力求实现旅游开发与生态保护的和谐共生。

在规划布局上，度假区充分尊重原始地形地貌，依山地走势开辟滑雪道，最大程度减少对山体植被的破坏。在滑雪道之间保留了足够的原生林带作为生态隔离，不仅维护了生态系统的完整性，还为游客带来了与自然亲密接触的独特体验。

在资源利用方面，度假区巧妙利用自然降雪，结合先进的造雪技术，实现雪资源的高效利用。造雪设备选用环保型产品，减少对环境的污染，且合理规划造雪区域，避免过度消耗水资源。同时，对度假区内的水资源进行循环利用，将其用于造雪、灌溉，以及作为景观用水等，提高水资源的使用效率。

在设施建设过程中，度假区采用环保材料，如在建筑外装中使用可再生的木质材料，不仅与周边自然环境相融合，还降低了建筑能耗。并且，建筑布局充分考虑自然通风与采光，减少人工照明和空调系统的使用，进一步降低了能源消耗。

此外，度假区还制定了严格的生态保护措施，加强对游客和工作人员的环保教育，引导游客文明旅游，减少垃圾排放，保护当地生态环境。通过这些生态性设计，亚布力滑雪旅游度假区在为游客提供优质滑雪体验的同时，也守护了这片宝贵的自然生态资源。

（2）运粮河露营主题冰雪景区

依据运粮河周边的地形地貌，巧妙规划露营区域。在平坦开阔且植被稀疏的区域设置露营地，避免在珍稀植被覆盖区和野生动物栖息地建设。同时，保留自然形成的雪丘、冰面等景观，使露营位围绕这些景观合理分布，让游客在露营时能充分欣赏自然美景，实现露营与自然景观的和谐共生。

在露营区与周边湿地、林地之间，特意规划出宽幅的生态隔离带。在隔离带内种植当地耐寒的原生植物，既能有效阻止游客随意进入生态敏感区域，又能起到涵养水源、调节局部气候的作用，维护整个景区生态系统的稳定性。

景区提供的露营帐篷均采用环保可降解材料制作，在保证保暖、防风等性能的同时，降低对环境的污染。帐篷内部的设施，如睡袋、防潮垫等，也选用天然材质，减少化学合成材料的使用。

露营区配备太阳能充电板，满足游客对手机、相机等电子设备的充电需求。公共照明设施采用太阳能路灯，不仅节能，还能与冰雪环境相融合。同时，在一些较大型的露营活动中，使用小型风力发电机作为辅助能源，确保能源供应的多样化与可持续性。

在露营过程中，景区组织专业的生态科普活动，向游客介绍运粮河周边的生态环境、动植物种类以及保护知识。通过实地观察、讲解，让游客在享受露营乐趣的同时，增强生态保护意识。

景区大力倡导无痕露营理念，为游客提供环保垃圾袋，引导游客在露营结束后将垃圾全部带走。同时，禁止游客在露营地生火烧烤，避免对植被和土壤造成破坏，确保露营活动对生态环境的影响降至最低。

（3）漠河北极村生态旅游区

漠河北极村是中国最北端的旅游胜地，拥有独特的极地风光和民族文化。在规划设计过程中，着重突出北极风光和冰雪旅游资源，开发冰雪观光、寒地科考等旅游项目，并加强对漠河气候资源的保护，打造具有北极特色的民族文化旅游产品。

黑龙江省生态旅游资源丰富,发展潜力巨大。通过科学合理的规划与设计,结合我国庞大的旅游消费需求,可将其打造成为具有国际竞争力的生态旅游品牌。为实现这一目标,我们须遵循生态优先、文化内涵、科学规划和创新设计的原则,确保旅游区可持续发展。同时,还要注重培养旅游人才,提高旅游服务水平,让黑龙江的旅游经济腾飞。

4. 黑龙江省冰雪生态旅游区发展策略

① 政策支持:政府应加大对冰雪生态旅游区的扶持力度,出台相关政策,鼓励投资者投资冰雪生态旅游项目。加强对生态旅游区的监管,对违规经营要有切实有效的惩罚措施,确保生态旅游区的可持续发展。

② 宣传推广:加大对黑龙江省冰雪生态旅游区的宣传力度,利用自媒体、新媒体等各种媒体渠道进行推广。举办各类旅游节庆活动,吸引更多游客前来旅游。

③ 旅游产品开发:结合黑龙江省冰雪生态旅游区的特点,开发具有地域特色的旅游产品,满足不同游客的需求。例如,针对以家庭为单位的游客,可开发亲子游产品;针对年轻人,可开发户外探险、体验式旅游产品。

④ 旅游服务质量提升:提高旅游服务质量,包括住宿、餐饮、交通等方面。加强对旅游从业人员的培训,提高其服务水平。同时,加强生态旅游区的设施建设,为游客提供更舒适的旅游环境。

⑤ 与国际接轨:学习借鉴国际先进的生态旅游理念和管理经验,提升黑龙江冰雪旅游景观中生态旅游区的国际化水平。积极参加国际旅游交流与合作,与各国游客积极沟通交流,争取吸引更多国际游客。

5. 黑龙江省冰雪生态旅游区前景展望

随着生态旅游产业不断发展,黑龙江省冰雪生态旅游区将迎来更广阔的发展空间。黑龙江省将继续优化旅游资源布局,加强旅游基础设施建设,持续提升旅游服务水平,打造一批具有国际影响力的冰雪旅游景区。同时,将进一步发挥冰雪生态旅游在促进地区经济发展、改善民生、保护生态环境等方面的作用,使生态旅游成为黑龙江重要的经济支柱型产业,并实现持续发展。

① 在促进地区就业方面,冰雪生态旅游的发展将为当地居民提供大量就业机

会，包括旅游接待、导游、餐饮、住宿等行业，提高居民收入水平，改善民生。

② 在拓展产业链方面，冰雪生态旅游的发展将带动与旅游相关的多个产业链，如农业、文化、交通等，促进产业间的协同发展，形成产业集群效应，推动地区经济快速发展。

③ 在吸引外资方面，冰雪生态旅游区知名度的提升，将吸引外资企业投资兴建旅游设施、酒店等，带动资本流动，助力地区经济增长。

④ 在创收方面，随着冰雪生态旅游业的发展，政府可通过旅游税收、门票收入等渠道增加财政收入，从而为地区基础设施建设和民生改善提供更多资金支持。

第七章

冰雪旅游景观的营建和管理——以黑龙江为例

第一节

黑龙江冰雪旅游景观的建设和监管

黑龙江是中国最重要的冰雪旅游目的地，在全国的冰雪旅游业中处于领先地位，拥有得天独厚的自然资源和独特的冰雪文化传统。随着冰雪旅游业的不断发展，黑龙江冰雪旅游景观的建设和监管越来越重要。

一、黑龙江冰雪旅游景观建设的现状

1. 冰雪旅游资源优势突出

黑龙江拥有得天独厚的自然资源，为许多冰雪旅游景观的建设提供了先天优势。黑龙江的冰雪旅游景区大多分布在自然保护区和生态环境较好的地区，例如，雄伟壮观的大兴安岭山脉上的黑龙江漠河国家地质公园，有独特的冰雪景观和自然生态系统；著名的乌苏里江国家森林公园野生动植物资源丰富。此外，黑龙江还有许多天然温泉和矿泉资源，如五大连池景区。这些景区以原始、野生的生态环境闻名，吸引大量自然爱好者前来游览。黑龙江最重要的自然资源之一是冰雪资源。黑龙江冬季气候寒冷、降雪量大，冰雪资源丰富，境内有雪乡、亚布力滑雪场、中俄界江冰瀑等许多冰雪旅游景区，每年冬季都能吸引数百万国内外游客前来游览。

黑龙江冰雪文化底蕴深厚，是中国北方冰雪文化的重要代表，体现在体育、历史、文学、民俗、艺术等多个方面。黑龙江滑雪和滑冰运动历史悠久，速滑和冰球运动享誉国内外。黑龙江还有丰富的冰雪文学和冰雪艺术，如冰雪诗歌、冰雪雕塑、冰雪油画、冰雪版画等，这使得黑龙江的冰雪旅游景观具有独特的文化价值和吸引力。

2. 冰雪旅游品牌效应显著

黑龙江是中国最早开展冰雪旅游的地区之一，其凭借丰富的冰雪资源和独特的文化传统，打造了中国最早且最具影响力的冰雪旅游品牌。近年来，黑龙江冰雪旅游业快速发展，其冰雪旅游品牌效应也愈发显著。黑龙江的冰雪旅游品牌效应是多维度的，这主要体现在以下几个方面。

（1）提升景观知名度

黑龙江的冰雪旅游品牌已成为国内外游客心目中最具影响力的品牌之一，尤其是在国内市场，这种品牌优势尤为突出，吸引了大量游客的关注。政府和旅游企业加强了对冰雪旅游品牌的宣传营销，使黑龙江的冰雪旅游景观得到了更广泛的认知与认可，提升了其知名度和美誉度。

（2）带动地方经济发展

黑龙江的冰雪旅游品牌效应极大地推动了地方经济发展。大量游客涌入，带动了旅游业、餐饮业、住宿业、交通运输业等多个行业的发展，同时提升了国内外游客对黑龙江城市的认可度，不少游客旅游后在当地买房落户，促进了当地经济的发展。

（3）塑造城市形象

黑龙江的冰雪旅游品牌形象已成为黑龙江重要的地域形象之一。政府和旅游企业通过打造冰雪旅游品牌，塑造了黑龙江的冰雪城市形象，提升了黑龙江在国内外游客心目中的整体形象。

（4）促进社会文化交流

冰雪旅游品牌效应还有助于促进黑龙江的社会文化交流。随着黑龙江冰雪旅游品牌热度不断攀升，越来越多的游客通过自媒体等渠道了解了黑龙江，对当地文化、历史和传统产生了兴趣，并来到黑龙江旅游，与当地居民进行交流，进而推动了不同地区间的文化理解和交流。

（5）产业升级和转型

黑龙江的冰雪旅游品牌效应还体现在推动产业升级和转型上。政府和旅游企业注重创新发展，推出多项新的冰雪旅游产品和服务，以满足不同游客的需求，如共享冰雪旅游、智慧冰雪旅游服务、冰雪沉浸体验式旅游等。通过游客反馈，不断改进服务模式，提高了黑龙江冰雪旅游产业的吸引力。政府和旅游企业还将继续加强冰雪旅游品牌的打造和宣传，通过提升软件硬件服务标准，增强品牌竞争力，为黑龙江冰雪旅游产业的快速、健康、可持续发展保驾护航。

（6）带动相关产业发展

冰雪旅游需要大量配套服务来满足游客需求，如住宿、餐饮、交通运输、购物等，这些服务的完善对当地经济发展有正面推动作用。黑龙江的冰雪旅游景区经过多年发展，周边的餐饮、住宿和购物等相关产业发展迅速，带动了当地经济发展，同时促进了就业。

（7）提高行业标准和服务水平

为提高游客旅游体验和保障安全，黑龙江的冰雪旅游品牌推动了服务水平的提升，进而促进了行业标准的制定。通过建立反馈机制，政府和旅游企业加强了对冰雪旅游服务标准和规范的执行力度，提高了行业标准和服务水平，保障了游客旅游安全和各项权益。经过多年努力经营，增强了游客对黑龙江冰雪旅游的信任与认可。

黑龙江的冰雪旅游品牌效应涉及政府、企业、游客等多方面。政府和旅游企业不断创新和发展，以持续提升冰雪品牌效应，推动黑龙江冰雪旅游产业的发展，并为黑龙江经济、社会的发展乃至整个东北老工业基地的复苏作出更大贡献。

3. 旅游基础设施建设完善

随着人们旅游需求的不断增长，黑龙江加大了旅游基础设施建设力度，涵盖道路、交通、酒店、餐饮、购物、环境等方面。黑龙江的道路和交通网络显著改善，多条高速公路和铁路贯穿全境，游客能方便地到达各个旅游景点。黑龙江的酒店和餐饮业也根据游客需求进行了相应改善，旅游购物中心、娱乐场所等也完成了升级，以便为游客提供更好的服务。

4. 冰雪旅游活动多样

黑龙江的冰雪旅游活动日益多样化。除传统的滑雪、滑冰、钓鱼等活动外，黑龙江还开展了一系列别具一格的创意活动，例如雪地足球、雪地垒球、雪地摩托、雪地拖拉机等，这些都体现了黑龙江人的奇思妙想，同时吸引了越来越多的游客前来参与。

二、黑龙江冰雪旅游景观监管的现状

1. 政府支持

随着黑龙江冰雪旅游业的快速发展，游客规模和旅游区面积逐步扩大，为保护和管理黑龙江的冰雪旅游景观资源，黑龙江省政府出台了一系列相关政策和法规，主要包括保护自然生态环境、规范旅游市场秩序、促进旅游产业升级等内容，以促进冰雪旅游景观的可持续发展、保障游客权益。

（1）政策支持方面

黑龙江省政府制定了一系列支持冰雪旅游发展的政策，如税收优惠政策、用地支持政策、金融支持政策等，以吸引更多投资和资源投入冰雪旅游产业中，促进产业快速发展。

（2）安全保障方面

黑龙江省政府建立了一套完善的冰雪旅游安全管理制度，以保障游客安全，包括景区安全管理、旅游活动安全管理、旅游用品和设备管理等，确保了游客的安全和权益。

（3）环保方面

推行绿色低碳的冰雪旅游模式是黑龙江省政府注重保护生态环境的一种体现，政府制定了多项环保政策和措施，如强化景区环境监管、推广绿色旅游、开展垃圾分类处理等，在发展旅游经济的同时减少对环境的影响。

（4）旅游标准方面

为提高冰雪旅游的服务质量和水平，黑龙江省政府制定了多项与冰雪旅游相关的标准，如服务质量标准、景区标准、安全标准等，以规范冰雪旅游服务，提高游客的旅游体验和满意度。

（5）宣传推广方面

政府加强冰雪旅游宣传和推广，同时也鼓励旅游企业不断升级宣传策略，在官方网站、微信公众号、APP等渠道推出多项营销活动和产品，拓展冰雪旅游市场。

（6）创新发展方面

为推动冰雪旅游创新创意，黑龙江省政府加大了对创新项目的支持和投资，例如龙江智慧冰雪旅游、共享冰雪旅游、龙江冰雪体验式旅游等多种新产品和服务的开发与推广。

黑龙江冰雪旅游的政府支持涉及方方面面，政府应继续加强政策法规的制定和执行，为冰雪旅游产业健康、可持续发展提供政策性保障。政府也应当加强与旅游企业的合作，推进冰雪旅游创新发展。政府还应鼓励和引导旅游企业在提供优质服务的同时注重环境保护和文化传承，实现经济效益、社会效益和环境效益全面协同发展。

黑龙江冰雪旅游产业的快速发展和规模扩大，也为自身带来一些负面影响和挑战，例如景区管理不规范、安全隐患较大、环境保护措施不到位等问题，这需要政府加强管理与治理。黑龙江冰雪旅游产业还面临人才短缺、成本高、营销难度大等问题，需要政府协同各方共同努力，探索更合理有效的发展路径。

2. 景区管理

景区管理是保障冰雪旅游景观可持续发展的重要环节，良好的景区管理既能优化游客的旅游体验，也能让游客对景区产生正面评价。黑龙江冰雪旅游景区管理工作属于多维度管理体系，包括景区规划建设、安全管理、环境保护、服务管理等。

（1）景区规划建设

景区规划建设直接影响冰雪旅游景区管理效果，冰雪景区的规划对提高游客体验和保障游客安全有着至关重要的作用。黑龙江冰雪旅游景区注重景区规划建设工作，通过聘任有经验的设计师，合理规划景区布局、景点设置、交通设施等，提高景区的资源利用效率和游客接待能力。

（2）安全管理

安全管理是景区管理的重中之重，也是冰雪旅游产业可持续发展的基础。黑龙江冰雪旅游景区建立了完善的安全管理机制，包括景区安全监测、游客管理、应急预案等，提高了安全保障和权益维护水平。

（3）环境保护

环境保护是景区管理工作的另一个重要方面。黑龙江冰雪旅游景区加强了对景区环境的保护和治理，采取多种措施，如垃圾分类处理（垃圾如何分类、分类后的处理方式都需要系统性设计）、推广绿色低碳旅游、限制污染源等，以保护冰雪旅游景区的生态环境和历史文化遗产。

（4）服务管理

服务管理是景区管理的重要方面，直接关系到游客的旅游体验和满意度。黑龙江冰雪旅游景区通过加强服务管理，提供优质的旅游服务，包括景区导览、餐饮服务、住宿服务、交通服务等，提高游客的旅游满意度和口碑。

3. 旅游业协会引导

（1）组织架构

会长单位：哈尔滨冰雪大世界股份有限公司。

副会长单位：黑龙江省大海林林业局有限公司、哈尔滨伏尔加庄园文化旅游有限公司、哈尔滨圣亚旅游产业发展有限公司、牡丹江镜泊湖旅游集团有限公司、中国横道河子猫科动物饲养繁育中心、漠河北极旅游开发有限公司、黑龙江省龙旅旅游投资集团有限公司等。

秘书长：黑龙江省龙旅旅游投资集团有限公司总经理张明星担任副会长兼秘书长。

理事单位：涵盖冰雪景区、冰雪设计、冰雪旅游、冰雪宣传等各业态，如哈尔滨亚布力旅游投资集团有限公司、雪乡国家森林公园、黑龙江东北虎林园、哈尔滨太阳岛景区等，目前已有52家，还新增了五大连池风景区、中国南方航空股份有限公司黑龙江分公司、携程集团等。

（2）主要工作内容

加强行业交流合作：组织会员单位开展交流研讨活动，分享冰雪旅游季中的工作亮点、成功经验，共同探讨解决存在的问题，谋划特色项目。

市场推广与营销：积极举办国内外旅游推介活动，如2024年10月开展的2024—2025年冬季旅游推介活动，不仅覆盖国内的广州、成都、武汉、宁波、上海五大城市，还前往东南亚三国，展示黑龙江丰富的冰雪旅游资源。

行业自律与服务提升：督促各会员单位加强行业自律，不断完善自我，全面提升服务品质，致力于为游客提供更优质的旅游体验。

政策建议与反馈：收集会员单位的意见和诉求，向政府相关部门反馈行业发展的问题和建议，为政策制定提供参考，促进冰雪旅游产业政策的完善。

（3）取得成就

通过一系列的推介活动，使"北国好风光，美在黑龙江"的品牌更加深入人心，让黑龙江冰雪旅游在国内外的知名度和影响力大幅提升。通过推动会员单位之间的合作，实现了资源共享、市场共建，如整合优势资源，打造了多条精品冰雪旅游线路，带动了上下游产业互动。协会不仅在冰雪季成绩显著，还助力黑龙江旅游实现"一季热"向"四季热"转变，使"清凉龙江、冰城夏都"品牌在夏季也获得市场认可。在海外推介中，通过与近500家旅行社深入交流，签署多份跨境旅游和包机合作协议，促进了中外文化交流与融合，拓展了国际市场。

（4）未来发展方向

创新发展：紧跟时代步伐和市场节奏，在服务模式、旅游产品等方面不断创新，如结合虚拟现实、人工智能等技术，打造更具科技感和互动性的冰雪旅游体验。

协同发展：借2025年哈尔滨举办第九届亚冬会的契机，与体育等产业深度融合，促进文旅商协同发展，进一步提升黑龙江冰雪旅游的竞争力。

可持续发展：注重冰雪资源的保护和合理开发，推动冰雪旅游产业可持续发展，同时加强生态保护宣传，引导游客文明旅游。

拓展市场：持续拓展国内外旅游市场，加强与周边国家和地区的旅游合作，以吸引更多国际游客，进一步提升黑龙江冰雪旅游的国际化水平。

三、黑龙江冰雪旅游景观建设和监管的未来发展趋势

1. 生态保护与旅游开发相平衡

未来黑龙江冰雪旅游发展必须坚持生态保护与旅游开发相平衡。政府和旅游企业应制定合理的旅游规划策略，保护好自然环境，避免过度开发和过度消耗自然资源。

2. 智能化建设

随着5G技术的广泛应用，智能化时代已经到来，未来黑龙江冰雪旅游景观建设需要更多智能化技术支持，如智能化旅游导览系统、智能化安全监控系统等。这些技术的应用将有助于提高旅游服务质量和安全性。

3. 文化创意开发

黑龙江冰雪旅游景观的文化传统和地方特色是吸引游客的重要因素之一。未来，政府和旅游企业应加强文化创意开发，通过文化演出、文化体验、文化产品等形式，为游客提供别样的文化之旅。

4. 多样化旅游产品设计

旅游产品设计一直是黑龙江冰雪旅游景观建设的重要环节。政府和旅游企业应不断进行创新，着力于开发新的旅游产品，如主题旅游系列产品、冰雪文化旅游产品、生态探险旅游产品等，以满足旅客的多样化需求。

5. 加强多方协作

黑龙江的冰雪旅游景观的建设和监管是一个系统工程，还有许多需要改进和完善之处，需要政府、企业、社会各方面共同努力、加强协作配合，才能实现冰雪旅游产业快速、健康、可持续发展。

随着新技术发展，新的商业模式不断涌现，政府和企业应积极探索新商业模式，如智慧旅游、共享旅游、体验式旅游等，以提高旅游吸引力和竞争力。同时，黑龙江的冰雪旅游景观需要更有效的市场营销与宣传，政府和旅游企业应加强品牌营销宣传，建立健全营销宣传体系，拓展国内和国际旅游市场。

黑龙江冰雪旅游产业需要大量人才支持，政府和旅游企业应加强人才培养和引进工作，培养和引进专业人才和技术人才，提高冰雪旅游建设和监管水平。同时，也需要更强劲的品牌支持，政府和旅游企业应加强品牌建设，塑造具有较强国际竞争力的冰雪旅游品牌。大量投资和融资支持也是必不可少的，政府和旅游企业应加强投资和融资工作，引导社会资本进入冰雪旅游领域，推动冰雪旅游产业快速发展。

黑龙江冰雪旅游景观依托自然环境和生态系统，政府和旅游企业应联动多方，加强环境保护，避免对自然环境和生态系统的破坏。通过加强垃圾清理、水质保护、生态修复等工作，维护景区清洁、整洁的生态环境。此外，随着信息化技术快速发展，政府和旅游企业应加强数据管理，建立健全信息化平台，实现景区管理、游客服务、市场营销、安全监管等方面的信息化管理，提高管理效率和服务水平。

黑龙江的冰雪旅游景观建设与监管需要多方共同努力、不断创新完善，以推动黑龙江冰雪旅游产业朝着健康、可持续方向发展，为黑龙江经济社会发展作出更大贡献。

第二节

黑龙江冰雪旅游景观的运营和安保管理

黑龙江冰雪旅游景观是中国最著名的冬季旅游景观，因其冰雪资源丰富、得天独厚，受到国内外游客广泛关注。对于如此重要的旅游景区，其运营和安保管理至关重要。

一、黑龙江冰雪旅游景观的运营管理

景区运营管理是冰雪旅游景区运营的核心内容，包括景区内设施和服务管理、游客安全保障、景区形象营销等多个层面。在运营管理过程中，需要通过加强内部管理、提高服务质量、完善管理制度等措施，提高景区整体管理水平，提升游客满意度，这也是游客二次游览的重要前提。

景区经营是景区运营的重要环节，包括门票销售、场地租赁、餐饮服务、住宿服务、游乐服务等多个方面。在经营过程中，需要根据不同市场需求，不断优化产品设计和服务模式，提高游客消费体验和满意度，提升景区的经营效益。

景区营销是冰雪旅游景区运营中至关重要的环节。景区应通过市场调研和分析，了解市场需求和消费者心理，针对不同游客的需求，设计不同旅游产品和服务，开展相应的营销计划。景区可以通过多种营销手段，如广告宣传、社交媒体推广、线上销售等方式，提高景区影响力、吸引力和竞争力。

黑龙江冰雪景区的运营管理需要注重细节，全面考虑各方面的工作。只有不断优化管理和服务，保证景区安全有序，才能为游客提供更好旅游体验，推动地区经济和社会发展。

二、黑龙江冰雪旅游景观的安保管理

景区安全保障是冰雪旅游景区最重要的工作之一，它关系到游客的生命财产安全。在景区管理过程中，需要加强游客安全宣传、设置警示标志和安全设施、建立健全应急预案，以保障游客的安全。景区需要制定完善的安全管理制度，加强对工作人员的培训和管理，提高景区安全管理水平。景区管理部门还需要全面了解和评估各种风险，并及时采取措施，降低风险带来的影响，建立完善的风险管理制度和应急预案，以保证在突发情况下能够及时应对和处理。

三、提高黑龙江冰雪旅游景观运营和安保管理水平的措施

黑龙江冰雪旅游景观的运营和安保管理对景区发展至关重要，需要多方面工作的协同配合，只有这样才能保证景区合理运行、安全有序，为游客提供更好的旅游体验，实现景区的良性发展与可持续发展。提高黑龙江冰雪旅游景观的运营和安保管理水平可从以下方面入手。

1. 强化品牌建设

建立鲜明的品牌形象，提供高品质服务和产品，通过市场营销与宣传推广等手段，提高景区吸引力和竞争力。

2. 提高管理效率和服务质量

加强管理人员培训，提升其安全意识和专业素养，进而提高管理水平和服务质量；制定完善的规章制度，明确管理职责和工作流程，规范景区管理与服务；加强与相关部门的沟通协作，定期开展景区巡查和安全检查，及时发现并解决问题，确保景区安全有序；引进先进的管理理念和技术手段，提高管理效率；发挥社会力量的作用，鼓励社会各界积极参与景区管理和服务；借助建设信息化平台、智能化设施和互联网应用等手段，实现景区数字化管理和服务，提高管理效率与服务质量，为游客提供更便捷、舒适、安全的旅游体验。

3. 创新旅游产品和服务模式

在景区推出多种不同类型的旅游产品及相应的服务，如冰雪运动、特色美食、特色民俗展示等，吸引不同类型游客前来旅游，同时提供个性化旅游服务，满足游客需求，提高游客满意度和忠诚度。

4. 提供最自然的原生态环境

定期监测和治理景区内环境，加强垃圾清理与处理工作，控制污染源，保护生态环境，为游客营造清洁、美丽、健康的冰雪旅游环境。

5. 积极开展文化交流活动

在景区开展民俗展览、文化演出、主题讲座等多种文化交流活动，传承和弘扬地方文化，增强景区文化内涵与吸引力，并在活动中增强安全巡检和秩序维护力度，提高游客在文化活动中的体验感和安全感。

第三节

黑龙江冰雪旅游景观的保护和修复管理

由于气候变化等不利因素，冰雪旅游景观的保护和修复管理已成为当前工作的重中之重。本部分将从以下几个方面探讨黑龙江冰雪旅游景观的保护和修复管理。

一、黑龙江冰雪旅游景观的现阶段保护措施

① 制定相关法律法规。政府制定了景观保护的法律法规，如《黑龙江省水污染防治条例》（2023年11月2日通过，2023年12月1日施行）、《黑龙江省大气污染防治条例》（2018年修正）、《黑龙江省黑土地保护利用条例》（2024年3月1日起施行，制止耕地"非农化"，防止耕地"非粮化"，增加对破坏黑土资源综合治理、对剥离黑土集中管理的规定），为冰雪旅游景观的保护提供了政策支持。

② 建立景区管理体系。针对黑龙江冰雪旅游景观的特点和需求，政府建立了完善的景区管理体系，进行科学合理的旅游景观规划，如合理规划旅游路线和景区设施，为游客的安全和旅游体验提供保障。

二、黑龙江冰雪旅游景观修复管理的重点

保护和修复黑龙江冰雪旅游景观是一个复杂的系统工程，需要政府、景区管理部门、游客和当地居民等多方共同努力。政府应加强管理和监管，制定合理的措施和政策，建立完善管理和监测机制，加强环保宣传和教育，鼓励个人、企业和社会力量参与景观保护和修复工作。同时，景区管理部门建立完善的管理体系和监测机制，落实保护和修复措施。游客和当地居民也需要提高环保意识，积极参与生态修复和环保工作。

黑龙江冰雪旅游景观的修复与保护也需要重视科技创新和人才培养。在科技创新方面，应鼓励科研机构和科技型企业创新研发，提出更先进、适用的生态修复技术和产品，推进生态修复工作的科学化、规范化、智能化。在人才培养方面，应加强生态修复人才的培养与引进，通过与省内高校通力合作建立专业化的生态修复人才队伍，提高生态保护和修复工作的水平和质量。

三、保护和修复黑龙江冰雪旅游景观的具体措施

1. 采用生态旅游模式

生态旅游是一种注重生态保护、文化传承和社区发展的旅游模式，能最大限度减少对环境的影响，保护冰雪旅游景观的生态和文化价值。

2. 发展低碳旅游

低碳旅游是一种通过降低旅游过程中的能源使用量和环境影响来实现环保的旅游模式，通过推广低碳交通、低碳住宿和低碳餐饮等方式，可降低对冰雪旅游景观的负面影响。

3. 建设环保设施

在景区内建设环保设施，如垃圾分类箱、厕所、污水处理设施等，可最大限度减少污染和浪费，保护景区生态环境。

4. 加强景区管理和监测

建立完善的景区管理与监测体系，及时发现和处理环境污染和生态破坏问题，防止污染扩大。

5. 灌输生态文明理念

加强生态文明理念的宣传与教育，提高游客和当地居民的环保意识，鼓励大众积极参与环保和生态修复工作。

6. 建立生态修复基地及采用生态修复技术

根据不同的景观类型和修复需求建立生态修复基地，进行实地研究与实践，探索适合黑龙江冰雪旅游景观修复的科学方法和技术，提高修复效果和质量。如采用植被恢复、土地整理、水土保持等生态修复技术，修复受损的冰雪景观，重建健康的生态环境。

保护和修复黑龙江冰雪旅游景观生态环境是一项长期而艰巨的任务，需要采取合理的政策和措施，各方发挥自身作用，才能在抓好经济的同时保护好生态环境，不能"竭泽而渔"。

第四节

黑龙江冰雪旅游景观的评价体系和改进管理体系

为实现对黑龙江冰雪旅游景观资源的科学评价和有效管理，须建立完善的评价体系和改进管理体系。

一、黑龙江冰雪旅游景观评价体系

1. 环境质量评价

环境质量是冰雪旅游景观评价体系的重要组成部分，可通过环境监测和数据分析，评价景区内空气、水、土壤、植被等环境因素的质量状况，为冰雪旅游景观管理提供科学依据。

2. 生态价值评价

生态价值评价是对景区生态系统的评价，主要包括景区内生态系统的结构、功能和稳定性等方面。通过对景区生态系统的评价，可了解景区的生态价值，为生态修复和保护提供参考。

3. 文化价值评价

冰雪旅游景观不仅有自然风光，也承载着丰富的文化价值。可通过对景区内历史文化遗迹、民俗文化、人文景观等方面的评价，评估景区的文化价值及其对游客的吸引力。

4. 经济价值评价

经济价值评价是指对景区经济效益的评价，主要包括景区的旅游收益、就业机会、对地方经济的贡献等方面。通过对景区经济价值的评价，可为景区的可持续发展提供指导和支持。

二、评价体系和改进管理体系的衔接与完善

建立黑龙江冰雪旅游景观的评价体系和改进管理体系是保护和发展冰雪旅游景观的重要手段。通过建立完善的评价体系和改进管理体系，可科学评价景区的生态、文化、经济价值，为景区的可持续发展和保护提供支持和指导。

评价体系和改进管理体系是相互关联、相互促进的。评价体系能为管理提供科学依据和参考，改进管理体系能为评价提供反馈和改进建议。在具体操作上，可通过以下方式实现评价体系和改进管理体系的衔接。

建立完善的信息系统，实现数据共享与流转，为评价提供数据支持和参考；制定科学合理的指标体系，将评价体系和改进管理体系有机结合，为管理提供指导和支持；通过数据分析和反馈，及时发现问题与不足，提出改进建议和措施，为景区管理的持续改进提供动力和方向；加强相关部门和人员的协同合作，建立互动的沟通机制，共同推进评价体系和改进管理体系的有效衔接。

评价体系和改进管理体系的衔接可实现数据共享与流转，加强相关部门和人员的协同合作，共同推进冰雪旅游景观的保护和管理工作。评价体系和改进管理体系需不断完善和调整，以适应不断变化的旅游环境和市场需求，为冰雪旅游景观体系提供切实可行的依据。

评价体系和改进管理体系是保护和发展黑龙江冰雪旅游景观的重要手段，能为景区的可持续发展和保护提供支持与指导，除了评价体系和改进管理体系的衔接，也需要注重实践并不断完善评价体系和改进管理体系。在实践中，需要根据具体情况调整和优化评价体系和改进管理体系，以适应不断变化的环境和市场需求。在评价体系方面，应依据实际情况制定合理的评价指标，采用先进的评价方法和技术，确保评价结果客观、准确、可靠。在改进管理体系方面，应根据实际情况制定科学合理的管理措施和政策，加强信息化建设和人员培训，实现管理的科学化、规范化、智能化。

黑龙江冰雪旅游景观的评价体系和改进管理体系的设计需考虑多方面因素，注重科学性、实践性和可持续发展性。通过建立完善的评价体系和改进管理体系，并实现二者的有机衔接，加强政府、企业和社会力量的合作，共同推进冰雪旅游景观的保护和管理工作，可实现景区的可持续发展和保护，为人们创造更美好、丰富且有意义的旅游体验。

第八章

冰雪旅游景观设计中的景观资源价值提升和可持续性设计——以黑龙江为例

第一节

景观资源价值提升的原则

一、价值导向原则

从冰雪旅游景观资源的经营角度来看，经营者要树立正确的价值观。审美和娱乐价值是冰雪旅游景观资源经济价值的最终体现，这就要求经营者绝不能仅仅着眼于短期经济利益。以一些热门冰雪景区为例，旺季时部分商家哄抬物价，虽短期内获取了高额利润，却严重损害了景区口碑，导致后续游客量锐减。同样，旅游者也不应将眼前利益作为出行的最终出发点，而应更注重旅行的整体体验和对资源的保护。冰雪旅游景观资源的开发必须遵循保护原则，绝不能无节制地开发。商家在经营过程中，不能有欺诈等不良行为，因为这不仅会破坏市场秩序，还会使整个冰雪旅游行业蒙羞。冰雪旅游景观资源的价值受主观因素（如游客个人喜好）、客观因素（如景观的独特性），以及环境因素的共同影响与约束。它无法超越旅游资源本身的内在属性价值，也难以突破一定阶段内人们对冰雪景观价值的普遍认知。其中，环境因素的束缚尤为关键，在实现冰雪旅游景观的价值时，我们无法摆脱自然环境的限制。

在同一区域内进行低水平重复开发，看似能快速获取收益，实则并非促进冰雪旅游资源发展的正途。例如某些地区盲目跟风建设冰雪乐园，项目同质化严重，既浪费了大量资源，又破坏了原本美丽的自然生态，导致游客审美疲劳。所以，提高冰雪旅游景观资源价值应在合理范围内进行，只有遵循规律、树立正确价值观，才能实现可持续发展。

二、需求引导原则

主体的需求是提升冰雪旅游景观资源价值的重要基础，若要提升冰雪旅游景观资源的价值，激发更多游客或市场主体的需求是首要任务。从冰雪旅游景观资源的总体需求态势来看，现阶段其规模正呈现出持续扩大的良好趋势。随着人们生活水平的提高以及对旅游体验多样化的追求，冰雪旅游逐渐成为热门选择。

　　然而，每个旅游景区都难以摆脱在整个发展周期中逐渐走向衰落的客观规律，并且，在当下这个快速发展的时代，这种周期变化愈发频繁。以淄博烧烤为例，它在短时间内火爆全国，吸引了大量游客，但热度过后，也面临着客流量逐渐减少的局面。因此，在哈尔滨冰雪旅游同样火爆一时后，需要思考如何使其持续保持吸引力。人们的偏好变化日益加快，这对冰雪旅游景观提出了更高的要求。

　　冰雪旅游景观倘若只是被动地跟随旅游者的变化而改变，那么在设计冰雪景观时必然会陷入被动局面，景观价值也难以得到充分体现。因此，积极引导旅游者的需求才是掌握主动权的关键所在，唯有如此，才能充分挖掘冰雪旅游景观的潜在价值。

　　可以通过精心设计冰雪旅游景观，引导新的消费理念和消费方式。比如推出集冰雪体验、文化学习、特色餐饮于一体的综合旅游套餐，让游客在欣赏冰雪美景的同时，深入了解当地的冰雪文化，品尝特色美食，从而提升游客的消费体验。同时，借助互联网、社交媒体等更广泛的信息传播渠道，将冰雪旅游景观资源全方位地传播出去，精准引导消费者的消费需求。通过制作精美的短视频、发布生动的图文介绍等方式，激发消费者的兴趣，让他们在消费过程中始终保持积极状态。这不仅能提升游客的满意度，也能保障景区持续发展，让冰雪旅游景观在不断变化的市场环境中始终保持活力。

三、文化介入原则

　　丰富的文化知识是提高旅游者认知的基石。当游客深入了解冰雪文化背后的历史、民俗以及艺术价值时，他们对冰雪景观的欣赏不再停留在表面的视觉享受，而是能够从文化的深度和广度去感受其独特魅力。同时，文化知识也是价值生产的核心方式。从冰雪旅游景观资源的规划开发，到为游客提供细致入微的服务，再到塑造旅游者难忘的体验以及经营者科学有效的管理，这一系列活动本质上是一场文化产品的精心打造过程。文化知识作为冰雪旅游景观资源价值的源头活水，源源不断地赋予冰雪旅游景观深厚的底蕴和持久的吸引力。

　　以黑龙江省冰雪旅游景区为例，当前其对冰雪旅游景观资源的利用尚处于较低层次，经营方式较为粗放，多以简单的冰雪堆砌和常规游乐项目为主。旅游者往往只是走马观花，难以获得深度体验。这不仅反映出景区内涵不够丰富，也凸显出文化知识在其中的缺失。此外，黑龙江省各城市之间还存在恶性竞争和雷同开发的现象，千篇一律的冰雪项目和毫无特色的旅游产品，不仅是对珍贵旅游资源和景观资源的极大浪费，更使得这些资源的经济价值难以得到充分体现。

若要改变这一现状，就要实现从粗放经营向集约经营的华丽转身，以及从走马观花式浏览向深度旅游、体验和互动的过渡。这就需要在景观旅游产品中融入更多独特的文化和地方文脉，挖掘当地冰雪文化的独特魅力，如冰雪民俗、冰雪艺术等。同时，景区有责任通过各种方式帮助旅游者提高文化认识，如开展文化讲座、民俗体验活动等。在这种双向互动的过程中，可以创造出更多优质的冰雪景观作品，不断推动冰雪旅游的升级发展，让冰雪旅游真正成为具有文化深度和经济价值的特色产业。

第二节

黑龙江冰雪旅游景观资源价值提升分析

一、完善冰雪旅游景观资源的价值体系

提升冰雪旅游景观资源的价值，需要从完善冰雪旅游景观资源的基础设施和产业体系、加强外部保障、优化冰雪旅游景观的空间结构和冰雪景观作品的结构、塑造冰雪景观旅游区域的文化内涵等角度实现。其中任何一个因素都能推动冰雪旅游景观资源价值的变化，这些因素共同影响着冰雪旅游景观资源价值的提升。

因此，要对影响冰雪旅游景观资源的因素分门别类地研究，这样在提升其价值的同时能进行更科学的规划。通过调整产业结构，让冰雪旅游景观资源在价值上不断发展，在内涵上也不断提升；通过结构要素的作用，让冰雪旅游景观资源的价值在不断优化中提升，同时调节自身结构；通过外在形象要素的作用，让冰雪旅游景观资源通过整体调整而得到升华；通过外在环境要素的作用，让冰雪旅游景观资源实现自身调控，通过外来调控和自身调控的双重作用实现冰雪旅游景观资源价值的整体提升。下面详细介绍在完善产业布局和塑造强势品牌两方面的具体策略。

1. 完善产业布局

冰雪旅游景观的产业布局是其存在和发展的物质形式。总体上，冰雪旅游景观产业要均衡发展，但在具体设计方法上，要采用非均衡发展方向，以有限的冰雪资源实现重点突破，通过以点带面，形成整体发展框架，才有机会实现黑龙江冰雪旅游景观产业的均衡发展。从资源存储、产品开发、市场容量、人力资源、配套产业体系等多方面考量，哈尔滨都具有优势，相较于黑龙江省其他地区，哈尔滨冰雪期长、冰雪资源丰富、冰雪旅游开展早、冰雪旅游经济条件得天独厚，要完善哈尔滨冰雪旅游景观产业的布局，使其发展成为黑龙江省国民经济的支柱产业。

黑龙江省其他地区虽有一定的冰雪旅游资源，但总体资源利用率不高，可开发具有特色的冰雪景观旅游产品，进行充足的景观规划设计，有特色、有重点地开发，比如大小兴安岭适合高山滑雪和森林探险，就可依托地理优势建立滑雪场和开展极地探险运动。

在冰雪资源贫乏或基本无冰雪资源的地区，以及生态比较脆弱的地区，黑龙江省应对其进行资源保护型定位，在批准景观区、旅游区建设时要十分慎重。

2. 塑造强势品牌

要实现黑龙江冰雪旅游景观资源价值提升，就要通过以下策略，真正塑造冰雪旅游景观的强势品牌。

在冰雪旅游景观产业不断发展、市场社会环境持续改善的大环境下，冰雪旅游景观相关企业要走向成熟，必须不断进行技术创新、创意创新和管理创新，努力提高冰雪景观设计人员的素质。要针对不同客户群体的需求，采用冰雪景观设计与制造的多元化经营模式，开展丰富多彩的比赛，并参与国际冰雪景观设计制作大赛，吸引更多旅游者和观众参与冰雪景观创作。在冰雪景观创作淡季，可适当增加木雕、石雕等项目，锻炼冰雪景观设计者的创意能力。

增设配套设施，让冰雪旅游景观企业四季都能运作起来。积极推动冰雪旅游景观创意产业发展，在观光旅游、滑雪购物等方面，冰雪旅游景观企业也可参与其中，推出多元化复合型产品，将冰雪体育、冰雪文化、冰雪贸易、冰雪娱乐、冰雪艺术、冰雪经济等融为一体，延长旅客在冰雪旅游区的停留时间，促进其消费。通过设计和建造生态多样性的景观，保证冰雪旅游景观区四季皆有美景可赏，尤其是可将哈尔滨、齐齐哈尔、佳木斯等城市开发成避暑胜地。在进行一系列景观设计的同时，也要着重发展冰雪旅游景观区的可持续创意产业，带动滑雪地、冰雪景观区整体经济的发展。

冰雪旅游已形成产业化，客观上要求建立与之相适应的高效开放推广体系和机制。因此，需要从以下几个方面加强高科技创新：第一，制定优惠政策，鼓励高校和科研单位走产学研相结合的道路，与冰雪旅游景观企业联合开发、攻关技术，冰雪旅游景观企业为高校提供服务，高校为冰雪旅游景观企业输送人才，充分调动科研院所和高校开展科技开发、科技服务和技术创新的积极性。第二，将竞争机制引入技术开发领域，采用入股、承包、技术开发等方式开展科技创新服务，充分调动广大冰雪艺术家对自身技术和技艺不断钻研和推广的积极性。第三，要强化冰雪旅游景观创作的技术培训，提高冰雪旅游景观从业人员的素质，可采用技术示范、短期培训讲座等方式，普及冰雪旅游景观创作知识和技能。第四，创建创新服务体系，增强技术沟通与传播能力。

二、冰雪旅游景观资源价值的开发和利用

近年来，黑龙江以冰雪资源为主，陆续推出了滑雪度假、冰雕雪雕欣赏、冰雪游乐等一系列项目，全省举办了哈尔滨国际冰雪节、齐齐哈尔文化冰雪节、佳木斯国际泼雪节、雪乡旅游节等冰雪活动，取得了良好的经济效益、社会效益和生态环境效益。

与此同时，随着旅游规模扩大和冰雪景观区不断拓展，二龙山龙珠滑雪场、亚布力滑雪场、玉泉滑雪场、月亮湾滑雪场等一大批滑雪场投入运营，大大提高了滑雪这项运动的公众参与度。并且随着冰雪活动、冰雪旅游的持续升温，景区的服务水平和接待能力也在不断提高。黑龙江冰雪旅游的现状是社会各阶层、各级人民政府都对冰雪景观、冰雪旅游的开发建设极为关注，冰雪景观建设、冰雪旅游区建设和开发已经取得了丰硕成果。同时，由于黑龙江多年开发冰雪资源，积累了丰富经验，因此取得了较好的社会效益，并在游客心中占据了一定地位。

黑龙江省作为冰雪旅游接待大省，已经成为一个品牌和地域形象，牡丹江、哈尔滨两个冰雪旅游景区已初具规模，不过，冰雪旅游、冰雪景观创作仍需要进一步优化与调整。此外，冰雪旅游景区存在同质化现象，且景区开发存在一定程度的资源浪费现象，例如滑雪场管理比较粗放，效益较差，随着冰上运动逐年增加、滑雪运动逐渐升温，存在供需关系不合理的情况。

针对黑龙江某些景区冰雪旅游景观资源价值实现程度较低的情况，从以下几个方面提出提升黑龙江冰雪旅游景观资源价值的策略。

1. 完善产业发展体系

从产业发展角度来看，提升黑龙江冰雪旅游景观资源价值的重点是完善整个冰雪旅游产业体系，建立全面的冰雪旅游保障体系，加强景区标准化建设，并加强行业管理。

在黑龙江省冰雪旅游景观资源开发过程中，标准化建设至关重要。对于已开发的冰雪景观项目，要着重规范其市场，建立良好的宣传口碑，促使游客能产生再次来此地旅游的想法，同时带动周边人来此旅游。

除此之外，冰雪旅游景观的质量也非常重要，包括冰雪旅游景观区域本身以及周边的景观和服务质量。黑龙江省的游客主要来自南方经济发达城市，南方城市的服务水平和服务设施相较于黑龙江省要高一些，对于习惯了优质服务的游客来说，服务质量和接待设施的好坏决定了他们是否会再次来此旅游。冰雪旅游景观本身的魅力也十分关键，不能一成不变，需要与时俱进，同时冰雪旅游景观的创作也要注重公众关注的内容，但不能越过创作的道德红线。在规划冰雪旅游景观、开发冰雪旅游景观资源时，要注意景区及接待设施的质量问题，避免安全隐患。

2. 加强宏观调控

政府在冰雪景观资源开发过程中占据着十分重要的地位，同时，市场经济的发展也决定了政府要转变自身职能。宏观调控和行业管理虽需进一步加强，但也应适度且讲究方法，重点要加强对冰雪旅游景观资源的宏观规划和相应的开发利用，通过规范整个旅游市场、消除同质化景区以及引导良性竞争来实现。

由于冰雪旅游活动存在危险性，开展冰雪运动也有一定挑战性，所以必须牢记安全第一的观念，这是政府需要倡导的。政府要加强监督机制，制定软硬条件来规范冰雪旅游经营。在冰雪旅游景观区设计安全辅助设施，并严格按照标准进行创作，在超高、超大的冰雪景观周围设置隔离区，避免游客受到伤害。同时要求旅游企业从长远角度考虑旅游业发展，重视冰雪旅游活动中的安全保障问题，确保财产安全和旅游者的人身安全。政府还需要尽快健全旅游法律法规体系，这是黑龙江省近年来随着冰雪旅游逐渐升温亟需解决的问题。

旅游企业及有关部门要收集冰雪旅游数据，同时建立良好的管理系统，安排专人定期维护和更新数据，也要依据战略计划制定相应的数据参数。一定要做好冰雪旅游信息管理工作，及时处理游客投诉等问题，保障旅游者和景区双方的合法权益。

冰雪旅游景观创作包括冰雕、雪雕和景区规划等，这就需要全面掌握冰雪旅游景观资源的信息，同时向相关部门反馈信息。在规划时，也要熟悉国家和地方相应的政策方针。政府不应成为直接的经济管理部门，而应是宏观调控部门，同时政府应联合企业做好冰雪旅游景观的市场预测，并加强对冰雪旅游产品、冰雪旅游景观区域的宣传工作，以最大限度地提升冰雪旅游景观资源的价值。

3. 加大宣传力度

在进行宣传之前，首先应确定目标群体，这是黑龙江省利用冰雪景观资源开发市场客源的关键所在。由于欧美等发达国家与我国相距较远，且其冰雪旅游发展成熟、服务周到、设施精良，所以黑龙江省的冰雪旅游主要目标应定位在国内市场。冰雪旅游是能带给人们精神享受的休闲活动，消费者拥有一定可支配的自由收入且具备旅游愿望，才能够出游，这是由客观条件决定的。首先，居民出游动机是由居民收入水平高低决定的。所以，黑龙江省冰雪旅游业的目标客户群体应定位在我国南方、东北的大城市，以及港澳台和东南亚地区，需要研究各客源地的审美能力、潜在出游能力、消费能力，以及来黑龙江旅游群体的消费心理、审美趣味、旅游动机和旅游习惯等，有针对性地对旅游团体开展宣传活动。

冰雪旅游不是黑龙江省的专属，"酒香也怕巷子深"，要秉持这样的观点，时刻有危机意识。全国多个城市都在发展冰雪旅游，长春、沈阳都在举办冰雪节，且长春有与哈尔滨竞争的潜力。从滑雪市场上来看，过去黑龙江一直占据主导优势，但如今也面临被瓜分的风险，一些南方城市为满足居民滑雪要求，重金打造室内滑雪场，导致黑龙江省在全国的市场份额逐年下降。与此同时，东三省另外两个省会城市也打出冰雪旅游促销口号，黑龙江省冰雪景观资源和冰雪景观旅游的优势正受到威胁。

争取国内外的冰雪旅游者，加大宣传力度，是必要的措施。要充分利用渠道和媒体以及各种方式，如文化交流、经贸洽谈等，全力开展黑龙江省冰雪旅游景观资源的宣传工作，也可以邀请有影响的新闻记者、国内外著名的旅行社来体验和考察，以点带面，进一步宣传黑龙江的冰雪旅游和冰雪景观。同时可以主动出击，拓展海外市场，参加国内外的各种洽谈会、博览会，定期派出团体到国外交流互动学习，充分利用国外的电视、报纸、杂志、电台等新闻媒体进行宣传促销，也可以提出反季宣传的销售策略，在知名的媒体上打出哈尔滨冰雪品牌广告，邀请全国的媒体到黑龙江来报道冰雪旅游的盛况，或在主要的报纸刊登大型广告。这些方式相较于以往的旅游团促销还是具有一定的优势的，从经济的角度来看，多种方式联合宣传使用，有利于将主要的资金进行集中，共享销售队伍、共享品牌形象、减轻销售压力，实现东三省省会城市的互通，以拓展冰雪旅游客源的范围。当今国际大环境竞争比较激烈，黑龙江省在冰雪旅游方面要注重跨区域合作，比如与周边的俄罗斯城市互动宣传，推广特色风情旅游，同时要在宣传里面加入更多的生态内涵以及文化内涵。

第三节

黑龙江冰雪旅游景观资源价值提升模式

　　黑龙江省拥有丰富的冰雪资源，包括滑雪、冰上运动、温泉、雪景等多种类型。其中，黑龙江雪乡、哈尔滨冰雪大世界等景区在国内外具有较高知名度，是中国北方冰雪旅游的重要品牌。其开发模式如下。

一、全域旅游模式

　　黑龙江省正以前所未有的力度推进全域旅游开发模式，全力挖掘这片冰雪大地的旅游潜力。

　　在这片广袤的土地上，各种各样的冰雪景区宛如璀璨明珠散落其间，每一处都独具魅力。例如，如梦如幻的哈尔滨冰雪大世界，那是一座用冰雪雕琢而成的梦幻王国，晶莹剔透的冰建筑在五彩灯光的映照下美轮美奂；充满神秘色彩的亚布力滑雪场，以优质的雪质和多样的雪道吸引着世界各地的滑雪爱好者。这些丰富的旅游资源，在全域旅游开发的浪潮下，正被有机地整合与协调起来。

相关部门应深入调研，依据不同景区的特色和优势，统一规划旅游线路。比如，将观赏冰雕和滑雪体验相结合，让游客在领略冰雪艺术之美的同时，也能尽情享受速度与激情。同时，注重旅游产品的打造，使其深深烙印上黑龙江的地方特色。无论是具有满族、鄂伦春族等少数民族风格的冰雪民俗体验活动，还是以东北传统美食为灵感开发的特色餐饮，都能成为吸引游客的亮点。

黑龙江通过这样的全域旅游开发模式，旨在打造出具有极高辨识度和品牌效应的旅游产品。这种模式不仅能为游客带来全新的、全方位的旅游体验，而且能极大地提高黑龙江在旅游市场上的吸引力和竞争力，让更多的人了解黑龙江的冰雪之美，让这片神奇的冰雪世界成为国内外游客心中向往的旅游胜地。

二、冰雪旅游"+"模式

黑龙江省正在积极探索冰雪旅游"+"的开发模式，为这片冰雪世界注入全新的活力与魅力。

黑龙江深知冰雪旅游的单一模式已无法满足游客日益多样化的需求，于是开启了与多种元素融合的创新之旅。黑龙江有着丰富的民俗文化底蕴，因此在与文化的结合方面，满族的冰嬉传统、赫哲族与冰雪相关的古老传说，都被巧妙地融入旅游产品中。游客可以在冰雪小镇观赏到传统的萨满祭祀舞蹈，感受古老仪式在冰雪背景下的神秘氛围；还能参观冰雪民俗博物馆，了解冰雪在黑龙江人民生活中的历史变迁，使每一次冰雪之旅都成为一场文化溯源。

当冰雪旅游与健康、养生元素碰撞时，便形成了独特的体验活动。温泉与冰雪的搭配堪称一绝，游客在寒冷的户外畅享冰雪乐趣后，浸入温暖的温泉水中，能感受冰火两重天的刺激，温泉水中富含的矿物质还能有效舒缓身心，滋养肌肤。此外，利用寒冷环境开展的冷疗养生项目，也吸引了不少追求健康新方式的游客。

而运动元素的融入更是让黑龙江的冰雪旅游动感十足。除了闻名遐迩的亚布力滑雪场，越来越多适合不同水平滑雪爱好者的雪场如雨后春笋般涌现。同时，雪地摩托、狗拉雪橇等刺激好玩的冰雪运动项目，也为游客带来非凡的体验。黑龙江正通过这种冰雪旅游"+"的模式，打破传统边界，开发出一系列特色鲜明的冰雪旅游产品，为游客编织出一幅多姿多彩的冰雪画卷。

三、国际化旅游模式

黑龙江省正以前所未有的热情和积极的姿态拓展国际市场。近年来，黑龙江深刻认识到国际旅游市场的巨大潜力，因此主动出击，全面加强与国外旅游机构和企业的深度合作。

在与国外旅游机构的合作中，黑龙江省与俄罗斯、日本、韩国等周边国家的旅游部门建立了紧密的联系。通过定期的旅游发展研讨会，双方共同探讨冰雪旅游的发展趋势和合作模式。例如，与俄罗斯相关旅游机构共同设计跨境冰雪旅游线路，让游客可以在领略黑龙江壮美的冰雪风光后，便捷地前往俄罗斯体验异国的冰雪风情。这种跨境合作模式不仅丰富了旅游产品的内涵，也为国际游客提供了独特的旅游体验。

同时，黑龙江积极与国外企业合作。通过与国际知名的旅游企业携手，利用它们在全球的营销网络和资源，推广黑龙江冰雪旅游品牌。在国际旅游展会上，黑龙江的冰雪旅游宣传片吸引了大量国际游客的目光。从如梦如幻的冰雪大世界到专业刺激的亚布力滑雪场，每一处景点都成为黑龙江冰雪旅游的亮丽名片。

为了吸引更多国际游客，黑龙江还不断优化旅游服务。例如，在旅游标识中增加了多语种介绍，对酒店和景区服务人员加强外语培训，提高其沟通能力。此外，还针对国际游客的喜好，开发特色旅游项目，如国际冰雪艺术交流节，邀请国外冰雪艺术家参与创作，让黑龙江的冰雪之美闪耀于世界旅游舞台。

第四节

黑龙江冰雪景观资源的保护和管理

一、生态景观与水资源的保护和管理

黑龙江省拥有丰富的生态景观和水资源，保护和管理这些资源是实现冰雪景观可持续发展的关键。在实践中，黑龙江省采取了如下一系列措施。

1. 生态景观保护

黑龙江省在生态保护方面采取了多种措施，包括健全生态保护机制、开展生态修复和建设生态保护区等。黑龙江省重视冰雪景观保护，采取了多种措施保护冰雪景观中的自然生态环境，具体措施包括：建立景观保护区，加强景观保护与管理；加强景观修复，运用生态修复技术恢复景观的自然环境；加强景观保洁，定期对景观进行清洁和维护。

2. 水资源管理

黑龙江省采取了多种措施加强水资源管理和保护，包括：建立水资源监测体系，定期对水质和水量进行监测与评估；设立水资源保护区，明确保护范围，加强水资源保护与管理；加强水污染防治，制订水污染防治计划，强化对污染源的监管与治理。

3. 水资源利用

黑龙江省重视水资源的合理利用，采取了多项措施，包括：建设水资源利用工程，如水利枢纽、水电站等，提升水资源利用效率；制订水资源利用计划，合理规划水资源利用方式和时间；加强节水宣传，增强市民节水意识；推广节水设备和技术，减少水资源浪费。

4. 环保宣传教育

黑龙江省重视环保宣传教育，以加强公众环保意识，促进环保知识的普及。具体措施包括：开展环保宣传活动，提升公众环保意识；普及环保知识，通过开展环保教育和培训活动，提高公众环保知识水平；发展生态旅游，倡导绿色出行和低碳生活方式，推广环保理念和生活方式。

黑龙江冰雪生态景观和水资源的保护与管理实践涉及多个方面，需要政府、企业和公众共同努力，增强环保意识，落实环保行动，保护好生态环境和自然资源，推动冰雪旅游产业可持续发展和生态文明建设。

二、能源的节约和管理

黑龙江省拥有丰富的冰雪资源，但其开发和利用需消耗大量能源，能源的节约和管理是实现可持续发展的重要环节。为实现冰雪景区能源的节约和管理，须进行科学规划。

黑龙江省冰雪景区的能源主要来自电力、燃气和其他化石能源。在滑雪场、冰上运动场馆及其他旅游设施中，电力、暖气、照明等能源消耗巨大。因此，能源节约和管理成为冰雪景区可持续发展的关键。

首先，黑龙江省采取了多种节能措施，包括应用节能技术，采用节能型照明设备、空调设备和锅炉等降低能源消耗。此外，黑龙江省推广使用太阳能、风能等可再生能源，以降低对化石能源的依赖。

其次，黑龙江省采取了多种措施管理能源，以提高能源利用效率。具体措施包括建立能源管理系统，对能源使用情况进行监测和评估，推广能源管理信息系统，实现能源使用的可视化管理。同时，加强对相关企业和机构的监管，规范其能源使用行为，确保能源得到了合理利用与节约。

再次，黑龙江省注重公众参与，推广绿色出行和低碳生活方式，提高公众的节能与环保意识。例如开展节能宣传和教育活动，提升公众节能意识和能源管理知识水平，鼓励公众采用骑行、步行等低碳出行方式，以减少碳排放。

最后，黑龙江省制定了一系列政策支持冰雪景区能源节约和管理，包括出台相关法律法规和政策，规范能源使用行为，推广可再生能源应用，加强能源管理与监管等。

可见，在黑龙江冰雪景区能源节约和管理实践中，需要科学规划，注重节能技术应用，加强能源管理与监管，推广绿色出行和低碳生活方式，制定相关政策法规，提供政策支持保障，从而实现能源节约和管理，促进冰雪旅游产业可持续发展和生态文明建设。

三、生态修复和生态旅游的推广

黑龙江冰雪旅游景区的开发建设，难免会对当地生态环境造成一定破坏，因此，在黑龙江冰雪旅游景观设计中，生态修复和生态旅游的推广是保护生态环境、实现可持续发展的重要手段。通过进行生态修复，可恢复受破坏的自然生态环境；通过推广生态旅游，能提高游客对生态环境的保护意识和环保素养，同时推动冰雪旅游产业可持续发展。

1. 生态修复

生态修复的目标是借助技术手段和生物手段，尽可能恢复和重建景区原有的生态环境，以达到保护生态环境、提升游客体验的目的。应对景区生态环境进行全面调查与评估，找出受损之处，并针对不同情况，选择合适的修复技术和措施，如植树造林、湿地修复、动植物保护等，实现生态环境的重建与恢复。同时应加强生态监测和管理，及时发现并解决生态问题，确保修复效果。

为保护和修复黑龙江的生态环境，黑龙江省政府制定了一系列法规并采取了相关举措。

（1）黑龙江生态修复法规

《黑龙江省湿地保护条例》明确了湿地保护的范围、管理体制、保护措施和法律责任等内容，为湿地保护和修复提供法律依据。《黑龙江省森林管理条例》对森林资源的保护、培育、采伐、利用等进行规范，加强了对森林生态系统的保护与修复。《黑龙江省水土保持条例》规定了水土保持的规划、治理、监测和监督等制度，有效遏制水土流失，促进生态修复。《黑龙江省环境保护条例》从总体上对环境保护工作进行规范，涵盖污染防治、生态保护、环境监督管理等方面，为生态修复提供综合法律保障。

（2）黑龙江生态修复相关举措

加强森林资源保护与修复，实施天然林保护工程，严格限制天然林采伐，加强森林抚育和更新，提升森林质量和生态功能。开展植树造林活动，增加森林面积，提高森林覆盖率。强化森林防火和病虫害防治，保障森林生态系统安全。

推进湿地保护与恢复，建立湿地自然保护区和湿地公园，加强湿地保护和管理。实施湿地生态补水工程，改善湿地生态环境。开展湿地生态修复项目，恢复湿地生态功能和生物多样性。

治理水土流失，实施小流域综合治理工程，采取工程、生物和农业措施相结合的方式治理水土流失。加强水土保持监督执法，严格控制生产建设活动，以防止水土流失。

加强生物多样性保护，建立自然保护区和野生动物栖息地，保护珍稀濒危物种及其栖息地。加强野生动植物资源监测和保护管理，打击非法捕猎、采集和交易行为。

推动绿色发展，优化产业结构，发展生态农业、生态旅游等绿色产业，减轻对生态环境的压力。加强节能减排，推广清洁能源和清洁生产技术，降低污染物排放量。

加强环境监测和执法监督，建立健全环境监测体系，加强对生态环境的监测与评估。加大环境执法力度，严厉打击环境违法行为，保障生态修复工作顺利进行。

通过一系列法规的制定和举措的实施，黑龙江省在生态修复方面取得了显著成效。森林覆盖率稳步提高，湿地生态功能逐步恢复，水土流失得到有效遏制，生物多样性得到较好保护。然而，生态修复是一项长期而艰巨的任务，仍面临一些挑战和问题，如资金投入不足、技术水平有待提高、公众环保意识有待增强等。

黑龙江省在生态修复方面已迈出坚实步伐，通过不断完善法规、采取有效举措，努力实现生态环境的可持续发展，为子孙后代留下天蓝、地绿、水清的美好家园。未来，黑龙江省将继续加强生态修复法规的完善与执行，加大资金投入和技术创新力度，提高公众参与度，推动生态修复工作取得更大成果，实现经济发展与生态环境保护的良性互动，为建设美丽中国积极贡献力量。

2. 生态旅游

生态旅游是一种以生态环境为核心的旅游模式，注重保护和利用生态资源，推动旅游产业可持续发展。在黑龙江冰雪旅游景观设计中，推广生态旅游可促进旅游业可持续发展，同时提高游客对生态环境的保护意识，从而更好地保护和修复景区生态环境。

增加旅游项目的生态属性，如推广生态旅游线路、推出生态旅游产品等。加强生态旅游宣传与教育，提高游客环保意识，宣传生态旅游理念。加强旅游监管，规范旅游行业发展，加强对旅游企业的管理，防止旅游对生态环境造成破坏。加强旅游与科研机构的合作，推动科技创新与应用，为生态旅游可持续发展提供支持。

通过生态修复和生态旅游的推广，能够保护冰雪旅游景区的生态环境，推动旅游产业可持续发展，促进社会、经济和环境的和谐发展。

四、环境监测、治理和管理的实践

为了保护黑龙江的冰雪景观资源并确保其可持续发展，该省实施了一系列环境监测和治理措施。

随着全球气候变化加剧，黑龙江省面临冰雪景观的气候变化适应问题。为此，黑龙江省采取了一系列措施，包括加强气象监测与预测、推广节能减排技术、调整旅游开发策略等，以应对气候变化对冰雪景观的影响。

黑龙江省对冰雪景观展开了全面的环境监测，监测项目涵盖大气、水、土壤、生物等多个方面。其中，大气污染是主要监测内容之一，监测指标包括二氧化硫、氮氧化物等。此外，黑龙江省建立了若干自动监测站并安排了移动监测车辆，以便实时监测大气污染状况。

黑龙江省采取了一系列治理措施，以缓解冰雪景观面临的环境问题。其中，控制工业排放和机动车尾气排放至关重要。黑龙江省通过实施"清洁能源替代""煤改气"等政策，推广使用清洁能源，减少化石燃料用量。同时，实施限行措施，限制机动车辆行驶，减少其尾气排放。

黑龙江省的环境监测和治理措施取得了一定成果。黑龙江省的空气质量持续改善，PM2.5、PM10、SO_2等污染物平均浓度呈下降趋势。清新的空气为游客营造了更舒适的游玩环境，让游客在欣赏冰雪景观时能够畅快呼吸，提升游玩体验。

黑龙江省水环境治理成效同样突出，全省地下水环境质量稳中向好。优质的水环境不仅保障了冰雪景观用水的清洁，还为冰雪景观增添了灵动之美，如冰雕、雪雕等景观在清澈的水体映衬下，更显晶莹剔透。

黑龙江省的环境监测和治理措施为冰雪景观可持续发展作出了贡献，但仍需进一步强化监测和治理措施，保障冰雪景观健康、可持续发展。

此外，黑龙江省采取了一系列管理措施，包括建立景区管理体系、加强游客教育引导、强化安全监管等。此外还通过设立管理机构、建立管理规范、制定旅游行业标准等方式，提升了冰雪旅游管理水平和服务质量。

黑龙江省通过设立管理机构、建立管理规范、制定旅游行业标准等方式，提升了冰雪旅游管理水平和服务质量。

黑龙江省也加强了社会参与和公众教育，鼓励公众参与环境保护和可持续发展工作，通过组织宣传活动、开展环境教育、提供志愿服务等方式，提高了公众对环境保护和可持续发展的意识与参与度。

黑龙江省在冰雪景观可持续性设计中，通过采取环境监测、治理和管理等方面的措施取得了一些成果，为保护和促进冰雪景观可持续发展作出了贡献。但未来，黑龙江省仍需不断加强环境保护和践行可持续发展措施，确保冰雪景观健康、可持续发展。

第五节

黑龙江冰雪旅游景区可持续性设计中的智能化设施建设

一、智能化设施的意义和价值

随着智能化设施在各行各业中的应用越来越广泛，旅游业也开始进行智能化设施建设，黑龙江冰雪旅游景区中的可持续性设计就包含智能化设施建设，其建设具有十分重要的意义和价值。

智能化设施可以提高游客对景区的满意度和体验感。在冰雪景观区中，智能化导航系统能让游客通过手机更全面、便捷、准确地查询并浏览所需信息，使游客更好地了解景区文化和历史，增强游客对景区的认同感。同时，智能化支付系统以及智能化对讲及门禁系统，也可以提高游客在景区消费的安全性和便利性。智能化设施有助于景区更好地节约和利用资源，以实现景区的长期可持续发展。例如智能化照明体系，可以自动定时开关和调整光照强度，通过智能化实现节约用电。

自动分类回收等智能化垃圾分类系统，可以提高资源利用率，减少环境污染，让景区更环保、更健康。

智能化设施能够提高景区管理效率，同时降低管理成本。利用智能化监控系统，可以对景区进行实时管理和监测，既能降低安保成本，又能方便游客。智能化巡检系统能够对景区设备、设施进行定期检查和维护，减少人工检查的成本和时间。这些措施能提高景区管理水平和运营效率，为景区长效发展提供保障。

智能化设施还可以促进景区产业升级和创新发展。智能化游客服务系统可以预测和分析游客需求，为景区提供更精准的推广和服务，推动旅游区设计创新发展。同时，智能化旅游营销系统可以基于一定数据对市场趋势进行预测和分析，为景区提供更准确的决策支持和市场调研结果，促进旅游产业升级。这些都能提高景区创新能力和市场竞争力。智能化设施在黑龙江冰雪景区可持续发展中具有重要价值和意义，它不仅可以提升游客体验、促进资源利用，更能提高景区管理效率、促进产业升级，形成多维度创新发展效果。

未来是科技的时代，随着5G技术的全面推广，人们将享受到更便捷的服务，以及人工智能给生活带来的变化。随着技术的不断进步和应用场景的不断拓展，智能化设施在冰雪景区的应用将更深入、广泛，为黑龙江冰雪旅游产业发展带来可持续助力。同时，黑龙江冰雪景区智能化设施的应用面临诸多挑战，如数据安全、隐私保护、设备维护和人才问题。因此，在推广智能化设施时，也需要加强人才培养、设备管理和维护，保护游客数据安全和隐私，确保智能化设施合法合规且正常运行。同时，智能化设施也需要与景区管理、游客需求相结合，进行数据反馈、实时监测，使智能化设施能更好地为游客提供服务。

二、智能化设施的应用和效果

黑龙江省是中国北方的冰雪旅游胜地，在其冰雪旅游景区的可持续性设计中，智能化设施的应用体现在以下几个方面。

1. 智能化导览系统

智能化导览系统借助AR、VR等技术，为游客提供更便捷、全面、准确的导览服务，让游客更好地了解景区的历史和文化，增强游客对景区的认知和认同感。同时，导览系统还能通过推送消息、提供服务等方式与游客互动，提升游客体验和旅游认同价值。

2. 智能化门禁系统

智能化门禁系统运用电子门禁设备和智能化技术，使游客在进出景区时更便捷、安全。门禁系统可通过人脸识别、指纹识别等技术，提高景区安保水平，降低人工成本。

3. 智能化支付系统

智能化支付系统采用移动支付、自助支付等方式，为游客提供更便捷的消费服务。同时，支付系统能通过数据分析、营销推广等手段，为景区提供更精准的市场调研结果和决策支持，促进景区的可持续发展。

4. 智能化巡检系统

智能化巡检系统利用机器人、无人机等技术，对景区设施和设备进行定期巡检和维护，提高景区的管理效率和运营效果。同时，巡检系统可通过数据分析、智能预警等方式，对景区设施和设备进行实时监测和管理，降低安保成本。

5. 智能化照明系统

智能化照明系统使用LED灯光、自动调节光照强度、定时开关等技术，节约电能，降低景区的能耗和管理成本。同时，照明系统通过智能化控制和管理，具有保护景区的环境和节能减排的效果。

这些智能化设施的应用，为黑龙江冰雪景区的可持续性设计带来诸多积极效果。最明显的是提升了游客的旅游体验和满意度，促进了旅游业的发展和可持续性提升。同时，智能化设施的应用降低了景区的管理成本，提高了运营效率和管理水平，有助于提升景区的市场竞争力和品牌形象。智能化设施的应用还能促进资源的利用和节能减排，降低景区的环境影响和碳排放。

智能化设施的应用还可助力景区实现数字化转型，使景区能够优化旅游产品和服务，提高市场竞争力和盈利水平。智能化设施的应用也能促进旅游业的融合和协同，打造全域旅游发展格局。

智能化设施在黑龙江冰雪景区可持续性设计中的应用，为旅游业的发展和可持续性提升带来积极的效果和贡献。随着技术的不断发展和应用场景的不断扩展，智能化设施在黑龙江冰雪景区的应用前景将更为广阔。

三、智能化设施的未来发展和展望

在黑龙江冰雪旅游景区的可持续性设计中，智能化设施的应用已经取得了一定成效。随着科技的不断进步和应用场景的不断拓展，智能化设施在冰雪旅游景区可持续性设计中的应用将会持续发展和创新，呈现以下趋势。

1. 多元化智能化设施的应用

随着技术的不断发展和应用场景的不断变化，智能化设施的应用将更加多元化、全面化。除了现有的门禁、导览、巡检、支付、照明等设施，还会有更多新的智能化设施和智能化系统出现，如智能化餐饮系统、智能化停车系统、智能化环境监测系统等，为景区的管理和服务提供更全面、便捷的智能化辅助。

2. 智能化与数据管理的深度融合

智能化设施的应用将更注重数据的应用和管理。通过采集、分析游客、市场、设施等数据，智能化设施能够实现更精准、智能的决策和管理，进而提高景区运营效率和管理水平。借助大数据，智能化设施还可为景区提供更智能化的服务和推广，实现精准营销和服务，提升景区资源利用效率。

3. 云计算、物联网等技术的深度应用

随着云计算、物联网等技术的不断发展和应用，冰雪旅游景区智能化设施的应用将更高效、智能。智能化设施可实现设备互联和数据共享，提高设备运行效率和景区管理服务水平。云计算和物联网技术也能为景区发展提供更科学的反馈和技术支持。

展望未来，智能化设施在黑龙江冰雪旅游景区可持续性设计中有广阔的发展前景。随着应用场景的不断拓展和技术的不断进步，智能化设施将更智能、高效、多元化，为黑龙江省冰雪旅游景观的设计发展提供更多支持和保障。不过，智能化设施的未来发展也面临一些问题，如安全性、隐私保护、维护成本等。未来在推广智能化设施时，也需要及时进行维护调整和数据更新，以符合时代发展和游客需求。

智能化设施的未来发展还需要与景区管理、游客需求等相结合，以实现最佳效果。只有不断创新和实践，智能化设施才能真正成为黑龙江冰雪景观可持续性设计的重要支撑和推动力量。未来，智能化设施的应用将成为黑龙江冰雪旅游景区可持续性设计的重要方向和趋势。通过智能化设施的应用，冰雪旅游景区能更好地服务游客，冰雪旅游景观的创作也可基于智能数据进行设计实施。

第六节

黑龙江冰雪旅游景区可持续性设计中的低碳出行和循环经济

一、低碳出行

黑龙江推广采用促进低碳出行的方式进行冰雪旅游，黑龙江省地级市与省会基本都采用了电动公交车系统。一方面，电动公交车能提供安全、环保、快捷的出行方式，进而减少碳排放量；另一方面，电动公交车在能耗方面更符合环境保护要求，也能满足旅客的出行需求。公交车系统能有效缓解公路拥挤状况，实现节能减排。

共享单车适用于出行范围和半径较小的冰雪旅游区。不过，由于黑龙江的气候条件以及冰雪景区道路的条件，共享单车在黑龙江省并不普及。但随着时代的发展和技术的进步，共享单车有望解决防滑和电池防冻问题，我们可以畅想共未来享单车将成为游客的一大助力。

二、循环经济

循环经济模式是景区未来必将采用的一种模式，它能够减少浪费，实现资源利用最大化。景区可以对废弃冰块进行再利用，将其用于来年冰雪景观的制作，如此整个夏天的能耗将降至以往的1/3以下，这种能源回收利用的方式能有效减少能耗浪费。

智能化停车系统是未来城市主流的停车体系。随着我国车辆保有量的不断增加，智能化停车体系建设也被提上日程。智能化停车系统可以利用较小空间停放更多汽车，从而解决城市停车难题。

这些实践成果表明，循环经济和低碳出行在城市旅游景区发挥了至关重要的作用，不仅能够降低人们的生活活动对自然环境的影响，还能提高景区环境质量，促进景区可持续发展。

第七节

黑龙江冰雪旅游景区可持续性设计的挑战和展望

一、面临的挑战

黑龙江的冰雪旅游景区在当下旅游业的要求下，正在不断探索可持续性设计的可能性。但是，面对严峻的市场竞争和环境压力，可持续性设计也面临着很多问题。

首先是环境治理不足。由于技术和人力资源欠缺，黑龙江很多冰雪旅游景区存在垃圾处理困难和环境污染问题。尤其在旅游旺季，很多景区面临的环境治理难度极大，成本也很高。需要政府牵头，加强相关技术研究和人才培养，才能提高环境保护治理能力。

其次是资源利用效率低下。黑龙江冰雪旅游景区的资源（包括水资源和冰雪资源）需要得到合理利用，才能实现可持续发展。但当前一些景区资源利用率较低，部分资源未得到充分利用和回收，这会导致环境污染和浪费。因此，需要制定科学合理的资源利用措施和政策，提高黑龙江冰雪旅游景区自然资源的利用率。

此外，很多景区设施建设不足且落后，设备匮乏且陈旧，无法满足游客需求和市场竞争需求。所以需要加强设施改造，提高设施的数量和质量，以适应市场需求，同时提高游客满意度。

旅游模式单一也是黑龙江冰雪旅游景区亟待解决的问题之一。如果仅以冰雪观赏、冰雪运动为主要吸引点，就会缺乏差异化和多元化的旅游服务。冰雪旅游季节性强，很多景区旺季营业，淡季则停滞，淡季时景区的环境运营等都无从谈起。所以应加强产业创新和差异化发展，拓展旅游业的外延和内涵，实现冰雪旅游全年运营。

旅游管理不足也是黑龙江冰雪旅游景区的重要问题。监管不到位、管理体制不完善、服务质量不高，这一系列问题都会导致旅游管理不善。这些问题不仅影响景区管理，还会影响游客体验，因此，加强旅游管理迫在眉睫，必须提高服务质量和管理水平，保障景区可持续性发展。

黑龙江很多景区消费结构单一，有的景区只注重旅游景点观赏，游客对文化知识、科技等方面没有任何体验和了解。这种单一的消费结构模式不利于景区发展，所以需要加强旅游宣传和教育，提高游客文化素质，同时拓展旅游消费层次，增加旅游的深度和内涵。

黑龙江冰雪旅游景区中的气候环境复杂多变，需要进行严格的风险防控工作。很多景区风险防控工作不足，会导致一些紧急事件和安全事故发生，并不断发酵，从而产生非常严重的负面影响。因此需要加强风险评估与防控，提高景区的安全水平和风险应对能力。

黑龙江冰雪旅游景区的可持续性设计面临以上这些问题，针对这些问题，需要先加强相关政策的制定和落实。技术的应用和研究需要大量技术人才，还需要加强旅游宣传和教育、提高监管水平、强化合作协同，才能形成持续发展的动力。黑龙江省的各个城市中，哈尔滨在全国比较知名，其他城市知名度较低，这是一个制约因素，也是黑龙江冰雪旅游景区引进人才、技术和加强合作的瓶颈之一，希望未来能得到妥善解决，让"冰天雪地也是金山银山"化为经济增长之力。

二、未来的展望

黑龙江的冰雪旅游景区因一些独特的自然地貌和多样的旅游资源环境而闻名于世。随着国内旅游需求的不断增长，以及人们对环境要求的日益提高，黑龙江的冰雪旅游景区在可持续发展的前提下面临诸多问题，这些问题带来挑战的同时也带来了机遇。

应加强资源利用和环境治理，如此黑龙江的冰雪旅游景区将起到引领作用。持续强化资源利用和环境治理，提高环境保护水平和资源利用效率，同时在旅游经营、设备设施建设以及管理等各个方面，都应采用更节能环保的技术手段，这样才能使资源利用最大化，使环保真正得到落实。

黑龙江的冰雪旅游景区应拓展旅游产品和服务范围，为旅客提供个性化、多样性服务，增加游客旅游时的选择范围。

黑龙江的冰雪旅游景区必须加强服务模式和旅游模式创新，对各个城市的冰雪旅游品牌进行差异化塑造。可让某个城市主打冰雪体育项目，某个城市主打冰雪旅游、冰雪文化项目，某个城市主打冰雪体验、冰雪探险项目，以此拓宽整个产业链的外延和内涵，促进冰雪旅游持续向好发展。

引入数字化技术，让冰雪旅游景区更智能。通过引入一些先进技术，提高景区的数字化、智能化水平，借助这些高新技术实现旅游业务的便捷、高效。如今的智能化技术、人工智能技术为我们提供了更多可能，智能导览、智能交通、智能规划等多种方式可提高游客满意度和出行体验。

黑龙江的冰雪旅游景区应加强与相关部门、游客和企业之间的合作，实现互利共赢，共享资源，形成链式发展，相互助力，促进旅游资源共享，实现各景区旅游业务的高效协同。未来，黑龙江省政府将以可持续发展理念为引导，加强冰雪资源利用，拓展冰雪资源服务受众，创新旅游业态和模式，引入先进数字化技术，推进合作共赢，实现以点带面的冰雪旅游可持续发展，为全省经济注入活力。

三、推广可持续性设计的重要性和建议

推广可持续性设计离不开政府的政策引导。黑龙江省政府应加强对冰雪旅游的政策引导，同时支持冰雪企业，提供更多政策支持，激励企业发展，把握好大方向，搭建发展平台，促进冰雪旅游业不断发展。此外，政府还应制定一定的规范和标准，未来的冰雪旅游必然是标准化、规范化的，标准化、规范化的环境是可持续性设计最重要的保障之一。制定冰雪旅游业相关规范和标准，引导企业开展可持续性设计工作，可以提高冰雪旅游业的规范性和可控性。

技术创新和人才培养是冰雪旅游景观创作的两大关键。加强技术人才培养，引领技术人才开展技术创新，引进最先进的设备和技术，提高从业人员的管理水平和专业素质，这样就能为冰雪旅游景区提供源源不断的人才，为人才储备提供保障。

同时，提高游客和从业人员的环保意识至关重要，这不仅取决于游客和从业人员的文化素质，也源于对冰雪景观区既定原则的尊重。通过开展宣传和教育活动增强从业者和游客的环保意识，让他们在享受旅游乐趣的同时，也能为国家的旅游资源环境作出一定贡献。

协同和合作是推广设计最重要的方式。应加强企业、政府、社会组织之间的合作，几方协同发展、协同运行，才能推行可持续性设计。冰雪景观的可持续性设计离不开这些主体的协同发展，这才是黑龙江冰雪景观应走的正确道路和发展方向。

第
九
章

冰雪旅游景观设计
的现状问题与解决
方案——以黑龙江
绥化为例

第一节

绥化市冰雪旅游景观的现状分析

一、绥化市冰雪旅游资源现状

绥化市位于黑龙江省中部，拥有得天独厚的气候条件和地理位置。其冰雪旅游资源雄厚，然而因受到经济发展水平及城市发展规划的限制，现阶段其冰雪旅游产业仍处于起步阶段，冰雪场地规模小，冰雪景观尚未形成集群式发展，但凭借得天独厚的气候资源环境，绥化市发展冰雪旅游的潜力巨大。

绥化市地处北纬46度，冬季寒冷漫长，雪期长达5个月以上。绥化拥有绥化学院等院校，可为冰雪景观创作提供人才。绥化位于世界三大黑土带之一的松嫩平原腹地，境内有大湿地、大草原、大森林等优质冰雪旅游资源，且冬季雪量较大。每年冬天，绥化市政府、绥化学院都会组织冰雪景观创作活动，展现地方特色。

绥化拥有丰富的民族文化，朝鲜族、满族、回族等少数民族在此定居。雪雕、冰灯、马拉爬犁等东北冰雪民俗在此生根发芽，为冰雪旅游增添了文化内涵。

绥化市政府高度重视冰雪旅游产业发展和冰雪景观创作人才培养，出台了一系列支持政策，近10年加大了对冰雪景观创作人才的培养、冰雪旅游的扶持力度及经济投入。

绥化市内有多个可开发的旅游景区，如金龟山庄、兰西县的拉哈山、海伦市的民俗文化村、望奎县的妙香山旅游景区等。随着经济发展，这些景区不断完善基础设施、提升服务质量，也相应推出了丰富多彩的旅游活动。这些活动的受众基本仍是本地游客，外地游客相对较少。近年来，绥化学院与市政府牵头打造康养文化艺体产业，绥化市也瞄准南方的康养群体，准备打造一系列医养、食养、文养旅游品牌，冰雪景观在此大有可为。

绥化市政府通过自媒体、新媒体、广播电视等多种渠道宣传推广绥化市的冰雪旅游，加强与周边城市的合作，通过政府牵头拓展客源市场。绥化市的冰雪旅游资源潜力巨大，但因资金和城市经济能力问题，近年来都未得到很好开发，且其与哈尔滨相距较近，但尚未将哈尔滨的客源引入绥化。绥化市政府将继续加大对冰雪景观创作的支持力度，进一步完善基础设施建设，提升冬季对游客的服务质量，加强市场推广，以发展的眼光推动冰雪旅游产业快速发展。

二、绥化市冰雪旅游的发展现状

2022—2023年冰雪季，绥化市冰雪旅游发展成效显著，在冰雪体育产业、冰雪旅游产业、冰雪文化产业方面表现优异，在冰雪装备产业上也实现了新突破，成为黑龙江又一重要的冰雪产业发展基地。2023年1月，据统计，绥化市旅游总收入和旅游接待人数同比增长均达到300%以上。

绥化市政府高度重视冰雪旅游发展，出台了一系列政策支持。绥化学院加大了冰雪景观创作人才培养力度，学院领导和专任教师多次沟通访谈，确定培养办法和扶持力度，打造产学研一体的冰雪景观创作文化产业。绥化市内有多个冰雪景观创作旅游景区，虽规模不大，但足够游客尽情游览玩耍。景区不断完善升级，提升服务质量，推出了丰富多彩的冰雪旅游项目。绥化市举办了一系列冰雪旅游活动，如市政府冰雪灯光秀、冰雪嘉年华、冰上运动等，吸引了省内众多游客参与。绥化市政府通过不同渠道推广冰雪旅游，拓展了客源市场，同时加强与周边城市的合作。绥化市已将冰雪旅游产业纳入未来5年规划，市政府将继续加大对冰雪旅游的支持力度，进一步完善基础设施，提升冰雪旅游服务质量，加强冰雪旅游市场推广，推动地方冰雪旅游产业快速发展。绥化市城市规模不大，容纳客流量有限，政府和企业可投入资金不多，不像哈尔滨那样能大规模发展冰雪旅游并带动其他产业，只能发展特色冰雪旅游产业。因此，在小而精的基础上发展其文化内涵、注入文化能量，面向普通消费群体发展旅游产业，是其未来主要的发展方向。

三、绥化市冰雪旅游景观设计现状

绥化市未来将会成为中国重要的冰雪旅游目的地之一，因此，其冰雪旅游景观设计非常重要，合理的景观设计可以提高旅游景区在顾客心中的满意度，从而使游客获得更优质的旅游体验，反过来推动绥化冰雪旅游的发展。

1. 绥化市冰雪旅游景观设计的特点

绥化市的冰雪旅游景观设计必须突出冰雪这一主要设计元素，其中不仅包括冰雪灯光、冰雪雕塑、冰雪瀑布、冰雪景观，还包括冰雪节庆活动以及冰上运动项目。冰雪景区的设计要体现冰雪元素的独特之处，营造出洁白、神秘、寒冷的空间氛围，吸引南方游客前来体验、观赏和享受。

冰雪旅游景区的景观设计要考虑可持续性问题。受环境和气候影响，冰雪景观稳定性有一定的不确定性，所以冰雪景观设计要尽可能减少对环境的影响，注重环境保护和未来的可持续发展，尽量利用自然景观进行创作，保护好自然景观的美观度和完整性。

当下，东北城市的冰雪旅游市场竞争十分激烈，绥化市的冰雪景区若想占据一席之地，就需要不断创新。通过用户和游客反馈机制，充分考虑游客兴趣和需求，打造具有特色、个性化服务的冰雪旅游景观，让游客游览后能对景区有较高评价。

2. 绥化市冰雪旅游景观现状

绥化市冰雪旅游景观一直以来规模较小，小而精是其冰雪景观创作的一大亮点。每年冬季，绥化市政府都会牵头举办冰雪雕塑节，吸引全国各地的冰雪艺术家前来。在冰雪雕塑节上，游客和市民可以欣赏到许多极具创意和技巧的冰雪雕塑，如精致的冰雕动物、装饰性的纹样、冰雪城堡，同时还会举办各种音乐表演、冰雪灯光秀等活动，营造出神秘浪漫的冰雪景观氛围。

绥化市冬季气温较低，非常适合冰雪运动的发展。每到冬季，在绥化学院附近都有运动场地和冰上运动设施，如滑雪、冰上滑行、冰球等。绥化市也会举办大型冰雪运动比赛，这些冰雪运动不仅吸引了许多专业运动员参加，也为游客提供了体验冰雪运动的机会。

除了冰雪景观创作和冰雪运动，还有冰雪温泉景观。在寒冷的冬天享受冰雪温泉是一种极为特殊的体验，游客在冬季一边泡着温泉一边欣赏冰雪美景，可以尽情享受寒地大自然带来的惬意。

绥化市冬季的各种冰雪节日活动也是其城市冰雪旅游景观的一大特色。除了冰雪雕塑比赛，每年绥化市还会举办许多庆典活动和冰雪节日活动，如春节冰雪节、元旦冰雪节、元宵节冰雪节等。在这些节日活动中，游客可以品尝美食，欣赏各种冰雪比赛和表演，感受地方民俗特色，体验和观赏绥化地方文化，同时感受到来自全国各地游客的热情。

黑龙江绥化市的冰雪景观有着独特的地域特点，通过小而精的打造吸引了众多游客前来体验。冰雪雕塑、冰雪运动是其两大亮点，冰雪温泉、冰雪节日也是未来发展的重要板块。通过这样的景观，不仅展示了寒地城市的神奇与美丽，也为游客提供了体验冰雪文化的机会。相信随着哈尔滨冰雪文化的不断发展和壮大，绥化市也能借着这波红利发展冰雪旅游景观产业，其冰雪景观创作将会越来越丰富，为游客带来更多惊喜。

四、绥化市冰雪旅游景观存在的问题

绥化市的冰雪旅游景观十分丰富，但在其发展过程中也存在很多问题。

1. 基础设施建设落后

由于绥化市冰雪旅游景观建设起步较晚，因此其基础设施建设非常落后，比如住宿、交通、餐饮等方面都需要大幅提升。尤其是在交通方面，绥化市火车站的旅客容纳量、建设程度以及基础设施在全国地级市中都处于落后水平。景区及周边的住宿条件和餐饮条件相对好一些，但仍满足不了高端旅游的需求。旅游景点交通不畅，游客多需自行驾车，这对旅游体验极为不利。绥化市的公交车在晚上9点之后就停止运行，住宿和餐饮设施也不够完善，无法满足游客需求。所以绥化市在发展冰雪旅游之前，要加强基础设施建设，提高住宿、餐饮、交通方面的服务水平，这样才能让旅客充分信任这座城市。

2. 产品开发单一

绥化市的冰雪旅游景观相对单一，除了冰雪雕塑，就只有滑梯、冰爬犁等游乐设施。尽管开展了许多体育活动，但规模和级别都未达到比赛水准。除了这些传统项目，缺乏多样化和创新的冰雪旅游景观，这使得很多游客在游览后觉得单调乏味。绥化是个小城，没有其他大城市那样厚重的建筑和人文基础，难以激发游客的热情和兴趣。所以绥化市需要加强冰雪旅游产品的开发与创新，让产品更具多样性和独特性，先吸引省内游客前来消费和体验，再向全国辐射。

3. 服务质量有待提高

在冰雪旅游景区中，服务水平至关重要，游客对服务质量的评价也极为关键。在绥化的冰雪旅游景区中，服务质量还有提升空间。景区人员的专业素养、服务态度都存在一些问题，影响了游客的旅行体验，也损害了绥化市冰雪旅游景区的对外形象和口碑。所以绥化市政府需要牵头加强对景区服务人员的管理和培训，提升服务质量，并让游客对服务质量进行评价，从游客反馈中获取服务质量的真实提升效果。

4. 文化和环保意识需加强

在绥化市冰雪旅游景观的开发与运营过程中，要注重环保意识的推广和文化的传承。绥化市的很多景区缺乏文化和环保意识，一味追求经济效益。在景区开发和建设过程中，没有事先评估对周围环境的影响。虽然近几年对文化价值的挖掘有所提升，比如北林老街是由政府牵头开发建设的，但绥化的文化脉络并没有得到更深层次的挖掘，所以迄今为止，北林老街并未给绥化带来更大的影响力。应强调文化价值和生态保护，传承和推广当地的民俗风情，比如绥化有朝鲜屯、回民街，可以强化这部分民族地方风俗，并将其融入冰雪旅游景区中。

5. 市场营销不够精准

绥化市的冰雪旅游市场并未进行针对性和差异化的营销推广，一直跟着哈尔滨的节奏走。虽然绥化市冰雪旅游资源丰富，雪期比哈尔滨长，但因市场竞争激烈，且没有把握游客的偏好和需求，所以绥化市需要制定更精准的策略，根据不同游客的需求，推出有针对性、差异化的冰雪旅游景观作品，通过大型冰雪景观吸引更多游客前来消费和体验。

综上所述，绥化市的冰雪旅游景区在发展过程中存在一些问题需要解决，如基础设施建设落后、产品开发单一、服务质量有待提高、环保意识和文化意识薄弱以及市场营销不准确等。虽然存在这些问题，但不能阻碍绥化市冰雪旅游业的发展。绥化市是农业城市，本身经济发展途径有限，近几年加强了招商引资，也有一些全国知名企业投资。但是绥化市需要拓展更多的经济发展途径，才能留住人才。近年来绥化市人口流失严重，且流失的基本上都是青壮年劳动力，如果再无法留住人才，绥化市的整体经济建设活力将大大降低，城市活力会进一步削弱，未来将面临更严峻的形势。

第二节

绥化市冰雪旅游景观规划、设计与管理问题

一、绥化市冰雪旅游景观规划的问题

随着冰雪旅游产业的不断发展，绥化市的冰雪旅游景观规划面临诸多问题。

前瞻性和科学性是现代旅游业发展的必备要素之一。绥化市的冰雪旅游景观规划现阶段仍缺乏相应考虑，前期研究和调研数据的缺失，会导致规划过程中信息与数据不够全面、准确，使规划蓝图出现片面性内容。同时，规划方向和目标缺乏针对性、不够明确，这会让规划实施面临极大的难度和阻力。因此，绥化市需要加强对冰雪旅游景观规划的前期调研与研究，设定科学合理的规划方向和目标，确保前期旅游规划能获得有效回报且方案可行。

近年来的情况表明，绥化市在进行冰雪旅游景观规划时，会出现与实际情况不符的规划。例如，一些景观规划中存在不合理的景观设计以及与空间布局不一致的建设方案，这些规划可能与实际需求和自然景观状况不相符，如同空中楼阁，难以实现。而且，很多规划缺乏与游客和当地居民的协商沟通，这样的规划无法获得他们的支持与参与。所以，绥化市需要加大规划力度，依据调研数据确保规划的实际性和适应性，根据实际需求和资金资源状况制定更合理的方案与规划目标，加强与民众的沟通，提高游客和居民的参与度，从而获得他们的支持。

绥化市冰雪旅游景观规划的可持续性有待提高。很多规划缺乏对环境和生态的考量，对景区造成的破坏是不可逆的，这种破坏可能影响景区的可持续发展。而且，很多规划对民俗文化的保护不足，会对当地文化传承产生负面影响。绥化市政府需要牵头增强规划的可持续性，强调环境保护和生态保护，加强景区资源管理与保护，同时充分尊重当地文化，为民族文化发展留足空间，增强景区文化特色和价值。

绥化市冰雪旅游景观规划实施难度较大。目前绥化缺乏大量的人力、物力和财力，同时政策支持、法律健全等多方面因素也不完备，这些都增加了景观规划实施的难度。此外，一些冰雪旅游景观规划缺乏具体时间表和实施措施，很难保证规划顺利实施。绥化市政府需要牵头加强实施管理，制定规划时间表，采取实施措施，合理分配人力、物力、财力、资源和规划任务，确保规划有效实施。

　　绥化市在冰雪旅游景观规划工作前的评估不足。规划评估是规划实践的重要环节，通过评估可以预见规划的未来实施效果和可能出现的问题，进而在规划实施前修正和完善方案，为规划提供理论基础和支持。然而，到目前为止，绥化市的规划评估不够全面、充分、有效，也缺乏系统科学的评估手段和方法。因此，绥化市需要加强规划评估，采取系统、科学、可靠的评估办法，及时发现和解决规划中出现的问题并及时改正，建立长效的景观规划机制和问责机制。

　　综上，绥化市的冰雪旅游景观规划存在的问题主要包括：缺乏科学性和前瞻性的规划，缺乏实地考察，会出现规划与实际不符的情况；对景区的持续性发展眼光有待提高；在规划实施过程中存在困难，且规划前对规划用地的考量不足。为解决这些问题，绥化市政府需牵头加强前期规划的调研，提高场地规划的科学性和前瞻性，增强景观规划与实际情况的匹配度，提高其实际可操作性和适应性，强调规划的可持续发展，同时加大对生态、自然环境、文化和民俗保护的重视，加强规划实施管理，制定景观实施的具体时间表，采用合适的评估方法，只有这样，才能建立并实施绥化冰雪旅游景观规划的长效机制，使其顺利进行。

　　为更好地解决景观规划中出现的问题，还需加强与旅游、交通、文化、环保等部门的沟通协调，制定绥化市冰雪旅游景观规划的整体设计方案和每一步的具体实施方案，避免规划与当地政策冲突，协调各部门间的关系，推动冰雪旅游景观规划落实，将完整的冰雪旅游景观规划成果呈现给大众。

　　绥化市的冰雪旅游景观规划可借鉴其他地区的成功做法，积极学习，吸取有益经验和教训。比如借鉴哈尔滨的规划设计，了解其规划理念和实施步骤等，再根据绥化市的实际经济状况、场地状况进行创新，制定出更适合本地的冰雪旅游景观规划方案。

　　此外，还需要加强冰雪旅游景观的宣传和推广，只有加强宣传推广，才能提高公众和游客对绥化市冰雪旅游景观的认识，增强他们来绥化市冰雪旅游的意愿。可通过不同方式和渠道进行宣传推广，如建立官方网站和公众号、开展主题活动、邀请自媒体和新媒体现场分析报道等。

　　增强实际性和适应性，加强前瞻性和科学性，是绥化市冰雪旅游景观规划需要强化的方面。要注重可持续发展，可邀请有雄厚冰雪旅游景观规划创作实力的高校和企业行会，如绥化学院、哈尔滨师范大学、黑龙江大学、绥化市艺术设计协会、黑龙江省艺术设计协会等，借鉴其成功经验，加强宣传推广。同时可以举办大赛，邀请世界各国艺术家来绥化创作。通过这些举措，绥化市的冰雪旅游景观能更好地发挥经济推动作用，为绥化市整体经济注入活力。

二、绥化市冰雪旅游景观设计的问题

随着绥化市冰雪旅游的不断发展，其景观设计也面临诸多问题，需要社会各界通力合作解决。

绥化市以往的很多景观设计缺乏创新性和独创性，没有针对绥化市独特的地域文化和资源优势进行开发。究其原因，是许多外来设计师将其他景区的设计直接照搬到绥化，导致很多景区的布局与周边建筑风格不相符，缺乏环境包容性，也没有特色和个性，这些景区的景观设计无法吸引游客，自然也不能带来经济效益。绥化市的冰雪旅游景观需要注重创新和独特性，应挖掘并利用地域文化和地方独特资源，打造特色鲜明的冰雪旅游景区。

许多景观设计与自然环境脱节，这是许多绥化市冰雪旅游景区的通病。这些设计缺乏与自然环境的融合与协调，景区内的建筑和设施的建设破坏了自然的原始状态，对环境和生态造成了负担，且没有利用和展示周围自然环境来创造契合自然的景观。美丽的自然环境和独特的生态气候得不到充分展现，就无法吸引游客。因此，绥化市在景观设计上需要注重与自然环境的协调融合，展示其自然之美和独特之处，在创作冰雪景观时，尽力让冰雪景观助力自然的恢复。

冰雪景观设计师缺乏可持续思维，没有意识到许多设计会对自然环境造成损害。许多冰雪旅游景区在利用水资源时没有考虑后续利用问题，这种设计对环境有不利影响。所以，绥化市的冰雪旅游景观设计需要考虑其生态性和对环境的修复功能，设计师在前期就应考虑取材以及材料后续的应用管理，这样才能保障设计满足当下生态旅游的需求。

在绥化市的许多冰雪旅游景区，冰雪旅游景观设计没有考虑人性化需求，游客对设备、设施抱怨颇多。兰西县民俗文化一条街、金龟山庄等都被游客吐槽设备不完善，让他们感到不便或不适。景区服务水平不高也会让游客缺乏体验感。所以，绥化市政府在人才培养和服务人员培训方面应加大力度，注重人性化考量，关注游客的期望和需求（包括生理需求和心理需求），提高景区服务和设施水平，让游客在冰雪旅游中有更好的体验，这才是冰雪旅游景观设计的最终目的。

绥化市的冰雪旅游景区中，有些设计可能会威胁游客的安全，许多设备和建筑设施存在安全隐患，周边安全配套设施也不齐全。比如2023年12月在绥化学院南区建设的冰雪奇园主题游乐场，其冰雪建筑、高大的冰雪雕塑以及大型滑梯、溜冰等设备，没有安排足够的人手进行安全管理，一旦出现安全问题，将无法采取紧急急救等相应措施。所以，在未来的冰雪旅游景观设计中，应加强安全管理和安全设施维护，确保游客在景区游览时能得到充分的安全保障。

三、绥化市冰雪旅游景区管理的问题

1. 景区管理混乱

绥化市冰雪旅游景区众多，但不少景区管理混乱，规划不明，管理措施缺失，需采取相应措施加以改善和解决。以下是一些显著问题。

① 进出口管理混乱。一些景区进出口设置不规范，存在盲区和安全隐患，缺乏有效的安全管理措施与设施，游客进出景区时易发生拥堵和混乱，存在安全风险。

② 环境卫生管理不到位。部分景区环境卫生管理差，存在乱丢垃圾现象，影响游客游览体验，且损害了景区环境和生态平衡。

③ 缺乏标准化管理。部分景区缺乏标准化管理，管理混乱，缺少有效管理机构和管理制度。游客进入景区后缺乏有效指引，无法获得完善的服务体验。

④ 安全管理不到位。一些景区安全管理缺失，缺乏有效安全设施，游客游览时存在安全风险，如道路交通安全风险、高空安全风险等。

⑤ 缺乏有效投诉处理机制。部分景区缺乏有效的投诉处理机制，游客在游览中遇到问题无法及时反馈和解决，易引发不满和投诉。

2. 景观保护不到位

冰雪旅游景观是绥化市重要的旅游资源之一，但在景观保护方面，绥化市仍存在问题。部分景区管理者为追求经济利益，过度开发利用景区资源，破坏了景区自然环境和生态平衡，损害了景区的可持续发展。

3. 服务水平有待提高

绥化市部分冰雪旅游景区服务水平较低，游客反映游览不便、服务不周。例如，景区设施陈旧，缺乏供游客休息和就餐的场所；交通不畅，游客进出不便；旅游信息和导览服务不完善，游客缺乏有效指引和参考。

4. 营销手段单一

绥化市部分冰雪旅游景区营销手段单一，缺乏创新和差异化，以下是常见的现状问题，需要采取相应措施加以改善和解决。

① 缺乏全面的营销策略。部分景区缺乏全面的营销策略，仅采用传统广告和宣传方式，如海报、传单、电视广告等，缺少针对不同消费群体的差异化营销策略。

② 缺乏互联网和新媒体的整合营销。部分景区缺乏互联网和新媒体的整合营销手段，未建立有效的网站、微信公众号、APP等数字化平台，无法与游客有效互动交流，缺少网络营销优势。

③ 缺乏品牌营销和特色营销。部分景区缺乏品牌营销和特色营销，不能塑造独特的品牌形象和特色产品，缺乏吸引游客的亮点和竞争力，难以脱颖而出。

④ 缺乏营销数据分析和评估。部分景区缺乏营销数据分析和评估，无法及时了解消费者需求和市场趋势，不能进行有效的营销策略调整和优化，导致营销效果差。

综上所述，绥化市冰雪旅游景观管理存在一些问题，针对这些问题，需要加强景区规划和管理、景观保护和修复，提高服务水平和创新营销手段。只有这样，才能更好地发挥冰雪旅游资源的价值，推动绥化市冰雪旅游业持续发展。

第三节

绥化市冰雪旅游景观设计的前景规划

一、绥化市冰雪旅游景观设计的创新方向

黑龙江绥化市的冰雪旅游景观设计创新可从以下几个方面考虑。

首先是增加互动性。增加互动性可让游客在参与过程中体验冰雪景观的乐趣。比如在滑雪场地，可以设计一些趣味性滑道和障碍物，将障碍物设计成卡通图案，让游客尽情享受乐趣。再如设计冰灯时，可让游客与冰灯互动，如蹦、跳、舞蹈等，使游客在观看冰灯的同时能体验互动之趣。

其次是引入科技元素。现代科技元素的引入能让冰雪景观设计更具活力和趣味性。可以引入VR（虚拟现实）技术，让游客先在VR中体验滑雪乐趣，进行虚拟体验后再进入滑雪场实践。通过整个景区的景观设计，让游客体验触摸式景观，感受冰雪景观的趣味，让科技为人们带来更好的旅游体验。

最后，还可适当设计一些创新活动供游客欣赏。比如举办冰雪歌舞会、T台展示，在滑雪场地举办训练营和比赛，吸引滑雪爱好者参加，也可设置舞台剧等演出活动，让游客在欣赏冰雪的同时能够获得更加多元的体验。通过上述方式，再加强服务保障、融入文化特色等，可让冰雪旅游景观更具吸引力和竞争力。

二、绥化市冰雪旅游景观设计的可持续发展

随着全球气候变暖，人们越来越关注可持续发展问题。冰雪旅游是一种仰仗自然的生态旅游方式，其设计源泉是独特的自然基础。人们热爱冰雪，实则是热爱大自然的馈赠。过度开发和不合理设计会破坏自然资源，对地方旅游业的可持续发展产生负面影响。本部分以绥化市冰雪旅游景观设计为研究对象，探讨其可持续发展策略。

1. 可持续发展的概念与原则

可持续发展是在满足当代人需求的前提下，不损害后代人满足其需求的能力的发展模式。可持续发展包括经济发展、社会环境发展、环境保护等。在冰雪旅游景观设计中实现可持续发展须遵循以下原则。

① 景观设计应尊重自然、顺应自然、保护自然，对生态系统和生态平衡怀有敬畏之心，在开发和设计景观时以不干扰当地动植物多样性为前提。

② 景观设计应合理规划土地，优化土地利用，减少土地占用和开发对整个大生态环境的影响。

③ 景观设计应注重节约资源，减少不必要的能源和水资源浪费。

④ 景观设计应本着社会公平公正的原则，让大多数老百姓都能享受景观带来的福利，避免因贫富差距扩大导致公众在享受旅游资源时产生不平等现象。

2. 绥化市冰雪景观设计的可持续发展策略

首先，应制定科学的规划方案，在规划阶段就要将方方面面的需求考虑进去，如土地利用优化、自然环境保护、社会公正、资源节约等，确保规划方案可行且对地方有利。

其次，在冰雪旅游景区建设过程中，应注重自然环境保护，不破坏湿地、不砍伐森林，这是设计的基本原则。尊重生态平衡和生态系统，才能保持动植物多样性。

再次，应优化土地利用率，冰雪旅游景区用地包括景观用地、停车场用地、交通用地、娱乐设施用地、餐饮服务用地等。要在尽可能不影响周围环境的情况下对这些用地进行合理规划，可利用已有建筑物和设施，避免新设施占用土地和浪费资源。

最后，在景区建设过程中要注重节约资源，尤其是减少水资源浪费，采用节能灯具、太阳能热水器等设施以减少能源消耗，设置垃圾分类设施，通过提高垃圾回收率来宣传积极向上的环保理念。

绥化市冰雪旅游景观的可持续设计是个综合问题，需要从建设、规划、运营等方面综合考量。只有充分考虑这些方面，才能实现整个景区的可持续发展。冰雪旅游景区的管理者和开发者应充分认识到其重要性，制定科学方案，优化资源和土地利用，实现社会公平公正，助力绥化市旅游业定位和产业升级。

三、绥化市冰雪旅游景观设计的未来展望

绥化市作为全国重要的农业区，经济结构较为单一，发展旅游业是其摆脱困境的重要途径之一，必须不断探索和创新冰雪旅游产品与服务，可从以下几个方面着手改善现状。

1. 创新设计理念

景区品质是决定冰雪旅游景区市场竞争力的关键因素。绥化市的冰雪旅游景观设计须不断提升景区品质，创新设计理念，挖掘文化内涵，利用本地文化资源，调动社会群体的积极性，打造具有地域特色的景区，提升景区的舒适度和便利性，让游客有宾至如归之感。

2. 加强区域合作

绥化市冰雪旅游景区应融入整个黑龙江冰雪旅游大框架，形成区域合作与支持。绥化市冰雪旅游景观设计可加强与哈尔滨、牡丹江等强势冰雪城市的联盟，整合资源，增加整个区域旅游产品的推出，借助强势城市的品牌效应和服务措施，使绥化成为强势城市的中转站，提高游客来绥化旅游的意愿。

3. 加强人才培养

人才培养是关键，景区的设计与管理需要更多人才。绥化市仅有一所高校——绥化学院，绥化学院艺术设计学院约有50名专业教师和1300名本科生，利用这些人才，才能为绥化市冰雪旅游景观设计助力。

绥化市的冰雪旅游景观设计有广阔的发展前景，但也面临诸多困难和挑战。未来，绥化市的冰雪旅游景观设计需要创新设计理念，加强科技应用，提高景区品质，增强景区吸引力。对于文化传承和景区文化价值，需要通过加强区域合作来实现，同时要打造品牌和培养人才，才能使景区实现长效发展。未来充满机遇与挑战，只有迎难而上，才能获得更大发展。希望绥化市冰雪旅游能抓住机遇，打造出游客喜爱的冰雪景观，实现冰雪旅游产业发展和景观设计繁荣。

第四节

绥化市冰雪旅游景观相应问题的解决方案

一、绥化市冰雪旅游景观规划问题的解决方案

1. 规划背景

绥化市地处黑龙江中部地区，拥有大量冰雪资源，且积雪期长、气候寒冷、降雪量大。绥化市是一个以农业为主导产业的城市，人均GDP低于全国平均水平，很多资源有待开发，为了更好地利用资源，需要制定一份冰雪旅游景观规划方案。

2. 规划目标

规划的主要目的是增加绥化市旅游收入，激活相关产业，使绥化市能够树立冰雪旅游城市的形象，提升绥化市的知名度，吸引更多投资者和游客来到这座城市。冰雪旅游景观规划的另一个目的是保护当地自然环境。在发展经济时，不能只侧重农业和工业发展，否则会对环境造成一定影响。通过制定合理的冰雪旅游景观规划目标并努力达成，能够有效减少对生态环境的污染和破坏，缓解经济下行压力。

3. 规划内容

绥化市需要建立一个现代化的冰雪运动中心，以满足黑龙江省游客、绥化市市民以及省外游客的冰雪运动需求，主要运动场地包括室内溜冰场、室外滑雪场、室外冰上运动场等。游客在冰雪运动中心可体验各种冰雪运动，如冰壶、滑雪、冰球等。

绥化市应定期举办冰雪文化节，吸引更多投资者和游客。在冰雪文化节上，可以展示各种冰雪手工艺品和艺术品，举办各种冰雪比赛以及与冰雪相关的娱乐活动。

绥化市应拟建一批冰雪旅游景点，如绥化市冰雪大世界、绥化市冰雪仙境、绥化市冰雪王国等。在这些景点中，将冰雕、冰灯、雪雕等冰雪景观以及景观娱乐设施投入使用，打造具有特色的旅游线路，如冰雪旅游探险、冰雪温泉、冰雪之旅等，将当地自然景观、历史文化与冰雪文化相结合，让游客获得更多样化的旅游体验。

绥化市可通过支持和鼓励冰雪产业发展来促进冰雪行业进步，包括冰雪旅游设施升级、冰雪运动用品开发、冰雪文化艺术品设计等，同时应提供相应政策和资金支持，鼓励个人和企业投资发展冰雪艺术产业。

绥化市应加强基础交通设施建设，提高城市交通的便利性和通达性，包括修建更高规格的高速公路和市内公路、修建机场、翻新火车站并提高其服务水平，让游客在绥化市能体验到便捷交通。

4. 规划实施

为实现相应规划目标，可制定如下规划实施方案。

首先，建立冰雪旅游景观规划领导小组，由市政府牵头，市政府领导担任主要负责人，负责统筹实施，绥化学院进行组织协调，将统筹管理与监督管理相结合。

其次，通过多渠道宣传，利用一切资源推广绥化市冰雪旅游，借助不同渠道的宣传提高绥化市冰雪旅游的市场号召力。

再次，加强人才培养和服务管理水平，提高游客满意度和复游率，引进投资，鼓励个人和国内外企业投资冰雪产业，促进绥化市冰雪旅游的发展。

最后，强化规划监督管理，建立规划实施监督机制，及时发现并解决问题，确保规划顺利实施。

5. 规划效益

绥化市冰雪旅游规划方案能发掘和利用城市丰富的冰雪旅游景观资源，提高城市竞争力和吸引力，促进冰雪产业升级发展，通过规划实施为城市带来诸多效益，对城市经济发展和形象产生更积极影响。

规划实施后能增加旅游收入，绥化市旅游收入将大幅增加，旅游收入的增加会为当地经济发展带来新活力。

规划实施可提升城市形象，绥化市经一系列规划后成为冰雪旅游热门目的地，可获得较高知名度。

规划实施有利于保护自然环境。旅游经济发展可使绥化减少对工业生产的依赖，降低对环境的破坏和污染。

规划实施可促进冰雪旅游产业发展，其发展与升级将为当地居民和高校师生带来新机遇。

规划实施可使冰雪旅游景观为游客带来独特体验，不仅是视觉体验，还有体感体验，使游客对绥化市冰雪旅游评价高、满意度高。

在规划实施过程中，绥化市将搭建平台，紧密结合冰雪旅游和生态保护，实现冰雪旅游与人文繁荣双赢。

总之，绥化市冰雪旅游景观规划方案具有可操作性，基于绥化悠久的冰雪历史、城市文化和冰雪资源，为城市发展和经济建设提供有力保障，为游客提供更优质服务和旅游体验，为黑龙江省和社会各界带来更多实际长效效益。

二、绥化市冰雪旅游景观设计问题的解决方案

绥化市冰雪旅游景观设计现阶段存在诸多问题，若不采取措施解决，冰雪旅游产业将无法实现发展。

景观设计需具备独特性与创新性，应注重挖掘地域文化，并将其应用于冰雪旅游景观设计中，打造有吸引力和鲜明特色的冰雪旅游景区，同时更要注重景观设计与自然环境的融合协调，通过二者结合展现独特之美。

景观设计要考虑人性化因素，服务设施水平、游客体验都是重点，设计时应全面考虑这些问题。此外，还应注重作品的美观性和独特性。要确保设计师具备较高素质和水平，能顺利完成冰雪景观的设计与制作，让游客欣赏到技艺高超、造诣非凡的冰雪景观设计作品。

通过行业协会与高校合作、举办大赛等方式，邀请全国的冰雪雕专家齐聚绥化，探讨绥化市冰雪景观创作的未来。依据绥化市现有的冰雪景观规模和经济体量，确定绥化市冰雪旅游景观的规模及发展方向。参考省内著名设计师和冰雪雕塑家的建议，确定每年的冰雪创作主题，邀请俄罗斯、美国、加拿大、意大利、荷兰、挪威等冰雪强国的人才前来创作冰雪景观作品，让绥化市的冰雪文化更好地与国际接轨，吸引更多游客。

此外，还应加强对冰雪旅游景观设计的研究，促进整体景观设计的持续改进与提高。

只有落实并加强以上方案措施，才能保障冰雪旅游景观设计的顺利实施和本地高质量设计人才的有效培养，进而使绥化市冰雪旅游市场更持久繁荣。

三、绥化市冰雪旅游景观管理问题的解决方案

冰雪旅游景观不只需要创作，还需要后期管理。随着黑龙江省冰雪旅游业不断发展壮大，绥化市作为拥有丰富资源的城市，也吸引了众多游客的关注。然而，由于管理不当、资源浪费等问题，其冰雪旅游景观一直存在一些问题和挑战。制定一份完善的冰雪旅游景观管理方案，对于提高绥化市生态环境质量和冰雪旅游景观创作水平具有十分重要的意义。

建立一个专业的管理机构对于冰雪旅游景观管理而言非常必要。该机构可协调冰雪旅游各部门间的衔接，制定相关规定和管理政策，完善流程。冰雪旅游景观管理机构可以开展各种培训和冰雪旅游景观场地宣传活动，提高游客和管理人员的意识与素质。可由市旅游局或高校牵头成立发展委员会，设立景观管理评选专门办公室，由专人负责管理、协调和监管。

场地的维护与建设是冰雪旅游景观管理中极为重要的环节，这是保障游客安全的重要工作。首先要确保场地设备设施安全，同时兼顾美观与整洁。可通过建立一定秩序、强化场地维护和清洁来实现，具体可采用委托或招标的形式，交给专业团队和公司来负责。同时，加强巡查和安全监控管理，确保场地正常运营。

建立安全员管理制度对于旅游管理部门来说至关重要。要保证游客的安全，必须建立一套行之有效的管理制度，制定相关规定和标准，同时加强安全演练和培训，定期进行安全检查，发现问题并及时处理。可建立安全责任部门，安排专人负责管理，加强与公安消防部门的沟通与合作，确保冰雪旅游景观区安全稳定运营。

加强冰雪旅游产品的开发与推广，利用当地文化特色开发多样化的冰雪产品，推广冰雪运动、冰雪观光等。同时，信息化建设也不可或缺，要提高信息化交流和共享水平，建立冰雪旅游景观信息中心，提供在线预订、信息查询服务，并接受游客反馈。此外，应通过加强人才引进与培养，提高服务人员和管理人员的管理能力与专业素质，建立冰雪旅游景观企业人才库，以此加强人才培养、选拔，提高人才综合意识和长远发展规划。通过加强监管推动冰雪旅游产业升级与发展，冰雪经济必将为城市经济和文化建设注入新的活力。

第十章

冰雪旅游景观设计方案——以黑龙江为例

第一节

人造冰雪景观的设计与创新

黑龙江作为中国最著名的冰雪旅游大省之一，冰雪资源得天独厚，吸引了国内外众多游客。为了打造更精彩的冰雪景观，黑龙江聚集了全国顶尖的设计师和雕塑家，付出诸多努力，不断进行技术创新，才形成如今黑龙江省冰雪景观领域人才济济的局面。

一、人造冰雪景观的设计

1. 设计思路创新

在人造冰雪景观的领域中，设计思路的创新是推动其发展的关键动力，而文化创意与科技创新则是实现创新的两大核心要素，二者相辅相成，共同为游客构建出奇幻美妙的冰雪世界。

对于设计师和雕塑家而言，深入挖掘历史文化，敏锐洞察旅游市场动态，不断学习新知识，是开拓全新设计思路的基石。以哈尔滨冰雪大世界为例，其雕塑作品将中国传统文化元素与现代科技元素精妙融合，打造出了震撼人心的冰雪景观，成为创新设计的典范。

在设计思路的具体实践中，文化创意与科技创新发挥着独特且重要的作用。

文化创意堪称冰雪景观的灵魂。设计师通过深入探究当地的文化、历史和传统艺术，将这些宝贵元素融入冰雪景观设计中。比如以民间传说、历史故事为蓝本，塑造出栩栩如生的冰雕形象，让游客在欣赏冰雪美景时，能够深切感受到背后深厚的文化底蕴。在一些北方小镇，设计师以古老的民俗活动为灵感，创作出风格各异的冰雕场景，让游客仿佛穿越时空，沉浸在浓郁的文化氛围之中。

科技创新则为冰雪景观带来了全新的体验。借助灯光特效、智能互动装置等科技手段，冰雪景观从视觉、触觉等多维度焕发出新的活力。在绥化冰雪景观中，设计师运用投影技术，将绚丽的画面投射到冰体上，配合音乐节奏，营造出如梦如幻的光影效果，使原本静态的冰雪景观变得灵动起来。哈尔滨冰雪大世界更是将现代科技运用到极致，美轮美奂的光影秀与智能互动装置，让游客能够与冰雪景观深度互动，极大地提升了游玩的趣味性。

当传统文化元素与现代科技在冰雪景观中相遇，便会碰撞出独特的火花。在哈尔滨冰雪大世界冰灯展区，龙凤呈祥等传统元素被巧妙地雕刻在冰雕之上，晶莹的冰体与寓意美好的传统元素完美结合，既彰显了深厚的文化底蕴，又展现出强烈的现代科技感，吸引了众多游客前来观赏。

为了实现冰雪景观的多元化，冰雪艺术家不断引入新材料和科技手段。彩色冰块、LED灯等新材料的应用，不仅使冰雪景观呈现出更加绚丽多彩的颜色，还提升了景观的寿命和品质。而3D打印技术虽然目前在现场打造方面还有所局限，但随着技术的发展，有望进一步提高冰雪雕塑的精细度和复杂程度，从而提升整个冰雪景观的品质。

在推广方面，互联网技术的发展为人工制作的冰雪景观提供了更广阔的传播平台。通过短视频、互联网直播等方式，能够向更多游客展示冰雪景观的独特魅力。同时，利用手机APP等互联网技术，游客可以使用预约游玩、在线购票等便捷功能，有效提升游览的满意度。

未来，随着文化和科技的不断发展，人造冰雪景观的设计创意将更加多元化。设计师需要在设计与创作中更加注重设计思路的创新，将传统文化与现代科技深度融合，创作出更多富有创意和文化内涵的冰雪景观。同时，持续引入新技术、新材料，提升景观品质，并借助互联网技术进行广泛宣传，只有这样，才能在竞争激烈的旅游市场中脱颖而出，吸引更多游客，并为地方经济发展创造更大的价值。

2. 细节设计

在冰雪旅游景观的设计与创作中，细节设计至关重要，设计师需要将每一个细节都考虑在内，从而确保整个景观完美呈现。比如在哈尔滨的冰雪艺术展中，设计师不仅要考虑雕塑的外观，还要特别注重灯光设计，利用灯光强度和灯光色彩变化，让雕塑在夜晚呈现出不同的光影效果和色彩效果，增强游客的视觉冲击力，丰富游客的视觉感官体验。

二、绿色制冰技术的运用

黑龙江冬季漫长且寒冷，这为人造的冰雪景观创造了得天独厚的条件。取冰及制冰技术是冰雪景观制作的基础之一，也是最重要的基础。在制冰过程中要控制好湿度、温度、水等参数，确保制作出的冰块质量优良，能满足冰雕制作要求。虽然黑龙江大部分冰块都采自松花江，但黑龙江的制冰技术已经非常成熟，可以制作出各种形状的冰块，满足大型雕塑和滑雪场冰建等需求。

随着国家对旅游地的环保要求越来越高，传统制冰技术无法满足相应要求，黑龙江的企业开始尝试利用绿色制冰技术升级制冰工艺，以减少对环境的影响，比如利用深井水制作冰块，利用植物染料制作彩色冰块。绿色制冰技术是指利用环保材料制作冰块以及用环保染色方法制作彩冰。传统制冰方式通常是用井水或自来水制作冰块，这种方式会消耗大量水资源，制出的冰块也不太理想，其中带有气泡。绿色制冰技术通过技术提升，改变制冰方式，在减少环境影响的同时能获得更高品质的冰块。

采用绿色制冰技术时应注意以下要点：第一，选择合适的水源，一般选择地下水或雨水这类优质水源来制冰，确保制出的冰块纯净；第二，所使用的材料通常是天然的，这些材料不仅环保而且质量优越，而且能使制作出来的冰雪景观更加美观。

绿色制冰技术在黑龙江的冰雪旅游景观设计与制作中得到了广泛应用。在哈尔滨冰雪大世界中的冰雪景观就有部分采用了绿色制冰技术，利用天然冰雪材料和环保型冰雪工艺制作出了高质量的冰雪景观。利用绿色制冰技术，不仅可以制作出美丽的冰雪景观，而且也符合国家对旅游城市的环境保护要求。未来，在冰雪景观的制作中，制冰的绿色标准和绿色技术一定会推广开来。

三、人造冰雪景观的创新

为了吸引更多游客来黑龙江旅游，黑龙江的冰雪景观创作开始注重游客的互动和体验。在哈尔滨冰雪大世界中，不仅将各种精美的冰雪雕塑展现在游客面前，同时还设置了滑梯、爬犁等娱乐项目，让游客参与其中，亲身体验冰雪带来的乐趣。

随着互联网不断发展，5G时代已然来临，黑龙江冰雪景观创作开始尝试与线上、线下游客进行沟通。比如在绥化冰雪奇园游乐园中，游客可以通过手机购买门票、预约游玩项目，同时还可以评选出最喜欢的冰雪雕塑。通过短视频和互联网直播的方式可以展示冰雪雕塑、冰雪景观的美丽外观，能使受众更广泛。

黑龙江是中国冰雪旅游最重要的目的地之一，手工制作的冰雪景观设计水平在全国处于领先地位。通过不断创新，黑龙江的冰雪景观呈现出更多元的魅力。在设计创作方面，黑龙江的冰雪景观设计师注重细节设计和创新思路拓展，将现代科技与传统文化相结合，呈现出一系列有创意、有文化内涵的冰雪景观作品。黑龙江的制冰技术、雕刻技术、灯光技术在全国都处于领先地位，且还在不断提高和发展。

这些技术和创新为黑龙江的冰雪旅游带来了更多元、更丰富的内容，也是黑龙江发展冰雪产业的基础保障。到黑龙江旅游已成为一种时尚、一种文化，只有不断创新、延续这种新鲜感，才能推动黑龙江冰雪旅游产业不断发展。

第二节

冰雪灯光艺术的设计与应用

一、冰雪灯光艺术的设计

冰雪灯光艺术的设计元素主要包括最基础的材料、灯光、雕塑、音乐等各个方面。在选择冰雪灯光艺术的基础材料时，需要考虑材料的透光性和可雕刻性，主要材料一般很少用到雪，正常情况下，需要选择坚硬且纯净的冰块材料，同时也会加入其他材料，这样才能保障创作出来的雕塑更清晰、更饱满。

雕塑是冰雪灯光艺术中非常重要的核心表现形式之一，根据设计需求精心将冰块雕刻成不同形状、不同体量的雕塑作品，通过形状、细节、质感等方面，配合灯光表现出冰雪艺术之美。在雕塑过程中需要非常谨慎，因为有灯光存在，一旦涉及冰块的拼接，就容易出现瑕疵，影响整个作品的美观度。

灯光是冰雪景观设计中另一个非常重要的设计要素，在灯光的创作与设计上，需要结合色彩、亮度、角度、光源等因素。通过灯光设计，让雕塑品在夜晚表现得更加出彩，给人一种五彩缤纷的感觉。通常情况下，当下最适合利用LED作为灯光的主光源，通过LED灯源调整灯光的颜色和亮度，并且要求灯具能够承受寒冷的室外温度。

二、冰雪灯光艺术的应用

冰雪灯光艺术可应用于城市建筑装饰中，增加城市的艺术感和文化氛围，让城市更具特色和吸引力。冬季时，哈尔滨会在中央大街、果戈里大街等重要城市地点进行冰雪雕塑创作、冰雪灯光展示，吸引市民和大量游客前来观赏、消费，提升城市人气。

冰雪灯光艺术在公园中也有着广泛的应用，可将灯光与自然景观和人工景观相结合进行创作，营造出独特的氛围。在公园内安装灯光、展示灯光秀、创作冰雪雕塑，可以吸引市民和游客前来观赏，让公园收获更多经济效益，同时也为全国的冰雪雕塑艺术家提供一个展示的舞台。

冰雪灯光艺术在大型活动中也经常有所展示，比如冬季奥运会、冰雪运动会等大型赛事中，都能看到冰雪灯光艺术的身影，冰雪灯光艺术的运用可以增加视觉效果和赛事的丰富度，增添更多艺术元素。在晚会和大型庆典中也会有冰雪灯光艺术展示，所以说哈尔滨的冰雪灯光艺术占据着重要地位，它在给景观增添更多精彩和亮点的同时，也为地方文化的传播、经济的发展作出有力贡献。

三、冰雪灯光艺术的未来

随着人们对文化艺术的重视以及对冰雪旅游的热爱，冰雪灯光艺术在未来的发展趋势与相应的创作手法也在不断变化。未来冰雪灯光艺术将采用更节能的技术、更环保的材料，同时更加注重创新与技术的融合。人工智能也会应用于冰雪灯光艺术创作中，虚拟现实、人工智能虽不能带给人直观感受，但通过这些手段，设计师可以提前预判想要创作的冰雪灯光艺术的外观以及场景所表达的效果。冰雪灯光艺术未来的发展离不开设计师和艺术家的不断尝试与创新，艺术家和设计师通过不同的设计风格和多样化的设计语言，可以创造出更富有立体感、具有独特风格的冰雪作品，给游客的视觉和心灵带来较大震撼。

冰雪灯光艺术作为冰雪艺术里最为独特的一种艺术形式，融合了多种艺术要素，带给人们极致的视觉和听觉感受。随着技术的不断改进和人们对冰雪艺术的不断追求，冰雪灯光艺术的创作也会不断创新发展。

第三节

冰雪景观雕刻的创新

在冬季进行冰雪景观创作和雕刻是黑龙江当地一项重要的文化活动，每年都吸引大量国内外游客前来参与和欣赏。在这项活动中，艺术家利用精湛技艺和创新手段，将传统文化、自然风光以及现代元素融合在一起，创作出精湛的冰雪雕塑作品。

在明清时期，黑龙江地区的人民就开始利用冰雪资源进行雕刻活动，当时这种艺术主要是为了烘托冬季节日的喜庆气氛，会出现在祭祀和宗教活动中。

随着时代变化，冰雪雕塑已经成为一种独立的艺术门类，黑龙江已经成为全国最为成熟的冰雪雕塑人才聚集地，为全国输送了大量人才。黑龙江冰雪雕塑活动主要在冬季开展的一系列冰雪节日中举办，吸引了来自世界各地的游客前来参与，成为了黑龙江的一张文化名片。

一、冰雪景观雕刻的技术创新

数字化技术为当代黑龙江冰雪雕塑提供了可选手段，艺术家通过计算机模拟创作，大大提高了精度和创作效率。数字化设计能让雕塑作品提前展示在客户面前，从而进行方案设计与构思的修改。

艺术家通常会利用一些软件进行创作，比如3ds Max、CAD建筑软件，通过这些软件确定雕塑的尺寸、形状等细节并进行优化。这种方法不仅可以节省成本和时间，还能提高创作质量和准确度。

激光切割是一种高效率、高精度的创作手段，虽然无法利用激光进行现场冰雪雕塑创作，但它已广泛应用于现代冰雪景观的前期模型小样创作中。利用激光雕刻，艺术家可以轻松地将复杂图案切割出来，实现精细的刻画效果。艺术家不再利用传统的泥雕、木雕等方式再现作品，而是利用激光进行雕刻。这种雕刻在现阶段对于二维平面的冰雪雕塑创作有帮助，利用激光雕刻的原理将材料切割成所需形状，相比于传统手工雕刻方式，这种切割更准确、快速、省力，同时也能避免材料浪费，保证作品质量。

环保材料在冰雪创作中必不可少。相比于传统材料，冰雪雕刻材料中的环保材料更安全、稳定和耐用。其实在当前的环保概念中，冰和雪也是一种环保材料，但如果无节制地使用，就是一种不环保的行为。所以，冰和雪的收纳、保养以及对地下水的维持也成了冰雪创作最重要的环节。

当代冰雪雕塑创作不仅局限于静态雕塑作品的表现，还可利用音乐实现互动，展现更具动态的作品。雕塑家可以在作品中安装音像设备和传感器，使其与现场音乐融合，让冰雪雕塑作品更加形象生动。在音乐互动表现中，作品可通过声、光、电的方式与环境融合，这种表现方式能使作品更生动有趣，颇受小孩子喜爱。

二、冰雪景观雕刻的艺术创新

黑龙江冰雪景观雕刻的艺术表现独具魅力，冰雪艺术家在创作过程中，通常将传统文化、现代元素与自然景观融合在一起，从而创作出具有一定文化内涵和艺术价值的作品。

1. 自然景观

在黑龙江的大型冰雪雕作品中，我们常常可以看到对自然景观的描绘与再现。冰雕艺术家通过创新手段和精湛技法，将自然景观中的花草、山水、动物等形象以冰雪的方式展现出来，让人们在欣赏冰雪雕作品时仿佛置身于优美的大自然之中。

2022年，哈尔滨冰雪大世界中展出了一座名为《北国风光》的冰雪雕塑作品，设计师以黑龙江的山水风光为创作灵感，通过冰雪雕塑的形式将其再现在游客面前。

2. 传统文化

传统文化也是冰雪景观雕塑创作过程中最常用的元素之一，艺术家通常以传统文化符号和民间故事为创作题材，将其融入冰雪景观作品中，让作品具有独特的历史意义和文化内涵。比如绥化冰雪奇园有一座雪雕《二龙戏珠》，其以东北虎为创作原型，融入了黑龙江地方动物形象的元素和特征，展现了黑龙江独特的历史背景和文化特色。

3. 现代元素

在黑龙江的冰雪景观创作过程中，常常有现代元素的身影，艺术家通常将现代的文化、科技、生活等元素再现在冰雪景观作品中，让现代元素成为冰雪景观设计的亮点。哈尔滨冰雪大世界中的冰雪景观作品《未来之城》以未来城市为主题，将文化元素和现代科技元素应用到冰雪景观设计中，充分体现了冰雪景观设计的时代特征。

第四节

冰雪运动场地的创新设计和改进

冰雪运动场地也是冰雪景观主要的展示区之一，随着人们对冰雪运动的热爱和旅游热情的不断高涨，冰雪运动场地的创新设计与改进日益受到设计师关注，黑龙江可通过以下几个方面的创新设计来进一步提升冰雪运动场地的吸引力。

应根据场地所在地区的地形、地貌、气候等环境特点，合理规划建设冰雪运动场地的布局。除了传统的滑冰、滑雪、冰球等项目，冰雪运动场地的运营商可考虑引进更多冰雪运动项目，如雪橇、雪车、雪上摩托等，这样能使人们可选择的冰雪运动更加丰富，同时提升冰雪运动场地自身的经济价值。

随着科技发展及不同种类服务的应用，智能化服务与管理已成为旅游业趋势。在冰雪运动场地中，可通过场馆管理系统智能化、预约和支付系统智能化等方式提升用户便捷性，进而减少人工，提高场馆使用效率。借助互联网技术和手机终端，让客户能更便捷地购票、预约、获取交通指引，形成优质的智能化推广。

冰雪运动场地不只是进行冰雪运动的场所，同时也是推广冰雪运动的重要舞台。为提高人们对冰雪运动的了解与热爱，可以在冰雪运动场地开展一系列科普活动，让游客参与其中，也可以组织专业和业余比赛，同时安排专业教练对游客进行专业指导。通过这些活动，冰雪运动场地能为广大冰雪运动爱好者提供更好的交流和学习机会，同时推广各类冰雪运动项目，使中国的冰雪运动普及水平大幅提高。

冰雪运动场地的冰面维护是传统冰雪场地每天都要进行的重要工作之一，传统冰面维护需手工完成，相当耗时。现在新型冰面维护技术已被开发出来，利用智能化机器人巡视冰面，可进行喷洒水雾、清理、冰面抛光等工作，这种技术可大幅提高冰面维护效率，同时减轻人员开支和工作人员负担。

保温材料能保持冰面的稳定和质量，传统保温材料是聚苯乙烯泡沫，这种材料随着时间推移会失去保温效果，且有一定挥发性。新型保温材料利用石墨烯技术，热导性能好，能有效降低材料厚度和重量。石墨烯新型材料已应用于一些大型冰雪运动场地，且反馈较好，但因其价格相对昂贵，在绥化、鸡西等发展相对落后的小型冰雪场地没有得到广泛采用。

第十一章

冰雪旅游景观设计人才培养——以黑龙江为例

第一节

黑龙江冰雪旅游景观设计人才培养现状分析

一、黑龙江冰雪旅游景观设计人才需求分析

黑龙江冰雪旅游近年来发展迅猛，且规模日益扩大，因此黑龙江对冰雪旅游景观设计人才的需求也越来越高。本部分将从冰雪旅游发展的角度入手，分析如何科学有效地培养黑龙江冰雪旅游景观设计人才。

黑龙江冰雪旅游景观主要集中在三个景区：哈尔滨冰雪大世界、漠河北极村、牡丹江雪乡。哈尔滨冰雪大世界是世界上最大的主题冰雪乐园，其规模和投资数额在世界上都位居前列，每年都会吸引数百万游客前来欣赏观光。北极村坐落在我国最北端，游客在此处能看到极光，感受极地气候，因此，北极村是天文爱好者、极地探险爱好者和旅游爱好者的必游之地。雪乡则是以黑龙江乡村特色为主题、以黑龙江自然资源"雪"为特色的村落式景观，受到国内外游客的追捧，雪乡建筑极具特色，东北民俗民风浓郁，是旅游者的必经之地。

随着冰雪旅游的不断发展，黑龙江对冰雪旅游景观设计人才的需求越来越高、规模越来越大，主要体现在以下几个方面。

首先是对景观规划和设计人才的需求。这里讲的景观规划主要是景区规划，景区规划和设计人才是现阶段黑龙江最需要的冰雪旅游景观专业人才。黑龙江不同的旅游景区中，每个景区都有其独特的规划和设计要求，有些景区需要建设独特的建筑，有些景区需要建设独特的设施，有些景区对冰雪雕则有独特要求。哈尔滨冰雪大世界的冰滑梯、冰雪建筑等，对景观设计人才提出了建筑力学、建筑结构、建筑造型等方面的要求，所以这一类人才需要具备一定的建筑学知识。而一些景区需要设计美丽的公园和冰雪景观，如雪乡和北极村，对于这类景观，需要冰雪景观设计人才有相当的景区规划和设计背景，同时具备冰雪雕创作和实践能力。很多时候，我们需要的冰雪景观设计人才不只是专门型人才，而是复合型人才，要求人才具备美学素养和创新能力，同时了解冰雪旅游的需求和特点。

其次，除了景区的设计与规划，冰雪旅游景观的设计创作人才还需要了解景区的建设和维护，同时要了解地区的环境特点和气候的变化，如降雪量何时最大、何时适合采冰、何时适合开放景区、何时因景区有危险需关闭等，这样的人才才能为景区的维护与建设提供更合理、科学的技术支持和整体设计方案，同时建设和维护人才还要根据气候环境的变化适时调整策略。

冰雪旅游是一种参与性和互动性较强的活动，冰雪旅游需要的不只是冰雪景观创作人才，还需要对这些活动有一定策划和执行能力的人才，这些人才需要具备丰富的执行和活动策划经验，能为景区提供创新且多样化的方案，同时必须具备有效执行这些活动策划方案的能力。

随着冰雪旅游景观行业的发展，人才培养的走向也是值得关注的问题，未来，冰雪旅游景观设计人才的发展将有以下趋势。

随着旅游市场日益成熟，游客会对景区提出更高的要求，个性化和定制化服务能为游客提供不同的旅游体验，因此，未来的冰雪旅游景观设计人才将更注重定制化和个性化创作能力。

随着冰雪旅游市场不断扩大，游客对景区的心理需求和期盼也变得越来越多样，冰雪旅游景观设计将更注重多元化，设计人才应能够通过创新景观形式、活动服务内容，让游客获得更有趣、更丰富的冰雪旅游体验。

随着科技不断进步，冰雪旅游景观设计人才需要注重智能化和数字化知识的学习，借助智能化和数字化设备，冰雪旅游景观设计将更智能、便捷、高效，同时为游客提供更贴心的服务。

二、相关院校现有冰雪旅游景观设计人才培养情况分析

随着黑龙江冰雪旅游产业不断壮大，黑龙江对冰雪旅游景观设计人才的需求缺口也越来越大。因此，如何在冰雪景观设计方面培养更高质量的人才，进一步推动黑龙江省冰雪旅游产业发展，成为一个重要议题。

1. 黑龙江大学冰雪景观设计专业建设情况

黑龙江大学是黑龙江省目前唯一开设冰雪景观设计专业的高校。景观设计专业学生可以选择冰雪旅游景观设计方向，学习相关课程，如冰雪旅游规划、冰雪景观设计创作、冰雪景观设计原理等。黑龙江大学还与地方企业合作，为学生提供实习岗位和实践机会，让学生更好地了解冰雪创作和冰雪旅游产业，提高学生的实践创作能力。总的来说，黑龙江大学在培养冰雪旅游景观设计人才方面有一定优势。

2. 哈尔滨师范大学冰雪景观制作相关情况

哈尔滨师范大学师资力量雄厚，拥有多个冰雪景观创作团队，包括冰雪文化传统团队、冰雪艺术创作团队。学生在这些团队中可以参加各类冰雪比赛、冰雪创作文化传承活动，通过实践锻炼并提高自身创作能力和文化素养。同时，哈尔滨师范大学开设有雕塑专业，并且积极开展冰雪艺术文化活动和组织相关活动，常承办黑龙江省大学生冰雪艺术作品展等，为黑龙江省高校学生提供平台，推动了黑龙江省冰雪文化的传承与发展。

哈尔滨师范大学在实践创作、实践教学方面非常注重文化和冰雪艺术的传承及实践应用，让学生通过实践项目助力冰雪旅游产业发展，同时为冰雪旅游景观设计提供人才保障。哈尔滨师范大学还与哈尔滨市文化广电新闻出版局和文化馆展开了相关合作，学生通过这些渠道能够参与哈尔滨市冰雪文化公园建设以及冰雪节的冰雪景观和雕塑创作实践，以更好地将课堂理论知识应用到实践设计中。同时，哈尔滨师范大学积极开展冰雪文化研究和传承工作，学校设有冰雪文化研究中心，该中心注重冰雪文化传承和冰雪艺术相关学术研究，举办了一系列高峰论坛，通过哈尔滨师范大学牵头，为推动黑龙江省冰雪文化传播和哈尔滨市冰雪旅游发展发挥了积极作。哈尔滨师范大学不仅在实践教学、学术研究方面对黑龙江省冰雪艺术发展作出了重要贡献，在文化传承和冰雪景观创作方面取得了较好的成绩，在全国乃至世界的各大冰雪赛事中都取得了傲人的成绩。

3. 绥化学院冰雪景观创作相关情况

绥化学院是位于黑龙江省绥化市的一所本科院校，在冰雪景观创作方面有着积极的探索与实践。

绥化学院有视觉传达设计和环境设计两大艺术设计相关专业，在这两个专业的培养方案中都设置了与冰雪景观创作相关的课程，如冰雪景观制作、冰雪雕制作等，绥化学院通过以赛代练等方式为学生提供了大量实践经验和学习机会。

绥化学院拥有高水平的艺术人才队伍和教师队伍，他们具有丰富的教学经验和比赛创作经验，在教学和科研方面成绩斐然。学校每年引进人才，注重引进和培养有一定创新意识和创作能力的教师，为学生提供更好的培训和教育。学校邀请业内专家和企业高管前来交流、举办讲座，加强与企业的联系，为学生提供更多就业和实践机会，并建立多个实践基地，为学生就业保驾护航。

绥化学院高度重视产学研一体化培养，致力于为学生提供多样化的实践和创作机会。学生可以参加学校组织的各种艺术创作活动和冰雪文化创作活动，如绥化市冰雪节、哈尔滨全国大学生冰雪比赛，也可以参与当地政府的实践项目，如黑龙江省文化传承和景观创意项目，从而锻炼实践能力，提高创作水平，同时了解黑龙江冰雪艺术创作的魅力。绥化学院积极与绥化市旅游企业合作，并与政府机构展开互动，开展产教融合，这不仅为学生提供了就业和实践机会，也为学生提供了提升专业素质的机会。绥化市文化广电新闻出版局通过宣传绥化市艺术活动和冰雪创作活动，让广大市民了解绥化学院这所高等学府的冰雪艺术创作能力。

绥化学院在开展冰雪艺术创作时，非常注重传承与创新，通过开展一系列冰雪文化研究活动，组织学生参加中俄文化交流活动，同时组织学生在校园内创作冰雪艺术作品，培养学生自身的创作、创新能力。在比赛和实践创作中，学校鼓励学生运用创新思维创作作品，从而提高学生的文化素养和艺术创造力。绥化学院如今在冰雪景观艺术创作和文化传承方面取得了相当显著的成绩，在实践项目、教育教学、校企合作、文化研究等方面也有一定的社会影响力。未来冰雪艺术将成为绥化学院艺术设计学院人才培养的重点之一，学校定会加强师资培养与建设，不断推进教育教学创新与改革，为黑龙江省的冰雪艺术创作和冰雪景观创作输送更多人才，贡献自身力量。

4. 黑河学院冰雪景观创作相关情况

黑河学院是黑龙江省属本科院校，与俄罗斯一江之隔，有着得天独厚的开展中俄合作办学、合作创作的地域优势。学校开设了多个与冰雪景观艺术设计、文化传承相关的专业，视觉传达、环境设计专业都有冰雪艺术创作内容，同时为学生提供了多样化选择。在这些专业中，学校设置了很多关于冰雪景观艺术创作的选修课程，学生能够通过这些选修课参加社会活动和实践，跨专业的学生也可以参与冰雪景观艺术创作，如美术学专业的学生有一定的美术和绘画功底，可以利用自己的相关基础知识进行现场的冰雪景观艺术创作，并接受老师的悉心指导。

黑河学院是我国最北方的本科院校，因该校所处地域原因，在招揽实践创新人才方面的问题始终没有得到很好的解决。黑龙江省教育厅、政府部门应加大对黑河学院的扶持力度，提高黑河学院冰雪景观创作人才的待遇，让更多的人才能够到黑河学院就读，为冰雪景观创作贡献力量。

总之，黑龙江高校应根据冰雪旅游产业的要求不断更新教学内容和课程设置，提高学生对现代化技术的实际应用能力，引进国际先进技术，与国际先进水平接轨。黑龙江的高等院校因地域优势在冰雪景观创作方面已有一定基础，但黑龙江高校在冰雪景观人才培养方面是在近几年才开始的，起步较晚，在师资队伍建设、实践创作课程设置及教学内容方面有很大的提升空间。黑龙江省高校现阶段暂时无法满足黑龙江省对冰雪旅游景观高质量人才的需求，但相信在不久的将来，通过黑龙江省高校的努力，能以哈尔滨为中心，以其他高校为联络网点，实现省内同类院校资源共享，建立起整体的冰雪景观创作人才培养框架，为冰雪旅游产业提供更强大的人才支持，为黑龙江省经济建设添砖加瓦，为景观建设输送更高质量的人才。

三、黑龙江冰雪旅游景观设计人才培养现存问题与改进措施

目前，黑龙江省高等院校在培养模式、人才数量和质量方面，难以满足黑龙江省对外旅游产业发展的需求，以下是现存的问题与相应的改进措施。

1. 现存问题

（1）实践机会不足

冰雪旅游景观设计需结合气候特点、景观设计所处的地形地貌、周边文化、历史等多方面因素考量，所以实践经验对景观设计师至关重要。目前，黑龙江省高等院校能提供的冰雪旅游景观设计实践机会相对不足，学生可能更倾向于理论学习，在学习过程中缺乏实践，无法掌握真正的实践应用技能，进而无法满足冰雪旅游产业对高质量景观设计人才的需求。

（2）课程设置和教学内容缺乏针对性

目前，黑龙江省高等院校开设的冰雪景观设计专业和课程，其教学内容相对基础和简单，无法满足现代冰雪旅游产业的高要求。高校也缺乏课程设置的针对性，且教学内容更倾向于基础化，无法让学生真正了解冰雪旅游产业最新发展趋势和旅游市场的相关需求，这也导致无法培养学生的实际应用能力，创新能力更无从谈起。

（3）师资队伍建设不足

冰雪旅游景观设计需结合旅游市场和地域文化进行设计，这是一种综合性的创新设计，所以师资队伍建设十分重要。黑龙江高校的冰雪景观设计专业缺乏具有丰富实践经验和行业背景的专业师资。老师们既要搞科研、教学，又要参与实践，无法专心进行冰雪景观的实践创作与创新，不能为学生提供高质量的培训和教育。而且很多老师的理论水平和教学方法也存在较大问题，无法激发学生的学习热情，学生也无法在课堂上养成创新能力。

（4）国际化视野不够

冰雪旅游产业在全世界有完整的产业链，如果想在国际竞争中取得一定优势，就需要拥有国际化视野和敏锐的国际市场洞察力。黑龙江省高等院校在国际化办学和交流方面的努力仍然不够，国际化视野仍有所欠缺，学生跨文化沟通能力和语言能力的培养也需加强。学校应积极引进国际先进的教学技术和方法，向国际最先进水平看齐，通过实践创作和国际化交流，提高学生的国际竞争力和国际化视野。

（5）行业需求与学生素质匹配度不高

当今的冰雪旅游景观设计需要高素质人才团队，目前黑龙江省高校在人才培养方面无法匹配行业相关需求。一方面，学生在就业市场中面临较为严峻的就业压力，无法找到理想工作；另一方面，冰雪旅游产业也无法吸纳高素质人才，这就造成人才需求紧迫，而很多其他领域人才过剩，形成人才浪费，同时人才需求得不到满足也会导致行业发展受限。

2. 改进措施

学校应加强校企合作，为学生提供更多项目合作和实践机会，着眼于市场，让学生获得更多实践机会和就业岗位。院校可通过搭建平台，使学生更好地了解冰雪旅游产业，在实践中提高他们的实践创作和创新能力。

学校应根据行业需求和市场发展趋势优化教学内容和课程设置。冰雪旅游景观设计不应只是一门课程，而应是一个大方向，在人才培养方案中应占据较大比重。通过这样的设计和实践创新，为学生提供更充分的实践知识和理论指导。

同时，学校应加大高水平师资的引进力度，采用灵活的招聘方式，吸纳更多具有行业背景和实践经验的专业人才，让学生得到更好的培训和教育。学校在为学生搭建平台时，也应为老师提供更多培训和指导，提高老师的教学水平，通过"师父带徒弟"的方式，激发学生对冰雪景观设计学习的专业热情。

学校应积极拓展学生的国际化视野，通过引进国际先进教学方法，让学生通晓国际上冰雪景观人才的培养方式，培养学生的国际化视野，提高学生的竞争能力。学校应加强国际交流合作，让学生有机会站在国际化舞台上学习和锻炼，从国际化视角了解自身水平，并为学生提供国际交流机会。

学校应加强与当地企业和地方政府的合作，通过企业了解行业需求，开展校企实践项目和校企横向课题合作，让学生更好地了解当下行业发展现状和方向，以及更多就业方面的问题，企业负责协助学校培养学生，提高学生的实践和创新能力。

为更好地检验学生的学习成果，应完善教学质量评价体系，这是教学水平提高的根本。根据市场发展趋势，制定符合实际情况的评价方法和标准，为学生提供更科学、更全面、更有效的评价，让学生更好地发现自身问题，通过老师的不断指导，提升自身设计和创作水平，进而形成有效竞争力。

黑龙江省的高等院校在冰雪旅游景观设计人才的培养方面面临着很多的问题，同时这也是一种机遇，需要黑龙江省各高校积极与各方协同努力，采取有效措施，如通过校企合作的方式，全面推进人才培养，让黑龙江的冰雪产业、冰雪景观设计行业能够持续不断地获得人才，具备全国领先的设计水平。

第二节

黑龙江冰雪旅游景观设计人才培养目标与策略

　　培养学生的基础知识和技能，让学生在冰雪旅游景观设计领域具备基本的创作能力和制作冰雪景观的水平，包括设计工具基本知识、景观设计基础理论、冰雪雕制作技术以及景观地形地貌分析等，通过理论课程和实践课程的组合来实现知识、技能的提升。

　　通过实践课程设置以及实习和实训项目的实施，让学生在冰雪旅游景观设计方面提高设计实践水平和能力。学生通过调研和实地考察的方式了解现阶段冰雪景观设计的方式方法、区域规划等情况，在老师带队下于实践中成长，提高自身设计实践水平。

　　强化团队合作能力。冰雪旅游景观设计和创作往往需要团队协作，而不采用单人的创作模式。完成所有区域设计这项工作，需要总设计师、分区设计师、冰雪雕区域设计师和游乐区域设计师等通力合作，所以培养学生的团队合作能力非常重要。可以通过小组讨论和团队设计同一个项目的方式，让学生学会沟通与相互合作。大家共同组成一支团队，通过负责人协调，让团队形成凝聚力，达到"1+1＞2"的效果。

　　数字化技术、VR技术等新技术都已经开始应用，学生不应只停留在学习过去的基础知识和陈旧技术上，只有需要掌握最新的技术，才能在未来发展中站稳脚跟。可以通过实践活动、课程设置、企业技术导入，让学生获得使用最新设计工具和技术进行锻炼的机会。

　　创新在设计中尤为重要，冰雪旅游景观需要不断创新才能吸引游客前来。学生需要有创新意识，并能将其转化为生存手段。因此，学校需要在培养方案中加入创意表现、创意开发课程。同时，老师需要组织举办创意比赛，通过创意让学生活跃思维、提高对世界的认识，激发学生的创新能力和创意思维。

应强化实用性，美学和实用性并非两个相反的方向，冰雪旅游景观设计可以兼顾二者。冰雪景观本身具有美学功能，同时很多冰雪景观，如冰雪建筑、冰滑梯、冰雪赛道等，都具备一定的实用性特征。学生应该了解冰雪景观的实际应用情况，才能够知道如何创造其使用价值，并在实践设计和项目实施等方面平衡美学和实用性的关系。

具备一定的职业素养是设计师成长的必备因素，冰雪旅游景观设计也需要具备相当的职业素养水平。职业素养包括合作精神、沟通能力、责任心和学习能力。现如今，我国高校在职业素养和职业养成课程的开设方面尚不完善，职业规划课程的开设也不够完备。如何让学生具备高职业素养，并让他们在未来职业生涯中更好地适应社会并发展，成了高校当前亟需解决的问题。需要使相关企业人员参与到职业素养课程中，让学生了解为什么要培养自身职业素养，以及培养自身职业素养对自己的职业和人生有什么好处。只有认识到这些问题，学生才能够自觉提升自身素质和职业水平。

学校可以与政府、企业等相关单位合作，为学生提供实践创作平台、冰雪旅游景观设计项目和冰雪旅游景观现场制作项目，让学生在实践中得到锻炼。同时，设计单位也可以在实践中考察学生并吸纳人才。

学校组织的相应学术交流活动是学术发展和冰雪景观理论研究的平台。随着冰雪旅游经济的火热，冰雪旅游景观设计领域的理论研究发展迅速，专家学者可以在这个平台分享自己的研究成果和设计经验。学生通过学术交流能了解最新趋势和动态，在潜移默化中提高自己的认知水平和学术素养。

在冰雪旅游景观设计中，国际交流与合作非常重要，有助于学生培养国际化视野。学校在培养学生的过程中可以开设国际交流课程，并通过学校平台组织国际交流活动，让学生了解不同国家和地区的文化与设计风格，在实践创作过程中拓展自己的国际视野。

第三节

绥化学院冰雪旅游景观设计人才培养实践

一、课程设置与教学模式

绥化学院在环境设计、视觉传达设计专业中开设了几门与冰雪景观设计相关的课程。

1. "冰雪艺术设计"课程

"冰雪艺术设计"这门课程主要介绍冰雪艺术、冰雪景观的概念，冰雪景观的历史，冰雪艺术的特点和现阶段状况。同时，这门课程也会相应地讲解冰雪景观设计的技巧、理论及现场制备方法，但以理论引导为主、实践创作为辅，因为这门课程是为本科一年级学生设置的。在这门课程中，学生有机会参加艺术创作实践，通过实践掌握一定的基础技能和相关经验。

2. "冰雪景观设计"课程

"冰雪景观设计"这门课程主要介绍冰雪景观设计的要素、概念以及创作规律，侧重讲解景观设计的理论、方法和技巧，结合环境设计整体课程体系，着重于冰雪场地场所的设计方式、方法和理论。在这门课程中，学生有机会进行实践和虚拟的冰雪景观设计，通过作品展示所学，体现教学成果。

3. "冰雪文化传承与创新"课程

"冰雪文化传承与创新"这门课程主要是介绍冰雪文化的历史、渊源、现状与特点，讲解冰雪文化传承方面的策略、理论以及现阶段所遇到的问题。在这门课程中，学生可以了解到冰雪文化对东北三省乃至全国冰雪旅游的意义，通过不断研究与探讨，多方收集资料，为全国的冰雪文化研究发展填补学术空白。

4. "冰雪艺术实践"课程

"冰雪艺术实践"是一门实践性课程，主要是为了让学生得到实践锻炼的机会。在这门课程中，学生走出课堂，参与社会上的各种冰雪艺术实践创作，如雪雕、冰雕制作，冰雪建筑搭建等，通过实践创作了解相关技能和经验。

以上课程都是与冰雪景观设计和冰雪景观文化传承相关的课程。绥化学院开设这些课程，主要是为了培养学生对冰雪文化的理解，让他们知晓传承的重要性，培养学生的冰雪景观设计能力和创新能力，提高学生的实践能力。学校根据市场需求和现状，还开设了一些选修课程，如冰雪旅游产品设计、冰雪旅游开发、冰雪景观设施创作，让学生在实践和学习过程中能更全面地了解冰雪文化，进而创作出更高水平的冰雪景观作品。

作为黑龙江省高等院校中一所重要的冰雪景观设计本科院校，绥化学院将继续推进冰雪景观设计课程设置，进而建立冰雪景观设计专业，加强与行业的沟通，让学生在学习阶段得到锻炼，以此提高其就业能力，也为社会输送更高水平的人才。除课程设置外，绥化学院艺术设计学院还通过服务地方、校企合作的方式，为学生提供各种实践平台和机会。学校会组织艺术创作和冰雪文化活动，绥化市政府也会为学院提供各种冰雪景观设计和创作机会。学校通过各种平台积极筹措资金，引进和推广冰雪文化相关装备和技术供学生使用，为学生提供更好的学习和实践机会。

学校注重对学生实践能力的培养，鼓励学生在课程学习过程中积极参加各种实践活动，让学生具备一定动手能力。在创新意识培养方面，绥化学院积极引导学生不断探索、创新，通过引导提高学生创新意识和思维，使学生具备创新能力。

绥化学院还积极组织学生参与社会上的冰雪文化、冰雪景观创作活动，参加黑龙江省各地举办的冰雪赛事，以及黑龙江省各地冰雪艺术、冰雪文化传承项目。学生能通过这些项目了解冰雪文化的历史和当前发展情况，掌握更多知识，同时提高自身素养。

学校注重产学研一体化合作，在产教融合方面，艺术设计学院走在前列，为学校提供了很多产教融合成果。绥化学院艺术设计学院以黑陶、剪纸为办学特色，以环境设计、景观设计、视觉传达设计为学科基础，积极探索产教融合方式，推进产教融合实践项目落地，为学生提供实践创作机会。在冰雪景观设计方面，学院积极与各高校、行会及企业合作，努力争取实践项目，让学生获得更多实习和就业机会。

绥化学院在冰雪景观设计和冰雪景观文化传承领域取得了一定实践成果和理论成果，但也面临诸多问题。最重要的是师资队伍问题，学校师资在实践创作和学术研究方面经验丰富，但在引进人才和培养更优秀的冰雪景观设计人才方面缺乏领军人物。学生需要更多知识，市场需要更多拔尖人才。绥化学院因地域和资金匹配问题，没有更多项目来源吸引更高水平师资，这是需要解决的问题。学校应积极筹措资金，与地方政府商谈，为人才提供更优厚的服务，吸纳冰雪景观创作设计专业人才。

另一个问题是实践创作平台需要提升，冰雪景观设计人才培养需要一定的实践平台和必要设施，如工作室、冰雪景观制作设备、夏季冰雪储藏空间等，这些需要耗费大量人力、物力。学校若无法解决这部分资金问题，就应与企业和政府机构合作，让学生得到更好的实践条件，为学生长效学习提供保障。

二、实践效果与社会认可

绥化学院冰雪景观设计的实践教学已取得良好效果和社会认可，具体表现如下。

1. 实践项目成果突出

学生在学校组织的各类实践项目与活动中获得了优异成绩，比如参加黑龙江省冰雪艺术展多次获奖，参加全国大学生冰雪旅游节荣获团体一等奖。

2. 学生就业情况良好

绥化学院冰雪景观设计专业的毕业生就业率高，就业质量获社会认可。就业方向主要包括冰雕及雪雕制作、冰雪旅游景区规划、冰雪主题文创产品设计等领域。

3. 社会合作项目众多

学校积极与当地政府和企业合作，为学生创造更好的实践平台与就业机会。学校与黑龙江省文化和旅游厅、绥化市文化广电新闻出版局及多家文化旅游企业建立了合作关系，共同推动冰雪景观设计和文化传承的发展。

4. 学科建设与研究成果丰富

绥化学院冰雪景观设计专业师资力量雄厚，有一批资深教授和专家。学校在冰雪景观设计、文化传承、旅游规划等领域开展了多项调查与研究，取得了丰硕的研究成果。

绥化学院的冰雪景观设计专业在实践教学方面成效显著，获社会广泛认可，学生实践能力和创新意识得到有效提升，毕业生就业形势良好，社会合作项目多，学科建设与研究成果丰富。未来，学校将持续加强与行业的合作，不断优化教学内容和方法，为学生创造更好的教育条件和实践条件，为黑龙江省冰雪文化的传承和发展贡献更多力量。

此外，绥化学院的冰雪景观设计专业还荣获多项省级和国家级奖项，如黑龙江省高等学校冰雪艺术大赛一等奖、全国大学生冰雪创新创业大赛一等奖等。这些奖项不仅是对师生的肯定，也提升了学校冰雪景观设计专业的知名度和影响力。

绥化学院还积极参与各种冰雪文化传承和冰雪旅游开发项目。例如，学校与绥化市政府联合开展绥化市冰雪旅游规划，制定了一系列冰雪旅游开发和文化传承的策划方案；学校还与绥化市文化广电新闻出版局共同推出"冰雪文化微电影"系列，宣传冰雪文化魅力与特点，增强了公众对冰雪文化的认知和理解。

绥化学院的冰雪景观设计专业在实践教学方面取得的成果及获得的社会认可，是多年来艺术设计专业师生共同努力的结果。未来，学校将进一步加强教育教学改革与创新，培养更多优秀的冰雪景观设计人才，为黑龙江省冰雪文化的传承和发展贡献更大力量。

除实践教学成果与社会认可外，绥化学院的冰雪景观设计专业在学科建设和研究方面也成绩显著。该专业师资力量雄厚，专业设置完备，教学设施与实践条件优越。

学校重视教学与科研融合，持续推进学科建设和研究成果的转化应用。教师积极参与各类学术会议和研讨会，与国内外学者交流合作，提升专业水平和学术影响力。

学校的冰雪景观设计专业积极推进科技创新与成果转化，发挥科技创新引领作用，推动产学研合作，为冰雪景观设计和文化传承发展提供技术与智力支持。

　　绥化学院的冰雪景观设计专业在学科建设和研究方面成绩斐然，为学科建设和学术研究作出了突出贡献。近年来，绥化学院艺术设计学院在社会服务项目方面表现优异，完成了绥化市政府广场冰雪雕塑部分工程，广受好评，还完成了老泥河冰雪景观现场制作项目、绥化学院南区冰雪景观制作项目，且教师带队参加全国性大赛，屡获佳绩。未来，学校将进一步加强学科建设和研究，提升教师和学生的学术水平与创新能力，为推动冰雪旅游景观设计产业升级和旅游文化发展提供更强大的支持。

参考文献

[1] 吴艳秋. 冰雪——哈尔滨市旅游经济的王牌 [J]. 商业研究，2001（9）：138-140.

[2] 冯学钢，于秋阳. 论旅游创意产业的发展前景与对策 [J]. 旅游学刊，2006（12）：72-80.

[3] 王民，刘宝巍. 黑龙江省滑雪旅游业可持续发展分析 [J]. 商业研究，2004（6）：34-37.

[4] 贡布里希. 艺术与错觉 [M]. 长沙：湖南科学技术出版社，2009.

[5] 葛赛尔. 罗丹艺术论 [M]. 傅雷，译. 天津：天津社会科学院出版社，2006.

[6] 李静，陈宏磊. 黑龙江冰雪旅游景观设计研究 [J]. 旅游研究，2018，10（4）：12-17.

[7] 郭玉婷，马跃. 黑龙江冰雪旅游景观设计现状与发展策略研究 [J]. 中国园林，2021，41（1）：109-113.

[8] 李欣泽. 冰雪雕塑艺术 [M]. 哈尔滨：哈尔滨工业大学出版社，2008.

[9] 李永清. 公共艺术 [M]. 南京：江苏美术出版社，2005.

[10] 林岳. 景观规划设计原理 [M]. 北京：中国林业出版社，2014.

[11] 杨治经. 冰雪艺术美学 [M]. 北京：今日中国出版社，1993.

[12] 李泽厚. 美的历程 [M]. 桂林：广西师范大学出版社，2000.

[13] 王景福. 哈尔滨冰雪文化发展史 [M]. 哈尔滨：黑龙江人民出版社，2005.

[14] 李亚楠. 冰雪旅游景观的可持续发展策略研究 [D]. 南京：南京林业大学，2015.

[15] 杨瑞华. 基于生态价值的冰雪景观设计研究 [D]. 长春：吉林建筑大学，2016.

[16] 庞春雨，付冠男，安丽辉. 谈寒地冰雪主题公园景观设计 [J]. 低温建筑技术，2007（02）：21-22.

[17] 张伟明. 冰雪艺术的地域性表达 [J]. 装饰，2010（01）：85-87.

[18] 张婷. 高寒地区冰雪景观设计与生态保护研究 [D]. 北京：北京林业大学，2019.

[19] 成砚著. 读城——艺术经验与城市空间 [M]. 北京：中国建筑工业出版社，2004：8-28.

[20] 陆邵明. 建筑体验——空间中的情节 [M]. 北京：中国建筑工业出版社，2007：26-30.

[21] 程锡麟. 叙事理论的空间转向——叙事空间理论概述 [J]. 江西社会科学，2009（5）：31-33.

[22] 刘敏，陈传炜. 景观设计与生态文明 [M]. 北京：中国水利水电出版社，2013.

[23] 杨云萍. 审美与审丑 [D]. 长沙：湖南师范大学，2008.

[24] 谢晋，王洪沛. 城市景观设计 [M]. 上海：同济大学出版社，2015.

[25] 弗罗姆. 逃避自由 [M]. 北京：国际文化出版公司，1987.

[26] 马薇，陈思杨. 城市景观设计与规划 [M]. 北京：北京大学出版社，2017.

[27] 刘大为，孙泽汉. 景观规划与设计方法 [M]. 上海：华东理工大学出版社，2018.

[28] 于猛. 哈尔滨冰雪雕塑艺术教育发展研究 [J]. 艺术教育，2015（12）：164.

[29] 袁欣，杨振宇. 景观设计与生态建设 [M]. 成都：四川大学出版社，2020.

[30] 周坷，魏娟. 透过《冰雪奇缘》的民族性表达反观富有鄂温克民族风格动画形象的创作[J]. 电影评介，2014（20）：41-42.

[31] Kim H，Zhang J. Winter landscape design for urban open spaces in cold climate regions [J]. Landscape and Urban Planning，2016，153：60-69.

[32] Hans G. Snow and ice as a resource for innovative tourist experiences in Northern Sweden [J]. Tourism Geographies，2014，16（5）：717-740.

[33] Wang F，Williams R A. Snow and ice tourism landscape design：Lessons from the 2010 Winter Olympic Games in Vancouver，Canada [J]. Journal of Sport and Tourism，2018，22（2）：157-176.

[34] Liu Y，Sun X. Landscape design for ice and snow tourism development in mountainous regions：A case study of Shuangfeng Forest Farm，China [J]. Mountain Research and Development，2019，39（1）：22-31.

[35] Kozak M，Kozak N. Winter tourism destination attractiveness：The case of landscape design in ski resorts [J]. Journal of Destination Marketing & Management，2020，17：100429.

[36] Radbourne J，Bennett J. Public Art Policy and the Role of Relationship Marketing in LocalGovernment [C]. //Proceedings of the 2000 Academy of Marketing Science（AMS）Annual Conference. Springer

International Publishing, 2015: 453-458.

[37] Martin L, Mason R. Exploring the role of ice and snow in urban design: A case study from Reykjavik, Iceland [J]. Journal of Urban Design, 2021, 26 (2): 211-229.

[38] Dence T. Trumpet Curve[J]. Math Horizons, 2015, 22 (3): 2.

[39] Smith K A, Yang H. Winter landscape design for sustainable tourism development: A case study of Lillehammer, Norway [J]. Sustainability, 2020, 12 (14): 5801.

[40] Петров А В, Иванов В Н. Ледяные скульптуры: искусство и техника [M]. Москва: Искусство, 2011.

[41] Кузнецов М Д, Соколова Е В. Снежное искусство: история, развитие и мастерство [M]. Санкт-Петербург: Белый город, 2013.

[42] Григорьев А А. Ледяные фестивали и снежные города: дизайн и архитектура [M]. Москва: Архитектура-С, 2015.

[43] Назаров Д В. Ледяные и снежные города в мировой культуре: архитектура и дизайн [M]. Санкт-Петербург: Арт-Родник, 2019.

[44] Virtanen T, Laine K. Jäätävä luonto: Suomen talvimaisemien suunnittelu ja kehittäminen [M]. Helsinki: Suomen Matkailuliitto, 2012.

[45] Heikkinen P, Korhonen M. Talviurbaanisuunnittelu: Lumoava jää- ja lumimaisemien luominen kaupunkiympäristössä [M]. Tampere: Tampereen yliopisto, 2014.